［德］英格丽·斯托伯（**Ingrid Stober**）

［德］库尔特·布赫（**Kurt Bucher**）◎著

张大伟　杨学立◎译

何克坚◎校对

地热能源

从理论模型到勘探开发

（第 2 版）

U0213131

知识产权出版社

全国百佳图书出版单位

—北京—

图书在版编目（CIP）数据

地热能源：从理论模型到勘探开发：第2版／(德)英格丽·斯托伯 (Ingrid Stober)，(德)库尔特·布赫(Kurt Bucher) 著；张大伟，杨学立译. — 北京：知识产权出版社，2024.1

书名原文：Geothermal Energy：From Theoretical Models to Exploration and Development (Second Edition)

ISBN 978-7-5130-8971-5

Ⅰ.①地… Ⅱ.①英… ②库… ③张… ④杨… Ⅲ.①地热能－研究 Ⅳ.①TK521

中国国家版本馆CIP数据核字(2023)第214625号

责任编辑：张　珑　　　　　　　　　　　　责任印制：孙婷婷

地热能源——从理论模型到勘探开发(第2版)

DIRE NENGYUAN——CONG LILUN MOXING DAO KANTAN KAIFA（DI 2 BAN）

[德]英格丽·斯托伯 (Ingrid Stober)　　[德]库尔特·布赫(Kurt Bucher)　著

张大伟　杨学立　译

何克坚　校对

出版发行：**知识产权出版社**有限责任公司	网　　址：http://www.ipph.cn
电　　话：010－82004826	http://www.laichushu.com
社　　址：北京市海淀区气象路50号院	邮　　编：100081
责编电话：010－82000860转8574	责编邮箱：laichushu@cnipr.com
发行电话：010－82000860转8101	发行传真：010－82000893
印　　刷：北京中献拓方科技发展有限公司	经　　销：新华书店、各大网上书店及相关专业书店
开　　本：720mm×1000mm　1/16	印　　张：25.25
版　　次：2024年1月第1版	印　　次：2024年1月第1次印刷
字　　数：430千字	定　　价：150.00元

ISBN 978-7-5130-8971-5

京权图字01-2023-6690

出版权专有　侵权必究

如有印装质量问题，本社负责调换。

译者的话

随着人类社会对能源需求的不断增涨，以及化石能源的开采和使用给环境带来的不良影响，寻找新型可再生能源成为一项紧迫的任务。在太阳能、风能、水能、生物质能等众多可再生能源的不断崛起中，地热能作为一种分布广泛、清净环保、持续稳定的可再生能源也逐渐凸显其优势并逐渐得到重视。

全球陆域埋深5000米以浅的中高温地热资源主要集中在环太平洋火山带、特提斯-喜马拉雅构造带和东非大裂谷等区域。根据国际地热协会发布的数据，全球有80个国家已经开始了地热资源的开发利用工作，其中以美国、菲律宾、印度、冰岛和墨西哥等国家较为成熟，其中冰岛的一次能源供给有65%来自于地热能，并有90%的家庭由地热能供暖。我国在地质构造上处于欧亚板块的东南部，东部与太平洋板块相连，西南与印度洋板块相接，其特有的大地构造位置和现代板块运动造就了我国独特的地质构造、地壳热状况及水文地质条件，形成了我国地热资源从浅层中低温到深层中高温都有分布的格局，因此，地热能利用潜力非常巨大。但目前我国的地热能利用还局限于少数地区的浅层供暖、制冷、康养等，在中深层地热能发电方面处于落后状态。鉴于我国丰富的地热资源潜力和"双碳"目标要求，开发地热能资源已经成为当务之急。

为了加快地热能开发利用的进程，避免不必要的损失、少走弯路，我们翻译了这本《地热能源——从理论模型到勘探开发》，为有志于地热能开发的同行们提供借鉴和参考。

本书共15章，前3章主要介绍地球的结构及地热能的来源、地热能的利用历史和利用地热资源的意义；从第4章开始介绍各种深度和温度的地热能利用场景，包括近地表地热系统的各种集热器装置、深层地热系统的发电站装置，以及热交换系统的钻探工艺等。书中汇集了世界各地著名温泉和地热能勘探开发案例，并通过理论推导和公式计算、勘探方法和工艺流程证明其科学性和可操作性。其中既有浅层近地表利用地热能取暖和制冷的方法,又有中深层高温地热发电站的建设和维护措施;既有成功的经验,也有失败的总结。不仅在内容上涵盖了历史、地理、地质、地球物理、地球化学、钻探工程、发电工程、电力机械等多学科的相关理论和知识,而且在时间上可追溯到中国的唐代和欧洲的古罗马时期,空间上跨越了欧、美、亚三大洲。总之,这是一本集科学性与趣味性于一身,并兼顾综合性和专业性的书籍,具有很高的阅读价值和参考价值。

尽管在编译过程中已全力以赴,但由于本书涉及多学科的专业知识,且译者的专业和英语水平有限,难免对原文的理解出现偏差,还请专业人士提出宝贵意见并给予谅解,在此非常感谢!

前言

　　以人类的时间尺度来衡量,地热能是一种取之不尽用之不竭的热能和电能来源。这种能源不受天气影响,能每周7天,每天24小时不间断地供给。地热能的利用不但环保,还能保障基载能源的供应。并且,地热能的利用可以增加社会净产值,可缓解人类对化石燃料的依赖,有助于保护珍贵的化石能源。深层地热资源通过热能转换提供热能和电能,从而为未来提供可靠的可持续能源。

　　由地热转化而来的电能可为基载电能供应做出重要的贡献,并能取代以化石资源为燃料的大型发电厂。在利用地热资源发电方面,与活跃的火山构造活动有关的全球高熵区占有特别突出的地位。然而,地热能却能在全球范围内被加以利用,在不同深度使用不同的技术系统进行生产。地热系统能够满足单一建筑物或整个地区的热能需求。单独的系统也可以合并为大型的系统使用,例如,单独的地热探针可以合并为较大的探针群区域,从而有可能根据实际需要对较大的建筑群进行加热和冷却。

　　深层地热资源的利用是通过从热储层中提取热液来实现。这些热液将再被注入热储层,从而保持自然状态的平衡,以达到对资源的可持续和经济的管理。来自地热资源的热量和产生的电力可以满足全球基载能源的大部分需求,即便在高熵地区之外也是如此。矿物燃料发电仅用来满足高峰期的需求即可。

　　在过去的几十年,人类利用浅层低温地热能资源供暖和制冷已经取得了巨大的进展。

　　来自深部储层的地热资源能贡献大量的基载能源。增强型地热系统技术几乎能应用在任何地方。然而,这种技术尚需要进一步改进和研究。成功的示范项目将有助于进一步完善和普及这种新技术。

能源政治的长期理念整合了地热资源,因为它能提供基载能源。地热系统与其他可再生能源的有机结合可以创造出不同的可持续性效益。例如,对于住宅来说,现已证明将地源热泵系统与太阳能的热能系统结合起来是非常节能的。深层热水系统地热发电可以与沼气装置相结合,从而提高能源效率。深层流体储层可以作为一个能够回补的含水层储存设施,在寒冷的季节获取热量,在温暖季节进行回补。从单个房屋的热管理到大规模城市规划,这样的组合系统开创了一个新方向。

　　本书旨在为读者提供关于利用地热能源的许多方面的一般性概述。我们期待这一令人着迷的能源在不久的将来能得到进一步快速发展。我们希望大家都能拥有可靠、安全和环保的热能和电力供应。我们希望通过本书为能源的可持续利用做出贡献。

德国弗莱堡英格丽-斯托伯

库尔特·布赫

目 录

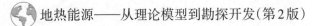

1 地球的热结构

武尔卡诺岛,意大利南部

1.1　可再生能源的全球概况

"可再生能源"一词是指可以在短时间内(以人类的时间尺度)在其储层中得以恢复的能源。可再生能源包括地热能和其他几种形式的太阳能,如生物能源(生物燃料)、水电、风能、光伏和太阳热能,这些能源可转换为热能或电能进行利用。例如,在炉灶中燃烧的木柴,其可再生性在于,砍伐的森林在太阳能和光合作用下可以重新生长,所需时间相对较短。相比之下,为同一目的燃烧的煤炭,尽管经历地质过程终究会形成新的煤层,但却需要漫长的时间来"更新"煤层。本章将对地热能源的可再生性进行详细解释和讨论。

国际地热协会(IGA)在《21世纪可再生能源政策网"现状报告(2017)》中写道:从2015年到2016年,全球可再生能源的产量增加了168GW$_{el}$电能(+9.1%)。2019年全世界可再生资源的总产量为7028TWh,(1Wh=3600 J),相当于全球电力生产能力的26%。中国的可再生资源发电量增长最快(BP,Statistical Review of World Energy,2020)。在欧洲和美国,可再生能源消费的增长超过了化石燃料消费的增长。世界上现有60多个国家通过政府和财政计划支持可再生能源的发展和使用。

2016年,水力发电系统在可再生能源发电装机容量中所占份额最大,为1098GW,依次是风能(487GW)、光伏系统(303GW)和生物质能转换(112GW)。地热系统(13.5GW)尾随其后,虽差距很大,但也比2008年增加了35%。可再生能源的热能生产以生物质能为主(90%),其次是太阳能热系统(2%)和地热系统(2%)(Ren212017;U. S. Department of Energy,2016)。

地热能源有可能在未来成为重要的能源,因为它到处都有,而且所提取的能源可以不断地回补。从人类的时间角度来看,这种资源基本上是无限的。地热能够持续生产热量和电力,因此它是一种基载资源。其使用过程是环保的,地面的土地消耗也很小。未来几年,对地热能源利用的乐观预期和积极态度将会在低焓地热资源地区得以彰显。

1.2　地球的内部结构

地热能是储存在地球内部的热能,是地壳下面的热。地球内部99%的地方温度高于1000℃,只有0.1%的地方温度低于100℃。地球表面的平均温度为14℃。太阳的表面温度约为5800℃,与地球中心的温度相对应(图1.1)。

地球内部圈层结构如图1.1所示,其中心部分为地核,分为高密度固体内核和低黏度的外核,二者均由铁–镍等元素组成。厚实的黏性硅酸镁地幔包围着地核。地球的表面由薄的刚性地壳构成,其成分在各个大陆和海洋有所不同。这种层状结构是在地球形成最初,在重力的聚集和分异作用下,从一个更均质的体系演化而来。

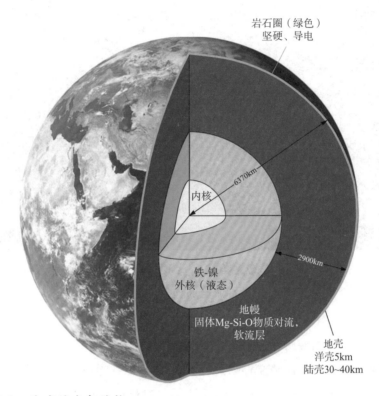

图1.1 地球的内部结构。

地核的总厚度(图1.1)超过了地幔的厚度。然而,地核体积只占地球总体积的16%,但由于其密度高,质量占地球的32%。

在6000km深处,内核的温度高于5000℃,压力约为400GPa。偶尔从太空落到地球表面的铁陨石,其物质组成类似于地核的镍铁合金(图1.2)。由熔融态的镍铁金属组成的外核(约2900℃)与地球的旋转运动一起产生了地球的磁场。地核–地幔边界是一个成分和密度都发生突变的区域,来自外核的熔融金属和固体地幔硅酸盐矿物在这里混合。在岩石圈以下,上地幔厚度可达到约1000千米。在100~

150km深处,岩石圈和对流地幔之间的边界层具有柔软的流变性,局部可能存在熔融体,有利于岩石圈板块的运动。固态但柔软的地幔在地核热量的驱动下,通过地核–地幔边界(热板)进行着非常缓慢的对流运动。在地球这个冷却行星的整体环境系统中,地幔的一部分热量来自于固体内核和液体外核之间界面的结晶焓。自地球形成以来,地幔对流的马达就在不停运转。

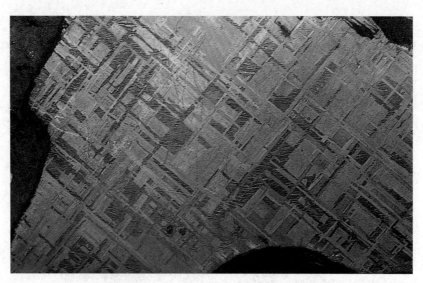

图1.2　铁陨石上可见的魏德曼花纹。这种纹理是由两种具有不同铁/镍比率的矿物铁纹石和镍文石的相互生长而产生的(图片横长约5cm)。

岩石圈是地球的刚性盖子,可细分为一系列移动板块,这些板块在对流地幔施加的拉力和拖曳力作用下而独立移动(图1.3)。岩石圈地幔与地壳被岩石学定义的莫霍面分开,其岩石类型组成与整个地幔相同。对流地幔在地球表面形成了不同的热力状态,这是由上涌和下沉的热地幔物质以及岩石圈的机械运动和热反应造成的。

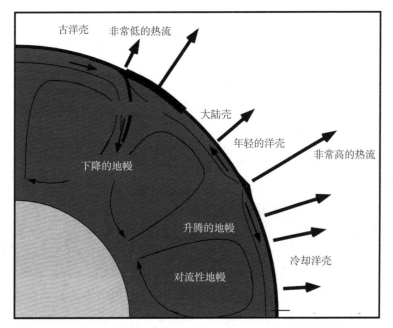

图 1.3　黏性地幔中的对流驱动板块构造(刚性岩石圈板块的运动,地球的最外层地壳)并控制着大规模的热流(黑色箭头)。

　　汇聚板块运动可能会形成类似阿尔卑斯山和喜马拉雅山这样的山脉。两个汇聚板块形成的致密大洋岩石圈可能会俯冲并再循环到地幔中。俯冲板块中水的融化和释放会在上覆板块中产生大量的熔体,并将热量传导到地壳的浅层。这方面的例子有喀斯特山脉的火山链、安第斯山脉的部分地区、阿留申群岛、日本、菲律宾、印度尼西亚、新西兰北岛以及世界上许多火山地区。延伸构造运动使岩石圈形成了裂谷和地堑结构,通常在地表有明显的地热反应,这种情况包括东非裂谷和美国西部的盆地和山脉省。

　　延伸型大洋板块边缘是大洋中脊,是地球上最突出的火山活动场所。大西洋中脊和东太平洋海隆就是这种背景的例证(图1.4)。特别壮观的大型地质构造与集中的热地幔上升流系统有关,即所谓的地幔底辟或"热点"。海洋岩石圈下的一个热点在夏威夷群岛上引起板内火山活动,而大陆岩石圈下的一个热点在美国黄石地区引起极其危险的流纹岩火山活动,并伴随各种形式的热液活动,如间歇泉(图1.5)、泥火山、天然气喷口等。

图1.4 冰岛大西洋中部海脊的地幔玄武岩喷发(1984年克拉夫拉喷发)。熔岩的产生是沿着延伸断裂进行的。

图1.5 美国怀俄明州黄石国家公园诺里斯间歇泉盆地(Echinus Geyser)喷发的不同阶段。

对整个地球造成破坏的黄石公园火山的大规模喷发,其周期约为60万年,最后一次喷发在大约60万年前。热点的顶部位于冰岛的下方,与大西洋中脊的延伸相吻合,造成了异常强烈的火山活动和很浅层的地壳大规模热传递。2010年,埃亚菲亚德拉(Eyjafjallajökull)火山喷发产生的火山灰云使欧洲所有的空中交通暂停。意大利的火山喷发是火山活动及相关热液和脱气现象的典型例子(图1.6)。

图1.6 意大利武尔卡诺岛的火山现象：(a)火山口侧面的蒸汽脱气；(b)火山气体从热水池中冒出；(c)山脊上的火山口蒸汽脱气；(d)山脊上的火山口硫黄结壳；(e)其中一位作者淹没在了有毒的火山气体中(照片由另一位作者拍摄)；(f)原生硫化氢气体被大气中的氧气氧化后沉积的硫黄晶体($2H_2S+O_2 \Longrightarrow S_2+2H_2O$)。

1.3 地球能源的估算

地球表面的平均温度为$14°C$，地核–地幔边界的温度为$3000°C$左右。这种温差即为热流的驱动力。不断消除温度差的过程称为傅里叶传导。热量不断地从热的地球内部输送到表面。大地热流值是指在单位时间(s)内通过单位面积(1m²)所传输的能量(J),也称为热流密度(q)。傅里叶方程的一般形式为

$$q = -\lambda \nabla T \left[J/\left(sm^2\right)\right] \tag{1.1a}$$

其中λ是一个物质常数,将在下文中解释。对于一维流动和沿恒定温度梯度的情况,一般形式则可以写为

$$q = -\lambda \Delta T/\Delta z \left[J/\left(sm^2\right)\right] \tag{1.1b}$$

其中$\Delta T/\Delta z$是垂直(z)方向的恒定温度梯度。

全球平均地表热流密度约为65×10^{-3}W/m²(=65mW/m²)。一方面,这种从内部到地表的热传递,使得地球会失去一些热量;另一方面,地球通过捕捉太阳辐射又可以获得一些能量。太阳电磁辐射是由核聚变反应产生的,最终转化为地球上其他形式的能源,如煤炭、石油、天然气、风能、水电、生物质能(作物、木材)、光伏和太阳能。整个地球接收到的太阳能平均值为170W/m²,是内部热流损失量的2600倍。这相当于地球表面每年每平方米获得5.4GJ,大约相当于一桶石油、200千克煤炭或140m³天然气所蕴含的能量(来源:世界能源理事会)。地球综合热流总值相当于40TW(4×10^{13}W)的热功率,这是个相当惊人的数字。

对地表热流密度有所贡献的热能源由几个部分组成。其中只有一小部分(约30%)与上述来自地核和地幔的傅里叶传导的热流有关。70%是由地壳中的放射性元素衰变产生的热量,主要是大陆的花岗岩地壳。特别是^{238}U和^{235}U、^{232}Th和^{40}K在大陆地壳中产生约900 EJ/a(9×10^{20}J/a)的热量。加上地球内部贡献的约3×10^{20}J/a,地球会在大气中损失1.2×10^{21}J/a(1.2ZJ/a)热能。而大部分热能会在地壳中不断地得到恢复。

地壳中产生的热是指单位时间内单位体积产生的热能[J/(sm^3)]。地壳的组成成分及其厚度在各处的差别很大。大陆地壳通常很厚,多是富含放射性元素的花岗岩;大洋地壳很薄,多是玄武岩,放射性元素含量低(Mareschal & Jaupart,2013)。因此,地壳不同岩石产生的热量变化很大(表1.1)。据估计,全球放射性物质产生的总热量约为27.5TW(Ahrens,1995)。

表1.1　部分岩石的典型辐射热产生情况

岩石类型	产热量/[μJ/(s·m³)]
花岗岩	3.0(<1~7)
辉绿岩	0.46

续表

岩石类型	产热量/[μJ/(s·m³)]
花岗石	1.5(0.8~2.1)
闪长岩	1.1
片麻岩	4.0(<1~7)
角闪岩	0.5(0.1~1.5)
蛇纹石	0.01
砂岩	1.5(0.2~2.3)
页岩	1.8

资料来源：Kappelmeyer & Haenel，1974；Rybach，1976

由内部热流和地壳产热组成的地表热流密度 q（W/m²）仅在40~120mW/m²范围内变化，且是3的因数。全球地表平均热流密度值为65mW/m²，相当于地壳上部每增加100m深度，平均温度上升约3℃。偏离这一平均值的情况则被认为是热流异常或热异常。这种变化是由上述不同的大尺度地质环境和不同的地壳组成造成的。负异常比平均温度低，与古老的大陆盾、深层沉积盆地和远离扩张脊的洋壳有关；正异常比正常地温高，是地热勘探的主要目标。极端的热流异常点与火山和大洋中脊有关。在低熔值地区，热流异常通常与上涌流体（上涌地下水）有关。这种流体也向近地表环境输送热能。

大陆表面的平均热流密度为65mW/m²（见上文），洋壳的平均热流密度为101mW/m²。全球平均热流密度值为87mW/m²，相当于全球热损失44.2×10¹²W（Pollack et al.，1993）。净热损失为1.4×10¹²W（Clauser，2009），这是由向太空流失的热量与放射性衰变和其他内部来源产生的热量之间的差异造成的。然而，地球的冷却过程是非常缓慢的，在最近3亿年（共4.6亿年），地幔平均冷却了300~350℃。与从太阳辐射获得的热能相比，由内部的热辐射产生的热量损失是极小的（相差4千倍）。

地球储存的热量（地热能）总量约为12.6×10²⁴MJ（Armstead，1983）。因此，地球上的地热资源确实是巨大而无处不在的，能在地球上的任何地方提取。地热能是环保的，每年365天，每天24小时，在地球上任何地方都能使用。虽然地热能目前还没有得到充分的利用，但它有着广阔的发展前景。

1.4　热传输和热参数

设计地热装置的一个先决条件是要获得有关岩石物理性质的数据和资料。在浅层地热装置和深层地热系统的供热和发电的地点都需要了解岩石的属性,特别是需要知道那些与地下热量、液体传输及储存有关的岩石属性。热属性包括导热性、热容性和产热;水力特性则包括孔隙率和渗透率等。深层流体的重要属性是其密度、黏度和可压缩性。

地热能可以通过两种基本机制输送:①岩石的热传导,②流动的流体(地下水、气体),这种机制称为平流。热流传导可以用热传导经验方程来描述:$q = -\lambda \Delta T$(傅里叶定律)。它表示热通量(W/m^2)是由在一个地质系统中不同部分之间的温度梯度ΔT引起的,与称为热导率$[J/(s \cdot m \cdot K)]$的材料系数λ成正比。热导率λ描述的是岩石输送热量的能力,不同类型岩石的热导率有很大的差异(表1.2)。结晶基底的岩石,如花岗岩和片麻岩,导热能力比松散物质(砾石、沙)强2~3倍。岩石的组成成分不同,压实、胶结或蚀变的程度不同,加上岩石的分层和其他结构造成的各向异性,同一类型岩石的实测热导率也可能会有很大不同(表1.2)。有节理的、分层的或片理化岩石的热导率取决于其层理方向,它们通常是各向异性的。例如,在片理构造的岩石中,垂直于片理的热导率可能只有平行于片理的热导率的1/3或更少。厚重的片理构造会阻碍从内部到表面的垂直热通量,因此具有绝缘作用。例如,德国西南部巴德乌拉赫(Bad Urach)的正热异常与当地存在厚页岩系列有关(Schädel & Stober,1984)。

表1.2　各种岩石的热导率和热容量

岩石/流体	热导率$\lambda / [J/(s \cdot m \cdot K)]$	比热容$/[kJ/(kg \cdot K)]$
砾石、干燥沙子	0.3~0.8	0.50~0.59
砾石、湿润沙子	1.7~5.0	0.85~1.90
黏土,湿润的泥土	0.9~2.3	0.80~2.30
石灰岩	2.5~4.0	0.80~1.00
白云石	1.6~5.5	0.92~1.06
大理石	1.6~4.0	0.86~0.92
砂岩	1.3~5.1	0.82~1.00
页岩	0.6~4.0	0.82~1.18
花岗岩	2.1~4.1	0.75~1.22

岩石/流体	热导率λ[J/(s·m·K)]	比热容[kJ/(kg·K)]
片麻岩	1.9~4.0	0.75~0.90
玄武岩	1.3~2.3	0.72~1.00
石英岩	3.6~6.6	0.78~0.92
岩盐	5.4	0.84
空气	0.02	1.0054
水	0.59	4.12

数据在25℃,1bar条件下获得。

资料来源:VDI4640,2001;Schön,2004;Kappelmeyer & Haenel,1974;Landolt-Börnstein,1992

　　所有岩石都含有一定数量的孔隙和断裂形式的空隙。如果这些空隙被液体(水)或气体(空气)填充,将对岩石的热传输特性造成极大的影响。空气是一种隔离剂,其热导率值非常低(表1.2)。这就是在浅层地热系统中,地下水位的位置和变化对松散岩石的热导率影响很大的原因。

　　空气的热导率仅为岩石的1/100,水的热导率为岩石的1/2~1/5(表1.2)。因此,干燥、充气的砾石和沙子的热导率约为0.4J/(s·m·K),而湿润、水饱和的砾石,热导率可达2.1J/(s·m·K)或更高。了解地下水位及其随时间的变化,对于确定地热探针的热提取能力至关重要(见6.3.2节)。这一点在强烈的溶岩地区极为明显。

　　热导率(k)控制着特定温度梯度下的热能供给。热容量(C)是一个岩石参数,描述的是地下可以储存的热量。它是岩石在温度变化(ΔT)1K时吸收或释放的热量ΔQ(热能J):

$$C = \Delta Q / \Delta T \ (\text{J/K}) \tag{1.2a}$$

　　比热容(c)是岩石(材料)的单位质量的热容量,描述的是单位质量(m)的岩石在温度升高ΔT时吸收的热量ΔQ:

$$c = \Delta Q / (m \Delta T) \ \left[\text{J}/(\text{kg}\cdot\text{K}) \right] \tag{1.2b}$$

　　如果将热容量C归一化为恒定的体积(V)而不是质量,那么它就称为体积热容量或容积比热容(s):

$$s = \Delta Q / (V \Delta T) \ \left[\text{J}/(\text{m}^3\cdot\text{K}) \right] \tag{1.2c}$$

　　这两个参数由公式($c = s/\rho$)相关联,其中ρ是密度,单位为kg/m^3。热容量和热导率都取决于压力和温度。这两个参数随着地壳深度的增加而减少。因此,对于一种特定的物质,温度会随着深度的减少而上升。

表1.2列出的是常见岩石的比热容。对于固体岩石来说,比热容通常在0.75~1.00[kJ/(kg·K)]之间变化。水的比热容=4.19kJ/(kg·K),比固体岩石的高出4~6倍。也就是说,水储存的热量要比岩石多很多倍。就体积热容量而言,水储存的热量大约是岩石的两倍。因此,松散岩石的高孔隙度含水层比致密岩石的低孔隙度含水层能储存更多的热能。

热流密度(q)和热导率(λ)反映的是深度的温度分布。温度梯度是指在特定深度每增加单位深度所升高的温度(梯度T或ΔT)。式(1.3)表明,在特定深度的温度(对于恒定的一维梯度)由热流密度和热导率给出。

$$\Delta T/\Delta z = q/\lambda \quad (K/m) \qquad (1.3)$$

例如,大陆表面的平均热流密度q=0.065W/m²,典型花岗岩和片麻岩的热导率λ=2.2(J/s·m·K)(表1.2),常数ΔT/Δz=0.03K/m或根据式(1.3)可知每加深100m,温度会增加3℃。欧洲大陆中部上地壳厚达数千米,每加深100m,温度就会增加2.8~3.0℃,与典型的地壳硬岩的热导率平均值(表1.2)和典型的实测地表热流密度65mW/m²相一致。反之亦然,在给定温度梯度和岩性时,式(1.1b)或式(1.3)可以用来估算热流密度q。

温度梯度、热流密度等导致地下的温度分布是不均匀的。如果与平均值的偏差很大,那么这些特征就称为正或负温度(热)异常。导致正(热)异常的地质因素很多,包括如上所述的活火山和热液系统中上涌的深层热水。上涌的热水通常与深层渗透性断层构造有关,也与地堑或盆地构造或山脉的边界断层系统有关。热水通常以温泉的形式到达地表并排出。正异常也可能是由大量具有高热导率的岩石,如岩盐矿床而引起的。与周围的其他沉积岩相比,盐底辟优先向地表传导更多的热量。因此,高热流被引导到盐底辟中。沉积层序中的厚绝缘层,如热导率低的页岩(如前所述,通常具有很强的各向异性)可能会阻碍向地表的传热。局部异常高的地球化学或生物地球化学产热也可能是产生热异常的一个原因。由于地热项目的勘探和开发需要尽量小的钻探深度,因此,对地热项目来说,正异常区是主要的目标区域(见第5章)。

所有的岩石都含有一定可测的放射性元素。不稳定的原子核衰变所释放的能量以电离辐射的形式释放,然后被吸收并转化为热量。在普通岩石中,^{238}U、^{235}U和^{232}Th以及^{40}K的衰变链产生的热量具有最重要的贡献。U和Th一般出现在普通岩石(如花岗岩和片麻岩)的附属矿物中,主要是锆石和独居石。K是普通成岩矿物中的主要元素,包括钾长石和云母。岩石的总辐射热可以通过铀c_U(ppm)、钍c_{Th}

（ppm）和钾 c_K[质量分数（%）]的浓度来估计（Landolt–Börnstein，1992）：

$$A = 10^{-5}\rho \left(9.52c_U + 2.56c_{Th} + 3.48c_K \right) \left[\mu J/(s \cdot m^3) \right] \tag{1.4}$$

其中 ρ 是岩石的密度，单位是 kg/m^3。表 1.1 中列出的是部分代表性岩石产生的典型的辐射热值。

辐射热的产生与岩石中含钾矿物和锆石的数量有关，因此花岗岩和其他长石类岩石都会比辉绿岩和岩浆类岩石产生更多的热量（1.3 节）。地幔橄榄岩及其水合产物蛇纹岩产生的热量低于 $0.01 \mu W/m^3$（表 1.1）。部分放射性元素通过水与岩石的相互作用而松动，从而溶解在热液中。有些热水含有相当多的放射性成分，因此具有放射性（10.2 节）。

热传输方程描述的是岩石中的温度在空间和时间上的变化（Carslaw & Jaeger，1959）。它的解描述的是地下热源的分布及其随时间的变化规律。热偏微分方程可以写成：

$$\partial \left(\rho c T \right) /\partial t = \nabla \left(\lambda \nabla T \right) + A - v \nabla T + \alpha g T/c \tag{1.5}$$

其中方程右侧的第一项描述的是热传导[见式（1.1a）]，A 代表与深度和岩性有关的内部产生的热 $\left[J/(s \cdot m^3) \right]$，第三项描述平流传热（一般是质量传递），最后一项表示压力效应。其中有密度 $\rho(kg/m^3)$，速度 $v(m/s)$，重力加速度 $g(m/s^2)$ 和由 $\alpha = (1/V) \partial V/\partial T$ 定义的体积线性热膨胀系数 $\alpha(K^{-1})$。对于大多数岩石，$\alpha=5\sim 25 \mu K^{-1}$。

对于均匀各向同性的岩石体，不存在质量热传递且不考虑压力依赖关系的一维热传递（沿深度坐标 z）、恒定热导率（λ）、恒定放射性产热（A）的式（1.5）的解析解是

$$T \left(z \right) = T_0 + 1/\lambda q_0 \Delta z - A/ \left(2\lambda \right) \Delta z^2 \tag{1.6}$$

其中 T_0 是所考虑的岩石体顶部 z_0 处的温度，q_0 是 z_0 处的热流密度，Δz 是所考虑的岩石体积的厚度。简化后的热力方程[式（1.6）]，通过逐层添加各个层中的导热流传输和辐射热产生的情况（图 1.7），可以用来构建穿过地壳的热力剖面图。

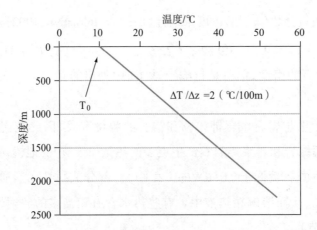

图1.7 用式(1.6)和表1.1给出的参数值计算出的温度与深度的关系：对花岗岩来说，$T_0=283$，$\lambda=3.1J/(s\cdot m\cdot K)$，$q_0=65mW/m^2$，$A=3\mu J/(s\cdot m^3)$

1.5 测量热参数的方法简介

岩石的热导率可以通过实验室测量岩心获得，也可以直接在测量钻孔原地获得。市场上有不同的方法和设备来测量岩石和土壤的热导率。所有方法都基于相同的原理：将样品暴露在确定可控的局部中加热，用温度传感器测量样品在空间和时间上对加热的温度反应。瞬态线源法已广泛应用于针式测量仪器。一个细长的加热源与样品接触，并以恒定的功率进行加热，同时记录加热源的温度。源的温度上升越慢，样品材料的热导率就越高。

地质学中最常用的热导率测量方法可能就是使用所谓的分隔式棒测仪。这种仪器在商业上也可作为分隔式便携电子棒测仪来使用。仪器在样品上施加热梯度，并用已知热导率的物质作为标准，通过与标准比对，得出测量样品的热导率。

热导率棒测仪备有差动温差调节，能提供精确的结果，误差仅为2%。分隔式便携测棒非常容易进行校准，质量只有8kg，便于运输。分隔式棒测仪系统噪声小，在远程钻探作业中也能用于测量刚取出的岩心样品的热导率。此外，这种岩石热传导测量棒能提供温度变化范围为20℃内的读数。便携式热传导测量设备在地热能源勘探中非常有用(网页：Hot Dry Rock，Australia)。

岩石的热容量在实验室里是利用热量计测量的。热量计的种类很多，各种仪器的用途也各不相同。式(1.2a)中定义的参数C的测量过程是，向量热系统(样品和嵌入物质，通常是液体)添加或移除规定数量的热量，并监测该过程的温度响应。

以钻芯代表的岩石密度是利用阿基米德原理测量的。即一个形状不规则的物体,如一块岩石,其质量首先要用天平来称重。然后将物体浸入一种已知密度的液体中(例如,在约25℃和1bar的条件下,水的密度为1000kg/m³),用天平测量。样品的体积由两个测量值的差来计算,因此密度 $\rho = m/V$ 可以从这些数据中计算出来。岩屑密度是用比重计来测量的,比重计是一种测量液体和固体密度的简单实验室设备。

1.6 测量地下温度

在开发一个新的深层地热项目期间,认真收集现有的地下温度数据是首要的关键步骤之一。从当地现有旧钻井资料中整理出的温度数据对新装置的设计极为有利,并可极大地提高钻探前项目预测的可靠性。评估数据的可靠性和读取深度的准确性是非常必要的。

例如,在中欧,近地表区域,深度每增加100m,温度就会增加约3℃,这称为当地的"正常温度梯度"。这种正常的区域梯度可能会向两个方向偏离,即冷梯度和热梯度。在钻孔的某些深度区间,可能会出现偏离正常区域梯度的情况。地下地质体的水力和热特性的各种局部变化是导致其偏离正常梯度的原因。在近地表的狭窄深度范围内,局部温度梯度是恒定的。在更大的深度,温度梯度可由在每个深度(z)处的温度(T)与深度曲线(T – z曲线)的切线获得。在某一特定地质构造地点,详细的局部温度曲线和相应的温度梯度是由导热流和质量流(即地下水或深部流体的流动)决定的。温度梯度也随着地表地形的变化而变化。随着地势凸凹的增加,温度梯度在山谷中增加,沿山脊减少。

国际单位制(SI)的温度单位是开尔文(K)。从开尔文衍生出来的单位是摄氏度(℃)。其他常用的单位是华氏度(℉)和朗肯度(°R,也称R或Ra)。在绝对零度温度时,0K=0°R。温度可以用以下方式转换:

$$T_K = T_C + 273.16 \tag{1.7a}$$

$$T_F = 1.8T_C + 32 \tag{1.7b}$$

$$T_R = 1.8T_C + 491.67 \tag{1.7c}$$

在深井中,一般使用温感装置来测量深度z处的液相温度,读数为欧姆(Ω)。然后用Ω-K校准,将电阻率转换成温度。探测器在每使用几个月后就需要进行新的校准。

在钻孔中,温度测量可以分为几种不同类型:温度日志、储层温度或孔底温度(BHT)测量,生产测试(井测试)期间的温度测量。

温度日志是沿钻孔剖面连续测量的温度数据。请注意,测井的时间是很重要的:分别是生产过程中、生产后不久或长期停工后。最有用的数据是在长期停工后获取的(图1.8)。受生产运营影响的温度日志往往只需要在进水点的位置(深度)提供的数据才有意义。温度日志可以提供水流入和流出点的证据(流体槽)(图6.19)和套管中的泄漏或垂直流体流动的数据(图13.5)。在生产测试中收集的温度数据能提供传导率的垂直分布(图14.10)。对水力评价程序的详细处理可以参考14.2节和14.4节。

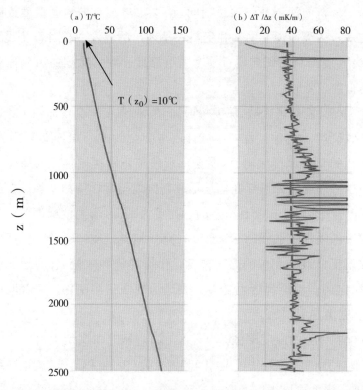

　　图1.8　德国莱茵河裂谷上游的 Bühl 井长期停工后的 T-log 数据实例(Schellschmidt & Stober,2008):(a)T 曲线;(b)T 梯度(ΔT/Δz)曲线。请注意,梯度的剧烈变化与读数之间的 Δz 较小有关,因此大部分原因是由技术造成的,与剖面上的地质情况关系不大。

　　储层温度测量是在工业钻井完成后就要立即进行的常规测量,因此,这些数据通常受摩擦和钻井液循环等因素的干扰,与真实温度有所差异。但储层温度数据可以针对这些影响进行校正,并还原成原始状态,特别是钻井液循环对温度场的影响在井底是最小的。通常情况下,大多数钻孔都有几种储层温度数据可用,通常也有不同深度的数据,这些数据都是在钻井过程中逐渐收集的。

根据钻井完成后的停机时间、冲洗时间的长短以及可用温度数据的数量,可采用不同的温度推导程序:激增筒源(Leblanc et al.,1982),连续线源(Horner,1951),激增线源(Lachenbruch & Brewer,1959),有统计参数的筒源(Middleton,1982)。

由单次储层温度测量结果可以推断出孔底原始钻前温度,但需要从钻孔中的其他温度数据计算出统计参数。

地层的导热性可以从生产测试时安装的探头的温度响应中得出。为此,探头要在目标层的固定位置连续地记录温度。该过程类似于图6.8中所描述的技术。探头位置的原始温度可以用所谓的霍纳图(Horner Diagram)从调试期间的温度数据中推断出来(Horner,1951)。

从水平和垂直方向的内插温度数据可以构建出目标深度的温度图。这一目的可以通过不同技术方法得以实现,其中包括"网格化算法"(Smith &Wessel,1990)。

为了计算沿钻孔的三维温度模型,必须要知道表土层的温度。它定义的是模型的边界上限。表层温度(T_0)可以根据当地气象部门或世界气象组织(NCDC 2002)编纂的长期的当地大气温度年平均数中得出。大气对应的近地表年平均温度与地表下13m处的土壤或岩石温度接近(在欧洲中部)。在这个深度,地层温度不会随季节变化。该模型的数据插值可以利用三维通用克里格法进行。

参考文献

Ahrens,T. J.,1995. Global Earth Physics:a Handbook of Physical Constants. Am. Geophys. Union, 376pp.

Armstead, H. C. H., 1983. Geothermal Energy. E. & F. N. Spon, London, 404 pp.

Carslaw, H. S. & Jaeger, J. C., 1959. Conduction of Heat in Solids. Oxford at the Clarendon Press, Oxford, 342 pp.

Clauser, C., 2009. Heat Transport Processes in the Earth's Crust. Surveys in Geophysics, 30, 163- 191.

Horner,D. R.,1951. Pressure Build-upin Wells. In:Bull,E. J.(ed.):Proc. 3rd World Petrol. Congr.,pp. 503-521, Leiden, Netherlands.

Kappelmeyer, O. & Haenel, R., 1974. Geothermics with special reference to application, pp. 238,E. Schweizerbart Science Publishers, Stuttgart.

Lachenbruch, A. H. &Brewer,M. C., 1959. Dissipation of the temperature effect of drilling a well in Arctic Alaska. Geological Survey Bulletin, 1083−C: 73−109; Washington.

Landolt−Börnstein,1992.Numerical Data and Funktional Relationshipsin Scienceand Technology. In: Physical Properties of Rocks, Springer, Berlin−Heidelberg−NewYork.

Leblanc, Y., Lam, H. L., Pascoe, L. J., & Johnes, F. W., 1982. A comparison of two methods of estimating static formation temperature from well logs. Geophys. Prosp., 30, 348−357.

Mareschal,J. C. & Jaupart,C.,2013. Radiogenic heat production,the rmalregimeandevolution of the continental crust. Tectonophysics, 609,524−534.

Middleton,M.F.,1982. Bottom−hole temperature stabilization with continued circulation of drilling mud. Geophysics, 47,1716−1723.

NCDC,2002. WMO Global Standard Normals (DSI−9641A), Asheville (USA) (Nat. ClimaticData Center).

Pollack, H. N., Hurter, S. J. & Johnson, J. R., 1993. Heat Flow from the Earth's Interior − Analysis ofthe Global Data Set. Rev. Geophys, 31, 267−280.

REN21., 2017. Renewables 2017 Global Status Report.− Paris Ren21 Secretariat, https://www.ren 21.net.

Rybach, L., 1976. Radioactive heat production in rocks and its relation to other petrophysical parameters. Pageoph (114), 309−317.

Schädel, K. & Stober, I., 1984. The thermal anomaly of Urach seen from a geological perspective (in German). Geol. Abh. Geol. Landesamt Baden−Württemberg, 26, 19−25.

Schellschmidt, R. & Stober, I., 2008. Untergrund temperaturen in Baden−Württemberg.− LGRB− Fachbericht, 2, 28 S., Regierungspräsidium Freiburg.

Schön, J., 2004. Physical properties of rocks, pp. 600, Elsevier.

Smith, W. H. F. & Wessel, P., 1990. Gridding with continuous curvature splines in tension. Geophysics, 55: 293−305.

U.S. Department of Energy., 2016. 2016 Renewable Energy Data Book, Energy Efficiency &Renewable Energy of the National Renewable Energy Laboratory (NREL) (https://www.nre l.gov).

VDI, 2001. Use of suburface thermal resources (in German). Union of German Engineers (VDI), Richtlinienreihe, 4640.

2 地热能利用的历史

中国西安附近的华清池温泉

人类自存在以来就一直在利用地热能,即来自地球内部的热量。热泉水和温泉池不但可用于洗澡和健康理疗,也可用来烹饪或加热。这种资源还可用来从热卤水中生产盐。对于早期人类来说,地球内部的热量和温泉具有宗教和神话的涵义。他们认为有温泉的地方就有着神的存在,代表着神或被赋予了神的力量。现代社会,许多温泉浴场仍然保留着神圣的仪式。

泉水从地下涌出,在几乎所有宗教和文明中这都是生命和权力的象征。温泉产生热和高度矿化的水,矿物从中沉淀并形成烧结物、结壳和不寻常的矿藏,人民赋予这些现象非凡的神话意义。

温泉很早以来就具有宗教和社会功能。人们认为温泉具有治愈的力量,因为那里有神的庇佑。温泉和温泉浴场是文化和文明发展的中心。在罗马帝国、中国中古时期和奥斯曼帝国,温泉一直是温泉理疗的中心,身体健康和卫生(现代术语:健康)与当时的文化和政治交流及时代进步融为一体。

日本各地的天然温泉(日语:onsen)很多,而且非常受欢迎。日本的每个地区都有自己的温泉和度假城镇,这些都伴随着温泉而来。不同类型的温泉,多以溶解在水中的矿物质来区分。不同的矿物质能提供不同的健康益处,而所有的温泉都可以对人的身心产生放松作用。温泉浴场有很多种类,有室内的也有室外的,有分性别的也有混合的,有奢华的也有简陋的。许多旅馆内设有温泉浴场,也有公共浴场的温泉。人们都极力推荐去日本旅游时一定要去温泉旅馆过夜。

2.1　地热能的早期利用

考古发现证明,北美印第安人在几千年前就开始利用地热温泉。美国南达科他州的温泉曾是苏族和夏安族部落的战场。印第安人认为温泉热水是来自地球深处的治愈力量,在泉水边的岩石上雕刻的浴缸,见证了印第安人曾用这些水进行治疗性沐浴。他们还饮用温泉水来解决胃肠道健康问题。后来,白人定居者开始将温泉用于商业性的温泉治疗。今天,借助热泵,热水可以用来进行冷却和加热。类似的"印第安人温泉"在得克萨斯州的格兰德河沿岸和墨西哥都有发现。自古以来,北美洲的土著人就将温泉用于治疗和在池中洗浴。美国现有温泉几千处。

一个奇特的地方是黄石湖岸边淹没在水中的钓鱼锥间歇泉,渔民用来煮鱼(图2.1)。这个小火山口露出水面上已经有一段时间了,渔民们从船上或海滩上拿着鱼竿,把还在跳动的鱼放入沸腾的小火山口中进行烹饪。现在,钓鱼锥间歇泉已被淹没在湖水中,热水喷发也停止了。

图 2.1　黄石湖的钓鱼锥间歇泉(美国黄石国家公园),(照片:美国政府)。渔民在热液锥的热水中烹煮湖中的鲜鱼。

罗马人、日本人、土耳其人、冰岛人以及新西兰的毛利人的历史文献都描述过温泉的出现以及利用温泉进行烹饪、沐浴和房屋供暖。大约 2000 年前的中国,在华清池和北京附近的小汤山温泉就已经建立了洗浴和治疗中心。

大约 3000 年前,希腊文明就把众神与温泉和矿泉水及其治疗能力联系在一起。在公元前 3 世纪到 1 世纪,凯尔特人对具有治疗能力的泉水进行礼拜,如北波西米亚的特普利斯温泉。公元前 863 年,英格兰南部的巴斯(Bath)浴场温泉治愈了李尔王之父布拉杜德的麻风病。

凯尔特人,特别是罗马人在欧洲中部广泛利用温泉。早在 2000 多年前,罗马人就开始利用地热加热浴缸。有证据表明,从公元前 2 世纪开始,罗马人就喜欢在温泉附近定居,如普罗旺斯的艾克斯(Aquae Sextiae)、比利牛斯山脉的(Bagnière de Luchon)、德国威斯巴登(Aquae Mattiacorum)、德国巴登-巴登(Aquae Aureliae)、巴登韦莱(Aqua Villae)(图 2.2)和许多其他地方。在西方文明中,没有哪个时代比古罗马时期更推崇沐浴和沐浴文化。罗马人的座右铭是"Sanus per aquam",即通过水来保持健康。洗澡是罗马人最重要的消遣方式。健康一直是他们生活方式的核心;

洗澡是所有感官的盛宴。浴场是社交聚会的场所,可以用于商务活动和运动。

在罗马时代,成熟的水疗中心提供定期的沐浴项目,这是对负责健康之神的一种崇拜方式。治疗成功与否,责任并不在于训练有素的沐浴师,而是取决于当地温泉的神,如凯尔特-罗马的阿波罗-格朗努斯神(Apollo-Grannus)。在罗马的水疗中心,治愈的病人捐献神圣的血小板,以表达对上天成就的感激之情。

以德国黑森林的巴登韦勒温泉为例,凯尔特人曾使用过该温泉(从此处发现的硬币得知)。1世纪末,罗马人征服莱茵河以东的土地后不久,入侵者就建立了一个平民定居点和一个浴场(图2.2)。在罗马时期,水温肯定比今天的26.4℃要高得多,因为罗马人建造大型浴场时没有加热系统(Cataldi,1992)。另外,根据乔治-皮克托里乌斯(Georgius Pictorius)的"沐浴指南"(Badenfahrtbüchlein),即使在1560年,水的矿化度也可能比现在高。罗马人撤离后,温泉就被人遗忘了,在1784年才又重新将其发现和挖掘出来。

图2.2 莱茵河巴登韦勒(Badenweiler)温泉的罗马浴场遗址(德国南部)。

巴登-巴登(罗马名:Aquae Aureliae)是罗马人的聚居地,位于黑森林北部丘陵地带,它的历史可以追溯到1世纪。在2世纪和3世纪,发展成了一个重要的行政城镇。巴登-巴登曾是罗马上日耳曼行省的一个繁荣的城镇。这座罗马城市以温泉治疗为中心,因此而成为经济繁荣的重镇。罗马皇帝卡拉卡拉下令建造的豪华御用温泉位于今天巴登-巴登市场广场的下方。该温泉于公元260年被毁。俭朴的士兵温泉与帝王温泉有一段距离。极为舒适的罗马温泉在技术上是非常复杂的,也具有非常成熟的体系。温泉的建造采用了所谓的中央加热系统,或者说,采用了地热加热系统(图2.3)。罗马人在使用温泉时要穿着木制凉鞋,以保护他们的脚不直接接触发热的地面。

图2.3　供罗马士兵使用的、带有地暖供热系统的巴登-巴登温泉,这是最早的地热供暖系统。

在罗马人从欧洲的大片地区撤退后,许多温泉都被遗弃了。早期的基督徒更喜欢把教堂建在有治疗作用的温泉附近,这些温泉自古以来就一直都在使用中。在中世纪的欧洲中部,温泉具有如此重要的意义,以至于查理曼大帝将他享有特权的贵族领地——皇室所在地扩展到了亚琛(Aachen),并在公元794年宣布为他的永久住所。凯尔特人和罗马人曾经使用过亚琛的温泉,在被遗忘了几百年后,被查理曼重新发现。传说中,查理曼大帝在亚琛附近的荒草丛生的罗马遗迹中打猎,国王的马陷进了一片沼泽,这时查理曼意识到泥泞的水是热的,而且土壤中出现了蒸汽。就这样,亚琛温泉又被再次利用起来。

中世纪特兰西瓦尼亚的奥拉蒂亚东南部的温泉浴场建在佩塔河的温泉上。佩塔河的水后来也被用作"解冻液",将其引向奥拉迪亚城堡周围的护城河,防止水结冰,用以保持护城河。

在法国中部的Chaudes-Aigues,第一个区域供暖系统的建设在14世纪就开始了,至今仍在运行(Lund,2007)。

大多数古老的罗马温泉是在13世纪和14世纪被重新发现的。然而,欧洲温泉的大繁荣是在18世纪后开始的。温泉已发展成为上层社会、权贵和新兴资产阶级的聚会场所。僧侣萨伏那洛拉(Savonarola)和解剖学家法洛皮奥(Fallopio)在15世纪和16世纪对温泉的治疗作用和水的化学成分进行了首次科学研究。

中国关于温泉的第一份报告,包括治疗说明和农耕指南,最早可追溯到4世纪到6世纪。例如,将热水引到田地里种植水稻,就可以在3月获得第一次丰收,一年可以收获3次。中国药理学家李时珍在16世纪写下了关于矿泉水和温泉水的第一篇科学评论。在他的《本草纲目》一书中,根据化学和起源的标准对水进行了分类。

1560年,乔治-皮克托里乌斯发表了一篇关于德国南部温泉的描述以及如何使用它们的说明(沐浴指南)。这是第一部关于浴疗理论的论文。乔治-皮克托里乌斯在弗莱堡大学学习医学,后来因其医学论文在当地享有盛名。他研究了所有关于古代和中世纪的治疗性沐浴的相关专家,并在其沐浴指南中,描述了德国西南部的所有经典温泉,这些温泉至今仍在使用。

采矿业很早也报告了地热现象。阿格里科拉（Agricola）在 1530 年就已经意识到，地下矿井的温度随着深度的增加而增高。最早报道用温度计测温可能是 1740年德·根桑（De Gensanne）在法国贝尔福特附近的一个矿井中所进行。亚历山大·冯·洪堡（Alexander von Humboldt）1791 年在萨克森的弗莱贝格矿区测量，得到每增加 100m 深度、温度上升 3.8℃的结果。这是首次提出地热能梯度的概念，其是地热能开发的一个基本参数。来自中美洲和南美洲的数据很快证实了地热能梯度的存在和变化。从 1831—1863 年，德国在深达 1000m 的深钻孔中进行了测温，几年后，又测量到了 1700m。在迅速增加的数据中，出现了每加深 100m、平均温度上升 3℃的现象，这就是今天所知的正常温度梯度。本菲尔德（Benfield, 1939）首次测量了地表热流密度。

1839 年，在德国南部 342 米深的诺伊芬钻井的孔底测出了令人惊讶的 38.7℃的温度。这相当于 9℃/100m 的地热梯度，也是第一次发现地热温度大异常。

2.2　过去 150 年中地热能利用的历史

截至 19 世纪下半叶，利用热水进行能源转换尚未开始，其后由于热力学的快速发展，才有了热与电的转换。通过涡轮机和发电机，热力学有助于能量的高效转换，先将热蒸汽的能量转化为机械能，然后再转化为电能。

地热发电的发展与意大利北部托斯卡纳的拉德莱罗（Larderello）地区有着明显的联系（Tiwari & Ghosal, 2005）。19 世纪初，拉德莱罗附近的温泉一直用来生产硼以及溶解在温泉水中的其他物质。1827 年，硼工业创始人弗朗西斯科·拉德雷（Francesco Larderel）安装了第一个地热能源转换装置。其中一个热水池上面覆盖着一个砖砌的拱形炉。这是第一个用地热水自然加热的低压蒸汽锅炉，为蒸发富含硼的水提供了所需的热量，此外还为泵和其他机器提供动力。这一装置节省了大量的木柴，该地区的森林砍伐也从此结束。1904 年，在拉德莱罗，通过将蒸汽机与发电机相连接，首次用地热能源生产了电力（图 2.4）。

图2.4 1904年,拉德莱罗:皮耶罗·吉诺里·孔蒂(PieroGinori-Conti)公爵与他的仪器,该仪器是历史上首次将地热转换为电能的仪器,其功率能点亮灯泡(照片:意大利地热协会,2010)。

1913年第一个拉德莱罗电厂投入运行时,它的输出功率为250kW。到1915年,其发电功率为15MW,由饱和蒸汽驱动。从1931年起,新的深钻孔可以产生温度为200℃的过热蒸汽,供发电厂使用。与饱和蒸汽相比,过热蒸汽不含有导致腐蚀和结垢的成分,因此,没有必要安装热交换器系统。到1939年,拉德莱罗电厂的总装机功率达到66MW。意大利的地热田在第二次世界大战结束时被摧毁,但战后又重建起来。2010年,拉德莱罗发电厂能生产545MW的电力,占意大利总电力生产的1.6%。

拉德莱罗地热田是由位于意大利托斯卡纳阿普利亚板块和欧亚板块的聚合板块边缘的浅层火成岩侵入引起的。浅层岩浆室能产生极高的地热梯度。

1890年,美国爱达荷州博伊西建成了一个集中供暖系统,完成了早期的地热系统利用。1900年,美国俄勒冈州的克拉马斯福尔斯(Klamath Falls)又复制了这个系统。后来,在1926年,克拉马斯福尔斯开始使用一口地热井来加热温室。1930年,第一批私人住宅从克拉马斯福尔斯的独立井中获取地热供暖。

早在19世纪中叶,人们为了给建筑物供暖,在热水储层中钻了第一口井,公共建筑和整个城区的地热供暖紧随其后发展了起来。

20世纪20年代,冰岛雷克雅末克(Reykjavik)开始大规模利用热水为家庭和温室供暖。雷克雅未克这个名字是维京人起的,因为那里有明显的热气腾腾的温泉。

今天,冰岛显然是世界上利用地热能源的第一大国。地热资源提供了79 700TJ或53%的一次能源。地热和水力发电提供了该国99.9%的电能需求。雷克雅未克附近的低焓地热田提供的水温高达150℃,可用于房屋供暖系统。冰岛一半以上的人口居住在这个地区,地热田为90%的冰岛家庭提供热能和热水。高焓地热田位于横跨该岛的活火山带上。典型的温度是200℃或更高,但这些水往往富含矿化物质和天然气,不能直接使用。各种各样的发电厂使用蒸汽涡轮机通常能生产大约数十MW的电力。位于冰岛西南部的赫利舍迪(Hellisheiði)电厂是岛上最大的发电厂。它的发电量约为330MW。它利用中央火山亨吉尔(Hengill)的热能以及泉水和钻井的热能发电(图2.5)。2019年,冰岛全部地热发电厂的总装机功率为735MW(见第10章)。冰岛的温泉水还用于许多不同的工业用途。

图2.5 冰岛的赫利舍迪电厂。2019年的容量:330MW的电力,133MW的热能用于区域供暖。由ON Power运营。

继意大利和冰岛之后,1958年,新西兰在怀拉基(Wairakei)建立了第一个地热厂;1959年,墨西哥在百代(Pathe)开始了实验;1960年,加利福尼亚北部启动了"Geysers"。至今,该项目已经发展为由21个发电站组成,总装机容量为750MW的发电厂群,成为世界上最大的地热能利用装置,所生产的电力足以供应一个像旧金山大小规模的城市。

然而,地热利用也发生过严重的挫折。地热能源生产的盈利能力受制于总体的经济状况,和其他形式的能源(如原油)一样受需求、供应和价格等影响。不断变化的法律和环境法规使得地热能源得发展需要越来越多的努力和成本(见第10章)。例如,希腊和阿根廷由于环境和经济原因,关闭了已有的地热设施。德国的地热装置深井是在20世纪80年代石油和天然气价格上涨后钻探的,深层地热系统的进一步开发在经济危机和油价崩溃期间也就停止了。正是由于化石燃料资源日益减少造成的价格原因,地热能源项目才得以恢复。2003年,德国的第一个地热能源生产在诺伊施塔特-格莱维(Neustadt-Glewe)开始。2007年兰道(Landau)的地热井和2009年布鲁赫萨尔(Bruchsal)的地热井在20世纪80年代就已经开始生产电能。随后,又安装了几座地热设施,特别是在德国南部的慕尼黑地区。

欧洲中部最早的文献记载的钻探地源热泵系统,于1974年夏末在德国南部的Schönaich完成。为了用地源热泵作为唯一的供暖系统来改造现有建筑(始于1965年),安装了5个深度为50~55m的接地环路,钻孔之间的距离为4~5m,由5个同轴探头组成线性阵列,配有厚壁钢管(60×5mm)和一个同轴塑料软管。探头上装有水和乙二醇混合物。用水泥-膨润土悬浮液对环形区进行灌浆(这是现在的标准程序,当时还没有使用)。峰值负荷期间,探头内供水温度为-3~-4℃(外部温度数周内持续为-20~-15℃);返回温度约+1℃。该系统已经运营了30年。其中一个探头在2005年可能因为腐蚀损坏而失效,现在还有4个探头和一个燃油锅炉在运行。

1852年,开尔文勋爵发明了热泵,这是利用近地表地热能的一个重要设备。海因里希·佐伊(Heinrich Zoelly)在1912年提交了一份专利申请,使用热泵从地表下提取热量。地源热泵系统的首次成功应用是在20世纪40年代。印第安纳波利斯、费城和多伦多在靠近地表的地方安置了第一批地源热泵(GSHP)的地面集热器。圣路易斯的联合电气公司在一个钻孔中5~7m深处安装了一个实验性装置,使用螺旋管作为热交换器。其他早期系统,如1938年在苏黎世的行政大楼和1948年在波特兰的平等大厦使用河流或地下水作为热源,因此它们并不是严格意义上的利用地热能源。

美国能源部(DOE)有一个涉及地热能的网页,https://www.energy.gov/eere/geo-thermal/geo thermal-basics,内容非常丰富。

美国能源部于2010年在其网站上出版了四本关于美国地热能源发展历史的系列丛书,可供下载:《美国地热技术项目:"美国地热研究和开发的历史"》。该系列

丛书涵盖了1976—2006年美国的地热利用和研究资料。美国地热能简史可参考
https：//www.energy.gov/eere/geothermal/history-geothermal-energy-america。

参考文献

Benfield, A. E., 1939. Terrestrial Heat Flow in Great Britain. Proceedings of the Royal So-
ciety of London Series A: Containing Papers of A mathematical and Physical Character,
173(955), 428-450.

Cataldi, R., 1992. ReviewofhistoriographicaspectsofgeothermalenergyintheMediterraneanand
Mesoamerican areas prior to the Modern Age. Geo-Heat Centre Quarterly Bulletin, 18,
13-16. Lund,J.W.,2007.Characteristics,Developmentandutilizationofgeothermalresources.
Geo-Heat

Centre Quarterly Bulletin, 28, 1-9.

Tiwari, G. N. & Ghosal, M. K., 2005. Renewable Energy Resources: Basic Principles and
Applications. 649 pp.

3　地热能源资源

中国大柴达木天然温泉

3.1 能源

在物理学中,能量是一个物理系统对其他物理系统做功的能力。有许多不同形式的能量,包括机械能(势能、动能)、热能、电能、化学能和核能。热能也可以理解为原子和分子的随机运动。

不同的能量可以从一种形式转换为另一种形式。例如,化学能在内燃机中转化为机械能,太阳热辐射在光伏系统中转换为电能。

可再生和不可再生能源之间的区别,使人类越来越深刻地认识到自然能源资源的有限性。不可再生能源也称为化石能源资源,包括煤炭、石油、天然气和核燃料(如铀)。但这些形式能源的更新,在时间尺度上,无法满足现今人类经济发展的需要。

太阳能被认为是可再生能源的一个典型代表。太阳核过程产生的太阳辐射,从人类的时间尺度来看是永恒的,尽管当所有的核燃料用完后,太阳上的核过程也会停止。到达地球的辐射能量可以转化为电能(光伏)或热能(太阳热能)。风能、水力发电和生物质能(木材、能源植物),追根溯源也是来自太阳能。这些形式的能源只受从太阳到达地球的辐射量的限制,并以可持续的方式使用。这种能源是可再生的,即太阳可以每天以各种形式补充消耗的能量,如可燃烧的木柴和水库中潜在的水的势能的形式,而且会持续"相当长的一段时间"(数十亿年,尽管人类将无法享受到这么久)。请注意,化石是"不可再生"的能源形式,如煤和石油,也代表着储存的太阳能。这些能源形式也是能更新的,但其更新的时间尺度对短暂的人类经济过程没有太大意义。

地热能,即地球内部的热量,是一种与太阳能无关的能量,但最终是由引力能和不稳定原子的放射性衰变产生的。它是可再生的,因为有大量的热量储存在地球的体内,人类的消费不会耗尽这个能源库。如果可持续地使用,消耗的地热能可以从地球内部的库存中得到更新和补充,从人类的角度来看是无限的。可持续使用可再生能源意味着消耗的速度等于或小于更新过程的速度。可再生能源的特点是,更新过程在人类时间尺度上是迅速的。

从物理学定律（热力学第一定律）可知，能量不能被创造或破坏，只能从一种形式转化为另一种形式，总量保持不变，没有任何损失。只是在转化和运输过程中，某种形式的能量的使用价值可能会降低。

许多形式的能源是不能直接使用的。为了实际应用，必须要将它们转化为可用的形式。例如，化学能、核能和辐射能必须要转化为机械能、热能或电能。

能源可以储存，也能运输。能源需要储存在特定的存储介质中。例如，地球上典型的化石能源，包括煤、石油和天然气，最终都可以视为太阳能的储存介质。在工程上，储存能源是为了使其能按需提取和运输。例如，化学能可以储存在可运输的电池中，需要时就转化为电能来驱动设备。

太阳能装置中产生的热量可以储存在蓄热器中，在太阳下山或阴天时利用。储热介质一般是液体（通常是水）或固体（通常是岩石）。水是一种首选的存储材料，因为它具有高比热容（见1.4节）。为了防止不必要的热损失和快速冷却，存储设备需要进行热绝缘。除了在高温下工作的传统感热蓄能器外，潜热蓄能器也能利用相变带来的潜热来存储热能。蓄能器材料在相变的温度下开始熔化。然而，进一步的加热会继续融化该物质，但温度不会改变，直到将所有固体转移到液体（平衡融点）。潜热蓄热器比感热蓄热器储存的能量要多得多。这一特性称为更高的能量密度。

例如，将水从0℃加热到80℃所需的能量相当于融化0℃的冰。将100℃的水转化为蒸汽所必须投入的能量，相当于在1bar时将水从0℃加热到100℃的能量的5.4倍。

一次性能源必须转化为净能源才能供用户消费。生产1kW·h的电能通常需要3kW·h的一次能源，如煤或石油。能源转换过程中的部分损失是固有的，无法避免。可用净能与消耗的一次能之比来表征能量转换的效率（见4.2节）。

例如，在燃煤电厂或家用燃油加热系统中，由于受现实和技术条件的限制，将工业化学能转化为热能时，导致化学反应不完全而产生转换损失。由于传导性热流的存在，热能会从储热体中流失，因此，热量不能长期储存在家庭或建筑物中。在这种情况下，房屋的隔热性能是一个关键的建筑特性。在中欧，位于市中心的一般住宅，没有特殊保温材料的情况下每年需要20L/m²以上的取暖燃料。在隔热的低能耗建筑中，采暖燃料消耗量每年则能减少到7L/m²。最先进的被动式房屋每年只需燃烧1.5L/m²的燃料就能满足其热量需求。

熵和热力学第二定律指出,能量转换过程的方向并不对等。例如,机械动能可以完全转换为热能。逆向转换却总是不完全的;热能转换成机械能的内在转换效率小于1。能量转换过程是各向异性的或不对称的。

地热能或地热是储存在固体地球表面以下的热能。从地下不同深度采得的地热可以提供不同的独特应用。因此,地热利用可细分为近地表地热系统和深层地热能源系统(见第4章)。

3.2 可再生能源的意义

能源工业的经济发展也取决于那些没有直接被视为与其相关的因素,包括人口发展、家庭数量、总体经济趋势、结构变化和技术进步等。此外,经济参数、法律框架和政治环境也会进一步影响能源消费的增长,并为能源使用和消费的总体发展制定出指导方针(Gupta and Roy,2006)。

全球已知和已探明的常规能源商品,如化石燃料和核燃料,储量约为83ZJ(1ZJ(Zettajoule)=10^{21}J;1EJ(Exajoule)=10^{18}J;83ZJ=83 000EJ;据美国能源信息署(EIA)2020年公布的2017年估算值;增殖反应堆的潜在产量除外)。全球总储量相当于2017年一次能源年消费量0.4ZJ的200倍左右。煤炭和褐煤约占储量的25%。将某种一次能源的总储量除以一年的能源消耗,就能得出这一特定能源的使用年限。利用2007年已有的数据估计的使用年限如下:原油42年、天然气61年、煤炭129年,褐煤286年(EIA,2020)。根据2017年的年消费量和估算的总储量,用于一次性反应堆的核燃料(铀)的使用年限为70年。读者可查阅美国能源信息署提供的EIA.gov网页了解有关能源生产和消费的最新数据和信息。

上面给出的年限只是大概范围,受到很大的不确定性的影响,但做为参考值有一定的意义。一种资源所能使用的实际"真实"时间范围主要取决于消费者愿意为其支付的价格。这是一个受竞争资源和技术价格及许多其他因素影响的市场问题。然而,所有石油等矿物资源都有被"用完"的时候,这就表明,该商品的使用范围是有限的,因为它是一种化石燃料,由地质过程形成,比人类的生产和消费慢得多。

在过去50年中,全球能源消费总额急剧增加,与此同时世界人口呈指数级增长。许多权威人士预测,在未来30年内,世界人口将从2020年的80亿人增加到30

年后的100亿人,全球能源消耗将增加三倍。2013年,美国的人均年能源消耗总量为290GJ($290×10^9$J)。如果允许地球上未来的100亿居民使用与美国公民在2013年使用的相同数量的能源,那么2017年的储量将在大约30年内被耗尽。这个小运算表明,如果地球上所有居民都过上高标准的生活,就必须要在不久的将来大力促进可再生能源的利用。在发展可再生能源的同时,还必须要提高能源的使用效率,减少转换损失,使节能深入人心。能源效率需要创造性的新技术,对新技术的研究和开发则都需要时间和金钱。

近年来,全球气候的变化和与之相关的年平均地表温度的上升已成为人们关注的主要问题。很明显,全球变暖与化石燃料的燃烧及在此过程中产生的二氧化碳和其他温室气体释放到大气中有关。人为排放的二氧化碳的温室效应导致全球变暖占观测到的全球变暖值的50%。全球变暖带来了许多长期来看代价高昂的负面影响,包括植被的退化,永久冻土的解冻,大陆冰盖的融化和相关的海平面上升,阿尔卑斯山脉的冰川融化和对山前大片地区的水和能源供应的相关影响,以及预测的极端天气状况的增加。

利用可再生能源(如光伏、水电和地热系统)的发电厂和发电系统的运行完全或几乎没有温室气体排放。因此,可再生能源不仅可以节约化石燃料资源,而且能保护环境。

许多国家宣布的环境目标表示在电力生产和总能源消费(电力、热能、流动性)上要大幅度提高可再生能源的利用。与此同时,要尽力提高现有发电厂的能源效率。这将减少能源和能源商品的进口,提高能源供应系统的灵活性及能源供应的安全性。

3.3　地热能利用现状

美国的地热资源装机容量现为3.7GW,是地热能源发电应用领先的国家。美国大部分地热发电位于加利福尼亚(2.9GW)。在欧洲,大约有2.5GW的电力是由地热系统生产的(Bertani,2015;IEA-GIA,2020)。目前有100多座地热发电厂投入运营。大约一半的电厂使用"干蒸汽",这些电厂都在意大利和冰岛。大约20个工厂使用"闪蒸",30%的工厂使用"二元技术"(见4.4节)。具体情况因国家而异,取决于现有的自然资源和使用这些资源的技术。在冰岛和意大利部署的深层地热系统范围广泛,从高焓热储层的蒸汽生产,到直接利用深层沉积盆地的热液储层(在1kg水中含有大量能量的储层)。表3.1中列出了地热装机容量排名前10的国家。

表3.1　地热装机容量(2019年)排名前10的国家,(共14 900MW)。

单位:MW

美国	3653
印度尼西亚	1948
菲律宾	1868
土耳其	1347
新西兰	1005
墨西哥	951
意大利	944
肯尼亚	763
冰岛	755
日本	549
其他	1011

来源:ThinkGeoEnergy.com

2019年,有24个国家在利用地热能源发电,总装机容量达到了14.9GW(表3.1)(IEA-GIA,2020)。大多数情况下,干蒸汽和闪蒸汽系统能从高焓储层中获取生产电力的热能,这些储层的特点是浅层的温度较高(地热梯度非常大)。这些开放系统直接利用产出的地热水蒸气来驱动涡轮机发电。不太常见的是封闭式系统,它是从低温储层中提取地热流体的热量来驱动二次循环的涡轮机。

干蒸汽和闪蒸汽系统已在以下国家安装:美国,菲律宾,墨西哥,印度尼西亚,意大利,冰岛,俄罗斯(堪察加半岛、千岛群岛),土耳其,葡萄牙(亚速尔群岛)和法国(瓜德罗普)。

在低温地热储层中利用二元系统进行电力生产已在几年前开始,如有机郎肯循环工厂(ORC)或卡利纳(Kalina)工厂,并在相对较少的地点运行。许多地方很适合使用二元低温系统,这些系统有很大的潜力。目前,许多项目正处于开发阶段。如果持续发展,这些系统有很大可能在未来对电力和热能生产做出重大贡献。

1975年后,地热能的利用持续而明显地增加(图3.1)。1980—2005年,全球电力装机容量每年持续增长约为 200MW。2005 年之后,年增长量提高到 500MW。2008 年,美国的地热装机容量为 3040MW,是全球最高的。其次是印度尼西亚(992MW)、墨西哥(958MW)、意大利(811MW)、新西兰(632MW)、冰岛(575MW)和日本(535MW)。美国 2012 年的数字是 3187MW(GEA,2012)。

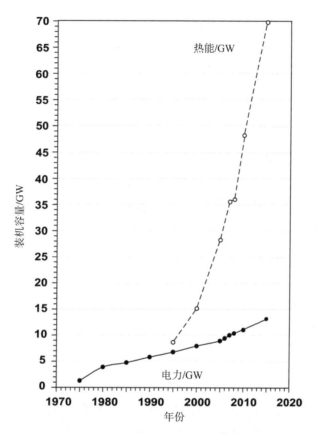

图 3.1　全世界自 1975 年以来,地热能源的电力和热力装机容量(Bertani,2015;IEA-GIA,2020)。

这些数据在不同的国家有所不同,并在很大程度上取决于地质条件。例如,与冰岛、美国或新西兰相比,德国对深层地热能的利用较少,因为欧洲中部没有高焓的地热田。然而,也正是在德国等地质条件较差的国家,深层地热能正日益得到利用并具有良好的发展前景。2017 年,德国有 10 家地热发电厂,具备 37.1MW 装机总容量生产电能(www.geotis.de)。第一个建成的工厂是 2003 年的诺伊施塔特-格勒维(Neustadt-Glewe),2007 年,兰道工厂建成。从 2012 年开始,诺伊施塔特-格勒维厂生产的热能仅用于区域供暖,其中3个发电厂位于莱茵裂谷北部,7个位于慕尼黑地区的巴伐利亚莫拉斯(Molasse)盆地。第一个地热供暖厂是德国东部 Waren an der Müritz,于1984年与区域供暖系统相连接。2017年,德国有21个地热供暖厂在运行,共生产313.5MW区域供暖热能。所有来自地热资源的热能用途(直接用热),包括区域供暖、房屋供暖和温泉,加起来有374MW热能(www.geotis.de)。

与深层地热系统相比,近地表地热系统通常是钻孔热交换器或地热能探针或地源探针,这些装置几乎可以安装在任何地方(见第4章)。2016年,共有73个国家使用地热能供暖。美国的供暖能源生产量是全世界最高的。在欧洲,瑞典是领先的,其次是德国和法国。瑞典利用热泵生产的热能比德国和法国加起来还要多。全球产量约为50.3GW(IEA-GIA,2020),并且每五年翻一番(图3.1)。

在德国,近地表地热设施的发电量约为4GW,共装有31.5万台地源热泵。2017年新增地源热泵2.3万台。地源供暖系统市场前景较好。遗憾的是,地源热泵的市场份额明显落后于效率低得多的空气-空气热泵。

3.4　地热能源

地壳近地表的地下温度主要受气候控制。在冬季,温和气候区的地面可以冻结到1m深,而在夏季则大大地升温。热量输入直接来自太阳辐射,间接来自与空气和渗入降水的热交换。

季节性的地面温度变化随着深度的增加而减少。在温和气候区,年周期在10~20m深处就会消失。在这个深度,温度全年不变,其值与当地长期平均地表温度密切相关(图3.2)。在更长的时间尺度(如冰期),气候影响可以在更大的深度中察觉到(如在中欧为200m)。冰期对当地地热梯度的影响至今仍然可见。随着深度的增加,由于大地热流和当地地热梯度的作用,温度也会随之上升。储存在这些越来越热的岩石中的大部分地热能是地壳本身产生的(见1.5节)。

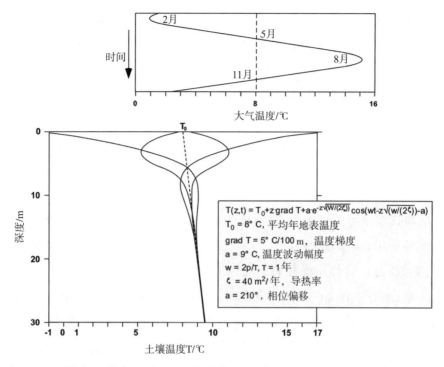

图3.2　温带地区空气和地面温度的年变化(Lemmelä et al., 1981)。

　　地热工业可分为近地表利用和深层地热能源利用(见第4章)。人们用400m深度和20℃这一指标将这两个完全不同的地热能源利用领域区分开来。深层地热能利用可进一步区分为高熵和低熵的资源。热力学势能熵反映的是材料的热含量。其符号H代表热含量[单位为焦耳(J)]。这两种类型的储层之间的分界是以假设的200℃温度划分的。

　　蒸汽轮机能直接利用由高熵储层(高熵场)产生的蒸汽进行高效发电(见第10章)。这时作为传热介质的水,需要达到200℃以上的高温才能达到必要的蒸汽压力。如果用低熵储层发电,只有使用蒸汽压力较高的传热介质才能实现。有机郎肯循环工厂使用戊烷,卡利纳循环工厂使用氨水混合物作为传热介质(见4.2节)。这种设备的发电效率为10%~15%,取决于传热材料和工作温度。

　　地球的高熵场通常位于与板块边界相关的火山带(见1.2节),但也有与地幔柱(或类似冰岛的地幔柱组合)相关的板内火山带。一些高熵场也与浅层岩浆室和地壳中近地表火成岩侵入有关。许多火山岩的结晶压力为50~100MPa,对应的侵入深度为1.5~3km,结晶温度超过650℃。这类地区的地热梯度可能会非常高,在地表下几百米非常浅的地方就能有高达400℃的温度。在高熵地区,利用地热资源发电已是广泛应用的成熟技术。旧金山的电力消费几乎100%由地热发电厂提供。在冰岛,地热资源发电超过了当地的消耗,因而促成了新的电力消费行业的建立。有人甚至认为从冰岛通过海底电缆向欧洲出口电力也是一个可行的项目。

在深部地热系统的高焓场和低焓场中,将热量从储层输送到地表的地热流体是天然液态水或蒸汽,这取决于温度和压力条件。水通常富含溶解性固体和气体,如二氧化碳和硫化氢气体(Giroud,2008)。在高焓场中,由于非常高的温度梯度造成热流密度差别很大,水相流体会处于一种强烈的对流状态。对流区域的特点是热水上涌和冷水下降。

深层地热系统可以以水为主(液体为主),也可以以气体为主(水蒸汽)。在以水为主的系统中,液态水是控制压力的流体相,尽管它可能含有一些溶解的气体,但低于饱和状态。这种系统在125~225℃的温度范围内非常常见。这些系统能产生热液态水、液态水和蒸汽的两相混合物、湿蒸汽,偶尔也产生干蒸汽,这取决于当时的压力和温度条件。在以气体为主的系统中,最常见的是液态水和蒸汽共存的两相系统,其中气体(蒸汽)是连续的,气体是压力控制相。与液态水为主的系统相比,这样的地热系统不太常见(如意大利的拉德莱罗,美国的间歇泉)。以气体为主的系统是高焓场的特征,产生过热的干蒸汽,即温度大大高于冷凝点(在沸腾曲线上)的蒸汽。

在地热梯度正常或稍高的地区,低焓系统产生的是温水还是热水取决于钻孔的深度。如果储层的渗透性太低,无法提取流体,则可以通过深层地源探针在深处直接提取热量(见第4章)。

参考文献

Bertani, R., 2015. Geothermal Power Generation in the world—2010–2014 Update Report. Proceedings ofthe World Geothermal Congress in Melbourne, Australia.

EIA, 2020. International Energy Outlook. US Energy Information Administration, https://www. eia.gov.

GEA, 2012. Annual US Geothermal Power Productionand Development Report. GEA Geothermal Energy Association, 35pp.

Giroud, N., 2008. AChemical Study of Arsenic, Boronand Gasesin High-Temperature Geothermal Fluids in Iceland. Dissertation at the Faculty of Science, University of Iceland, 110p.

Gupta, H. K. & Roy, S., 2006. Geothermal Energy, an alternative resource for the 21st century. Elsevier Science and Technology, 279 pp.

IEA-GIA, 2020. IEA Geothermal, 2019 Annual Report. International Energy Agency, Weirakei Research Center, 171 pp., Taupo, New Zealand.

Lemmelä, R., Sucksdorff, Y. & Gilman, K., 1981. Annual variation of soil temperature at depth 20 to 700 cm in an experimental field in Hyrylä, South-Finland during 1969 to 1973. Geophysica, 17,143−154.

4 地热能源的利用

法国阿尔萨斯苏尔茨地区的增强型地热系统

本章将主要介绍深层地热系统,典型的活火山地区高熔储层中的地热能利用将在第10章做详细介绍。在高熔地热田中,浅层温度很高,可以生产大量的电能。这些区域的地热梯度通常非常大,而本章介绍的深层地热系统则是从低熔区生产地热能,其特点是地热梯度略高于正常水平。

近地表和深层地热系统的区别在于地热储层的深度和应用技术的不同(图4.1)。然而,这两个系统之间的过渡是平稳的。区分地热能利用的这两个主要领域是必要的,因为其特定的能源生产技术需要用不同的地质和地球物理参数来描述这些系统。

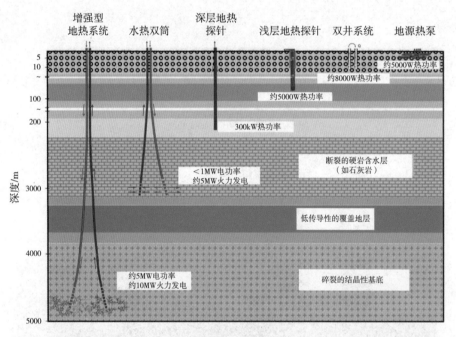

图4.1 不同地热系统的示意图及其输出功率特征。活火山地区的高熔系统在图上没有显示。

浅层地热系统是从地壳的最上层提取热能。在大多数情况下,从约150m的深度开始提取有意义,最深可延伸到400m。典型的系统设备包括:地热收集器、钻孔热交换器、进入地下水的钻孔和地热能源桩(见4.1节;第6章)。这种开发是间接的,需要用热泵等进行转换。通过热管道在极低温度范围内的直接使用正在研发中。铁路开关加热器和道路除冰装置是典型的潜在应用。

根据浅层和深层系统分界的定义,深层地热系统是在400m及以下的深度采用的方法。深层地热系统通过深层钻孔来开发地热能,开采的热能能直接使用,不需要进一步转化。但是,真正意义上的深层地热低焓系统是那些深度超过1000m和温度超过60℃的系统(图4.1)。然而,值得注意的是,在高焓领域,高温流体可以在数百米深的钻孔中产生,而不是像低焓深层地热领域中那样需要数千米。

4.1　近地表地热系统

根据周围的地表状况,近地表地热技术分为开放式和封闭式系统。封闭式系统只与地面交换热能。以下将要介绍的是封闭式系统,即通过封闭管道中的流体循环,从地下提取热能。这些系统的深度从几米到几十米不等,很少有超过150m的深井。因此,温度通常不超过25℃。

典型的系统包括地源集热器、钻孔热交换器和地热能桩(图4.1)。此外,热交换器、地热管篮、地热地下水井系统和活动剧烈的地质构造也包括在近地表地热系统中。在适当的温度下,废水、矿井水和隧道水的利用也属于近地表地热能利用的范畴。在瑞士,一些公路和铁路隧道产生的温水用于供暖,如哥特哈德公路隧道、夫尔卡、里肯和罗兹堡铁路隧道(表4.1)。这些都是通过热泵实现的(www.geothermie. ch)。罗兹堡隧道的基本特点是对流入隧道的温暖地下水的非常规使用。在隧道N口的富鲁蒂根(Frutigen)村,约85L/s、19℃的温水离开隧道,进入一个“热带屋”,可以长期养殖80 000条鲟鱼(用于制做鱼子酱)和繁殖百万条鲈鱼。在这之后,水冷却到14℃,但可以使用两个热泵(2×500kW)进一步提取热能,用于加热“热带屋”,并为其他用户提供热能。富鲁蒂根的温室生产两种水果和香料。富鲁蒂根的“热带屋”除了使用地热能源外,还使用其他可再生能源,包括水、太阳热能、光伏和沼气。

表4.1　瑞士隧道水的使用

隧道	排放/L/s	温度/℃	热功率/kW
哥特哈德(Gotthard)	7 200	17	4 520
夫尔卡(Furka)	5 400	16	3 756
格伦琴贝格(Grenchenberg)	18 000	10	11 693
洛威尔(Rawyl)	1 200	24	1 503
罗兹堡(ötschberg)	85	19	6 830

隧道	排放/L/s	温度/℃	热功率/kW
里肯(Ricken)	1 200	24	1 503

资料来源:Rybach et al.,2003

深层地下矿井的水中所包含的热能,作为一种有用的地热资源,已经在全世界许多地方得到了广泛利用(Jessop et al.,1995;Hall et al.,2011;Limanskiy & Vasilyeva,2016;Bao et al.,2018)。在地下深层矿井的运营过程中,必须要将大量的矿井水抽到地面。一个活跃的矿井每年能产生多达约100万 m^3 的温水。这种经地热加热的水能为房屋供暖或商业建筑供暖。为此,有必要使用热泵及热交换器。然而,直接使用热能进行制冷也是可行的。

莱茵费尔登(Rheinfelden)附近的瑞博阁(Riburg)盐矿(瑞士高莱茵地区)采用了一个独特的地热能源应用。这个氯化钠盐矿自150多年前就开始运营。生产过程是这样的:泵将淡水送入盐储层,沉积物中的盐被溶解后,就能从深井中生产盐水。通过盐水的蒸发获得不同等级的氯化钠盐。该地还建成了一个养虾场,以利用瑞博阁矿的废热和盐(swissshrimp.ch)。

对于离污水厂或主下水道有一定距离的大型建筑来说,利用废水中的热能是划算的。加热或冷却设备可以安装在污水处理厂入口或出口处。然而,这种应用必须强制性地使用热交换器和热泵。一个知名的使用废水的地热系统是中国北京的奥运村,污水泵可以加热和冷却总面积为 410 000m^2 的生活空间。

地源集热器是近地面的地热系统(图4.1),从地下提取热能,深度约为5m。集热器各回路探头的管子可能长达几百米。管子可制成不同的几何形状。如果以水平方式排列,该装置就称为水平地源集热器(闭环水平地源集热器)。这些系统也可称为:水平热交换器、水平地热收集器、水平盐水管、水平表面集热器等。在下文中,我们将使用"水平地源集热器"这一术语。管道也可以螺旋式排列,制成一个地热篮。集热器利用的是空气或降水的直接辐射或传导的热量(严格地说,这些集热器利用的不是地热而是太阳辐射热量)。因此,集热器布设场地不应设在距离住宅或工业建筑较近的地方。

水平地源集热器由许多水平安装的塑料管组成,长度达几百米,深度1~2m(图4.2)。这些管道必须要安装在冬季霜冻的最大穿透深度以下。此外,该系统还需要高于夏季太阳能再生的水平。在管道系统中,循环流体(液体)从地面下提取热量。该液体与热泵的传热液体相同,这使得热交换器成为多余。

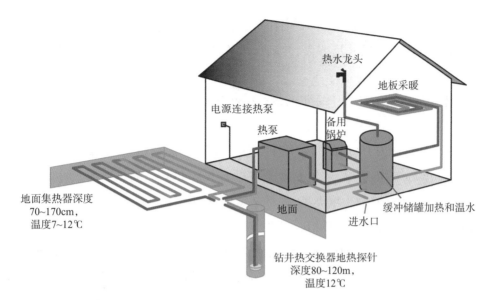

图 4.2 用于房屋供暖和热水供应的水平地源集热器与钻孔热交换器的示意图（改编自 Agentur Erneuerbare Energien，AEE）。

控制此类系统热提取输出的最重要的参数是地面的热导率和比热容。此外，孔隙空间的水、空气含量和地面温度也很重要，因为它们对关键参数热导率和比热容有影响。地面的高孔隙率和空隙含量通常会降低热导率。

如果地下水位较低，且地面处于包气带而非水饱和区，则空隙中会充满着空气而非水，整个系统的导热性能就会大大降低（见1.4节）。因此，高渗透性的沙石和水位在地面2m以下对地源集热器的效率来说是有影响的。

水平地源集热器所需的用地面积很大，这使得集热田不能做进一步开发或覆盖，因为系统使用的是输入地面的太阳热量。如果地下水位暂时较低，可对地热集热器田进行灌溉，以提高其效率。这种系统需要相当大的投入，不可低估，特别是在需要灌溉的情况下。如果集热田除了供暖外还能用于制冷，那么整个系统的效率就会提高。

开始规划水平地面集热器时，需要有包含近地表结构数据的地表和土壤的地图及剖面图。将这些原始数据作为计算机程序和技术的输入参数，以模拟作为土壤压实度和水分含量（土壤湿度）函数的地面导热结构。这些计算模型对于最终的系统设计是必不可少的。目前已有几种复杂程度不同的计算机模型，但是，还没研发出具体的实地测试程序。这与井下热交换器的热响应测试结果形成了鲜明对比。此外，计算工具不能处理地面的非均匀性。而且，在系统设计中一般还忽略了地下温度和地下水位的潜在日变化和年变化。尽管如此,模型计算还是很有帮助的,能让集热区域的尺寸足够大,并确保水管的间距足够宽,因为地面可能会出现大面积的结冰。

具体热提取功率取决于每年的运行时间和当地的气候条件(有无日照)。热功率提取的范围是10~40W/m²(直接冷却是5~15W/m²)。在水平地面集热器每年1800h的运行时间内,干燥的非黏性土壤能产生10W/m²的热功率,潮湿的黏性土壤产生20~30W/m²的热功率,水饱和沙子或砾石产生40W/m²的热功率。提取管道之间的距离取决于这三种土壤类型,并且必须要分别大于0.8m、0.6m和0.5m。随着工作时间的增加,提取功率也会相应减少。

结冰是地面集热器的内在系统属性;因此,该系统不能用纯水操作,系统设计必须要防止地面大量结冰。设施运行会使地面冷却,其结果是延缓或缩短植被期。土壤生物群的生化活动,包括腐殖酸和富维酸的产生以及其他生物质的分解产物都有可能会被改变。这些对土壤化学的影响可能会引发对渗流和地下水成分的进一步化学作用。

地面集热器不能用纯水作为热传输介质的另一个原因是它靠近地面。在冬季,该系统从温度很低的地面提取热量,回流温度通常会下降到冰点。因此,地热收集器需要使用特殊的传热液体。对于这些液体的批准和使用,必须要遵守详细的监管要求,特别是有关地下水保护的条款。

水平集热器的一个变种是将采热管以水平管螺旋的方式排列,形成许多连续回路(图4.3)。这些系统在美国被称为水平"slinky"®循环地热系统(IGSHPA,1994)。

垂直集热器(闭环垂直地源集热器)是由垂直安装在沟渠中的许多管子组成。根据尺寸大小,管子的热功率在400~1000W。

地面集热系统在瑞典和美国很受欢迎,那里的家庭住宅地块通常比人口稠密的中欧更大,更符合集热系统的空间要求。

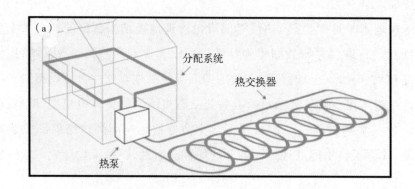

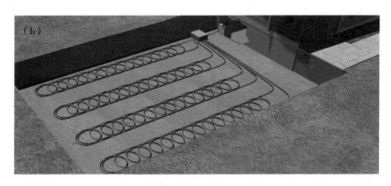

图4.3　水平集热器:(a)一般系统设计(来自 pdp.services/renewables/ground-source-heat-pumps);(b)示例布局(来自 a-1team.net/geothermal/ground-loops/slinky-loop/)。

地热管篮或圆锥形篮子换热器(图4.4)是 1.5~3m 高的圆锥形篮子,由螺旋形交换管制成。篮子有大有小,它们埋在地下 4.5m 处。篮子的基本特性是,能适应地下季节性温度变化,在采暖季开始前温度最高,夏季前温度最低。篮子顶部的直径为 2~3m。交换管的典型长度为 100~200m。

图4.4　地热管篮。

小型篮子的取热能力约为 0.5kW。大型篮子的取热功率为 1.5~2.0kW。篮子可以成组安装,小篮子之间的距离为 4m,大篮子的距离更大。通常情况下,一个单独住户的房子需要几个篮子来加热。如果篮子能安装在含水层中,就有可能大幅度增加提取功率。放在干燥的沉积物中,篮子的地热提取能力就会急剧下降。

地热结构利用大型建筑的地基与之接触,但也可为住宅提取地热能用于供暖或制冷。地热桩是将桩基与闭环式地源热泵系统结合起来。为了这个目的,管道循环要整合到桩基中。地热桩也可称为能源桩、能源地质结构、能源基础、热力桩等。任何与地面(土壤)接触的结构部件都可用于能量提取,包括桩、墙和地板。混凝土具有较高的导热性和储存能力,是一种从地下提取热能的理想材料。这些能源基础除了静态功能外,还可以作为地热交换器。为了在地面和建筑物之间交换热能,能源桩配备了塑料管,用于传热流体的循环。在地下连续墙或基础板中,管道是二维安装的。混凝土构件既与地面接触,又和建筑内部接触,管道安装在与地面(土壤)接触的外部。成束的管道连接到一个或几个热泵。适当的水力平衡能提高系统的效率。建筑物的基础作为热交换器的地热系统。

能量桩或热动力桩是钢筋混凝土桩,含有双倍或四倍的塑料U形管热交换器或聚乙烯管网。这些管子要完全嵌入混凝土中(图4.5)。传热介质在桩和热泵之间循环,形成一个闭环。根据小型或大型工业建筑的能源需求,安装的热能功率范围为10~800kW及以上。直径大于0.6m的能源桩的具体热功率为20~80W/m²,具体数值取决于地下的状况。几乎所有类型的建筑,其地基都可以提取热,与建筑项目的尺寸无关。能源地质结构通常属于所谓的二价系统,因为必须要安装一个额外的独立加热系统(锅炉)。

地热探头、闭环井下地热交换器:近地表地热能的一个非常流行和广泛的利用是钻孔地热交换器,即所谓的地热探针(图4.6)。这些系统在技术上是成熟的,对于专业的商业供应商来说,安装是常规工作。其核心是一个典型的约100m深的钻孔(图4.1)。地热探针的最深钻孔达到400m。对于许多装置,不止一个钻孔用于与地面进行能量交换。在闭环式钻孔热交换器的塑料管中,水或其他传热液体,如水和防冻混合物或气体,也从地下提取热量。该液体在热泵和地面之间进行闭路循环。钻孔中从地面到管子之间的空间必须要用导热和防渗的填充物进行灌浆。对于完全在高渗透性砾石中的钻孔,可能不需要回填。地热探针在夏季也能用于冷却,这时暖水必须要由另外的技术系统提供。钻孔地热热交换器在与太阳能-热能装置结合时特别有效。这些系统可在温暖的季节储存多余的热量以满足寒冷季节的需求。在第6章中,我们将详细介绍这些组合系统。

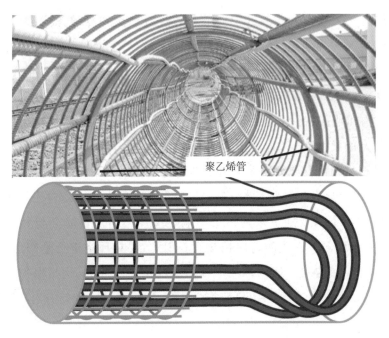

图 4.5　地热交换器管网示意图。在所示的聚乙烯管中,传热液体在一个封闭系统中循环。

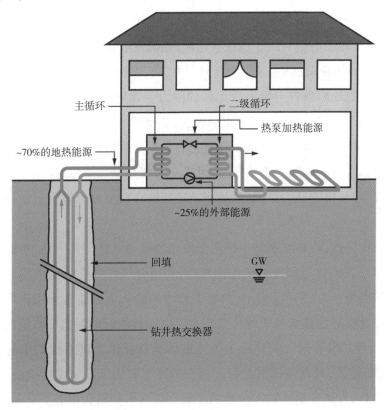

图 4.6　钻井热交换系统的一般设计。

用地热能对大型商业建筑或工业综合体进行加热和冷却,需要大量的地热探针。这样的装置称为地热探针田(见6.8.1节)。探针通常安装在建筑前的基坑里,并且比建筑的基础板更深。地热探针田必须要有充分的尺寸和配置,这需要使用适当的计算工具(Kavanaugh & Rafferty,1997;ASHRAE Handbook,2007)。

　　地质结构和地面特性是各种各样的,因地而异,地面的热性能也因地而异。在确定地热装置的尺寸时,充分考虑地面地质性质的变化是非常重要的,表1.1为一些重要的岩石类型的热属性。高渗透性含水层和地下水流速高的含水层,如在岩溶地区环境,很容易发生各种危险,在钻井和套管过程中会伴随着泥浆漏失、浑浊、化学和微生物污染以及地下水的污染。地热探针的钻探可能会与具有不同渗透性、水力情况和水化学性质的地层相交叉。因此,要对环空进行紧密注浆,密封环空,保持层间分离,这对于任何地热探针系统都是强制性的,这是保护地下水和防止损害和危害的必要条件(见6.7节)。此外,对安装的效率和经济寿命也至关重要。

　　理想的场地应具备均匀介质或低导水率。在具有高渗透性岩溶含水层或断裂硬岩含水层的地区,钻井和套管可能存在技术问题,因此不那么有利。钻井往往受到漏浆的困扰,并可能引起地下水污染。此外,由于水泥浆在高渗透性空隙中的损失,往往很难将环形空间封严。在这些地区,正确专业地安装井内热交换器的成本较高。有时钻井不成功,钻孔不得不废弃,并要将其密封起来。

　　除了不利的地质条件导致一个地区的潜力受到限制外,现场的具体困难也可能给地热能源项目带来麻烦,如过去的损失、以前的污染、自然灾害、附近的风险、附近的水体、保护区、地下气藏等。在超压和欠压含水层中钻井,或在岩盐、石膏或无水石膏等高水溶性矿物层中钻井,都可能会有潜在的危险,或在钻井技术上遇到困难(见6.7节)。由于这些原因,收集当地地层的详细资料是钻探前最重要的一项工作。

　　热虹吸管换热器:热虹吸是一种广泛使用的被动式热交换方法,不需要耗电的泵。它是基于在系统运行的温度范围内(两相闭合热虹吸管),由沸腾的流体进行循环的对流传输。在地热应用中,热虹吸管将热能从地面输送到用户而不消耗外部能源。设计良好的热虹吸管的传热效率可以比其他近地面地热系统的传热效率高。大多数热虹吸管以二氧化碳为传热流体进行操作。该系统利用制冷剂的液态-气态进行转换,并在高压下运行。液态的冷二氧化碳沿着探针壁向下流动,从地下提取热量,直到开始沸腾。蒸发的二氧化碳气体从钻孔中心上升到探针顶端。

在那里,热能被转移到一个二级闭环,可直接用于空调系统。在传热过程中,二氧化碳气体在探针顶端的热交换器中冷凝,并以液态二氧化碳的形式开始一个新的循环。地热虹吸管通常由不锈钢管制成。

纵贯阿拉斯加的管道是地热虹吸的一个经典应用,该技术能用来冷却和稳定永久冻土中的管道支架(图6.28)。

近地表地热能也可以通过开放式双井系统直接从地下水中提取(图4.1)。从生产井的水中提取热量,然后将冷却的水重新注入第二口井(注入井)并返回到含水层中。如果这种系统用于大型建筑,可能需要设计几个生产井和注入井。如果用于加热,那就是从生产井的水中提取热能,而冷却的水则通过注入井返回到含水层。相反的过程可用于冷却应用。但有一点很重要,就是要确定这些井在热能和水力方面不会相互影响,如冷却水不得注入生产井中。

此外,地下水的化学成分也很重要,因为有可能形成水垢。水垢和矿物沉积物容易堵塞井的筛管、管道或热交换器。本书第7章包含这些系统的详细内容。

近地表地热系统的供暖和产热通常需要一个热泵,用来提高循环传热液体的温度。热泵是一种通过机械功将热量从温度相对较低的源头转移到温度较高的散热器的装置。机械功由泵提供,通常由外部电力驱动。该设备可用于制冷(冰箱和冰柜是典型的热泵家用设备)或加热(用于建筑空间加热)。可逆循环热泵通常用于地热应用。这种设备配有一个换向阀,以便逆转热流的方向。这些机器是蒸发-冷凝系统利用传热流体的冷凝潜热进行空间加热。本书6.3.1节会全面介绍热泵的技术特点。使用特定热源并在特定温度下运行的热泵系统的效率由年性能系数(APF)来表示。地源热泵(GSHP)系统的年性能系数应至少为4(见6.3节)。这意味着,每投入一个单位能源来驱动泵,就要从地源中提取4个单位的能量。投资成本、年度运行成本、一次能源需求和二氧化碳排放是评估地源热泵系统的经济性能、能源效率和环境影响的决定性指标。

建设和运行近地表地热系统的法律和法规要求因国家而异(国家内也因各州和地区而异)。通常情况下,它们根据的是有关地下水和采矿的法规。一般主管部门会向投资者提供指导方针和建议,详细说明建造相关系统的所有法律要求。这类指南还会提供关于建设特定系统的现有限制。潜在的限制包括:地下水保护区、不利和困难的含水层结构区域、钻井风险等。该指南还能为开发商和客户在钻遇自流含水层、承压含水层或欠压含水层、气体超压地层、大空洞或岩溶地层、有可溶盐或溶胀矿物地层钻孔时,提供可遵循的推荐程序。

利用地热能供热需要大量的初期投资。在规划系统之前,必须要尽量减少加热需求量。强烈推荐采用保温措施,直接减少加热的需要,包括砖石结构、外墙隔热材料、高质量的隔热窗户等。地板和墙壁供暖系统能显著提高供暖系统的经济可行性。地板采暖系统在供应温度为35℃或墙体混凝土核心温度低至25℃的情况下运行,远比热泵供应的散热器在55℃下运行更经济。经济和效率的要求还需要考虑到建筑物的热水需求(淋浴、洗脸盆等)。遵循专家建议与合理的整体系统规划才能够确保经济效益和持久的运行以及对环境的保护。

4.2　深层地热系统

随着热源深度的增加,低焓地区的深层地热系统有:深层地热探针系统、地热双筒系统和增强型地热系统(EGS)三种(图4.1),这三类系统都是利用天然含水层温水或热水中储存的热量。热储层可直接加以利用,一般采用热交换器,偶尔也通过热泵。产出的热水可以进入当地和区域的供热网络,或直接用于温泉、工业综合体的加热和温室的加热。

每个深层地热项目都需要一个精心制定、有理有据的关于热能和能源的主题方案。集中供热的热传输网络的要求和可用性、能源供应的需要和工厂运行条件都必须要谨慎协调。必须要对计划中的地热厂在现有区域能源基础设施中的作用和任务进行前瞻性的研究,必须明确哪些现有的传统热能或(和)能源供应应该由新的工厂接管,以及何时接管。需要再次强调的是,地热能源非常适用于供应基载能源,而不太适用于高峰需求。我们还强烈建议,在规划、安装和以后的运行过程中,要不断向公众提供有关新工厂的明确细节。

如果生产的水温大约在80℃以上,采用**有机郎肯循环**或卡利纳循环的**二元循环**发电厂将热量转化为电能在技术上都是可行的。然而,若要在经济上可行,则需要120℃或更高的热水(图4.7和图4.8为有机郎肯循环;图4.9为卡利纳循环)。

有机郎肯循环工厂一般使用沸点相对较低的有机传热流体工作。典型的传热流体包括烃类(如正丁烷和异戊烷)和氟烃类(如四氟乙烷、氟利昂)。环境问题促使人们寻找那些全球变暖潜能值(GWP)较低的替代性制冷剂。目前,全球变暖潜能值<1的制冷剂,如R1233ze和R1234ze(Solstice)正越来越多地应用于地热。在有机郎肯循环工厂中,首先要在泵中压缩输送流体来提高其温度。在预热器单元中,液体从生产的热水中吸收热能并达到沸腾温度。在下游的锅炉中,从生产井提供的热水中进一步获取热能,将流体从液态变成气态。因此,地热在两个不同的单元

中分两步转移,即预热器和锅炉。产生的传热流体蒸汽在燃气轮机中膨胀,并在下游的交流发电机中发电。随后的冷凝器单元使用空气或水作为冷却介质对蒸汽进行冷却和液化。然后,传导流体就可以进入下一个工艺循环。涡轮机之后的余热从换热器中转移到离开冷凝器的液体中。根据现场的要求,对不同地点的不同工厂要做出不同的详细技术设计。一个有机郎肯循环工厂可以生产2~20MW的电能。该性能与生产的地热水的温度有关,其温度从110℃到170℃不等。

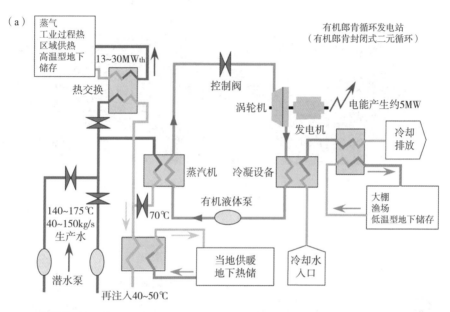

（c）

图 4.7 有机郎肯循环发电厂：(a)概念和设计(根据德国 Stadtwerke Bad Urach 修改)；(b)有机郎肯循环冷却系统；(c)有机郎肯循环涡轮机[照片(b)和(c)来自法国舒尔茨]。

图 4.8 德国慕尼黑附近的霍尔茨基兴(Holzkirchen)有机郎肯循环地热发电厂。利用140℃的地热水生产电力(5.6MW)和区域供热网络的热量(来自 Turboden S. p. A.)。

图4.9　位于德国莱茵河上游流域的布鲁赫萨尔的卡利纳二元循环电厂的湿式冷却塔。

卡利纳装置是有机郎肯循环工艺的一个替代方案。卡利纳装置使用氨-水混合物作为传热流体。双组分流体的非等温沸腾是大多数流体混合物的一个特征过程,不包括共沸混合物。地热应用中的所谓卡利纳循环就是利用这一特性(Kalina 1984,2003;Ibrahim,1996;Henry & Mlcak,2001;Ahmad & Karimi,2016)。

在**二元发电厂**(**有机郎肯循环,卡利纳**)中,低焓地热资源产生的电力会造成大量的能源损失。生产出来的热能有很大一部分被重新注入含水层,或作为冷凝器的废热而损失。此外,涡轮机的损失和电厂本身的电力消耗也会降低总产量。目前,国际项目正致力于优化工厂设计,以提高能源效率。

最受欢迎的地热水资源利用方式是**地热双筒系统**(见第8章)。它由基于钻入热水含水层的两个井筒组成:其中一个用作生产井,将热水从含水层抽到地面;另一个则是注入井,用来将冷却的水注入地下储层(图4.10)。在地表,热水的热能通过热交换器转移到适当的流体中。在这个过程中,热能不能完全转移并转化为电能。热水通常只会被冷却到55~80℃,因此,大部分热能仍留在热水中。如果有适当的客户和需求,并且可以安装适当的基础设施,那么余热就有可能被利用起来。电厂运营与否成功与否在很大程度上取决于出售余热或"废热",高效和大量的废热回收是电厂营利的关键。然而,电厂的发展也必须要有潜在的热能消费者,并确保能进入现有的区域供热网。这也适用于增强型地热系统,以前也称为干热岩(HDR)系统(见第9章)。

带有余热的冷却水从注水井循环到含水层中。双筒系统的两口井的滤网(过滤部分)彼此之间需有一定的距离(图4.10)。根据地质情况,注入可能需要一个泵(图4.11和图12.16)。在一个封闭的循环中回收生产的热水一般有几种原因。一是要促进含水层的回补,因为深层含水层的自然补给是一个非常缓慢的过程。由于水力地热厂抽出大量的水,因此有必要确保抽出的水得到回补。二是出于经济效益和实际操作的原因,重新注入冷却水也是可行的,因为这些水通常含有高浓度的溶解固体和气体。三是出于废物管理的原因,在原储水层中处理这些水是很有利的。瑞士巴塞尔附近的里恩(Riehen)工厂就是地热双筒系统的一个例子,它自1994年启动以来一直为瑞士和附近的德国的居民小区提供供暖热能(图4.12)。位于1km之外的两口水井分别在1547m和1247m深处的壳灰岩储层中抽取热水。

地热双筒系统的生产井和注水井可以从一个钻井点钻进,钻成两个倾斜的井(图4.13)。这就能大大减少工厂地面安装的面积要求。在地下,热水储层中的钻孔底孔通常相距1000~2000m。井和井之间的最佳距离必须要在钻井前通过系统的数字模型来确定。如果井与井之间的距离太近,就有可能出现热短路,意味着冷却后的回注水可能在工厂运行较短的时间后就会到达生产井,从而冷却生产水。另外,井与井之间的距离也不能太远,如果距离较远,生产井不能从注入井获得液压支持。无论如何,两井间距取决于冷却水是否能在适当的时候回注补给到含水层。

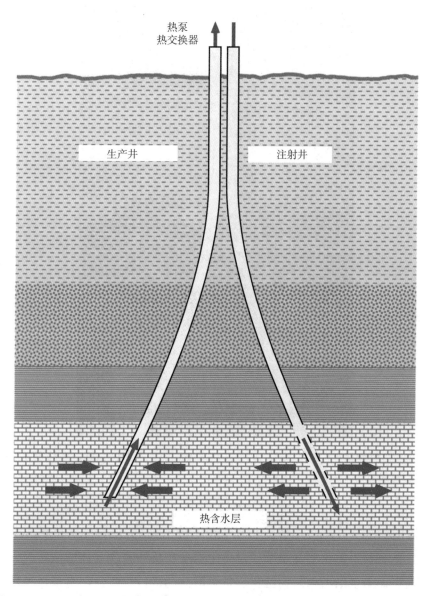

图 4.10　深层地热开放系统装置的地下设计(双井:一口生产井,一口注入井)。

图 4.11　将电动潜水泵安装到地热双筒的生产井中(2500m 深的钻孔,上莱茵河谷的布鲁赫萨尔)。

　　泵送的热水和冷却后的回注水在一个系统中循环,使流体保持在一个确定的压力下。这有利于防止或尽量减少设备中高度矿化和富含气体的液体因压力下降和气体损失而产生结垢和矿物沉积。钙碳酸盐(方解石和文石)是最典型和最普遍的沉淀物之一。尽管碳酸盐在冷水中更易溶解,但是泵送热水中的二氧化碳脱气也会导致碳酸盐在管道系统中沉淀,因为二氧化碳的损失超过了温度的影响。在封闭的管道系统中,可以通过调整压力来防止脱气和形成结垢。在一些地方,还可能需要添加少量的强酸(如盐酸)或其他化学品(有机抑制剂)来防止生成结垢(15.3节)。这也同样适用于在第9章中所描述的增强型地热系统。根据储层岩石的水力特性,冷却后的液体可以以自由流动或泵送的方式循环到储层中。典型的回注泵是多级单入口离心泵,采用具有轴向进口和径向出口的模块化设计。

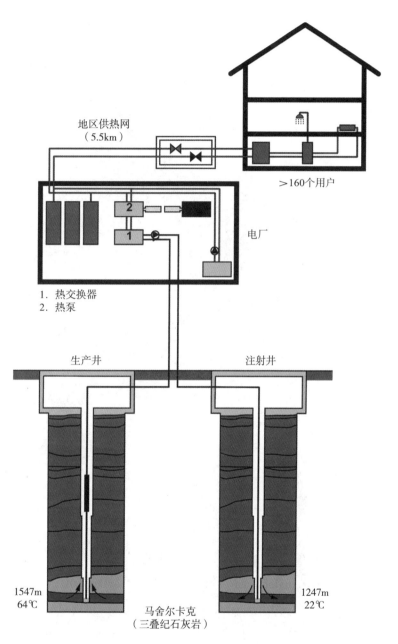

图 4.12　瑞士巴塞尔里恩的地热双筒系统(根据 Gruneko 公司的文件重新绘制)。

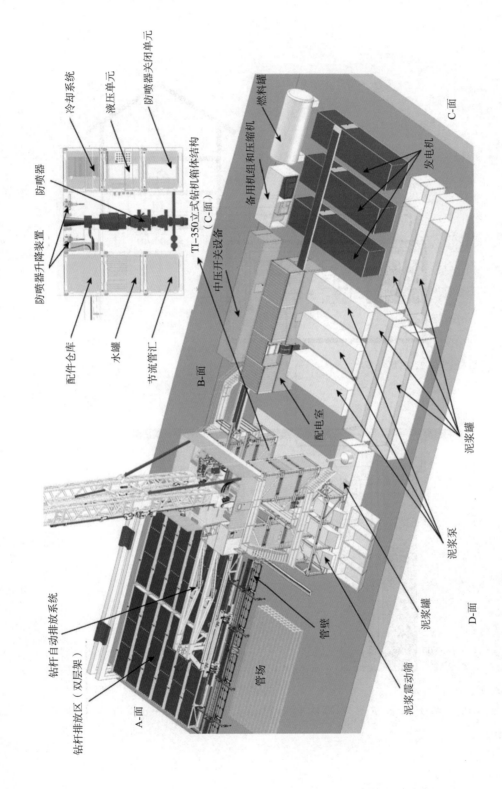

图4.13 现代钻井现场示意图。该图由海瑞克垂直（Herrenknecht Vertical）公司提供。

地热能装置通常使用两种流体生产泵：在地面运行的线轴泵（LSP）和在地下运行的电潜泵（ESP）（图4.11）。将热流体提升至地表的泵必须要能抵御高温、高压和具有化学腐蚀性的流体，因此属于地热发电站中承受压力最大的部件（图15.4）。电潜泵利用离心力将热流体提升至地表，再引入热交换器，然后将提取的热能转化为电能或直接输入当地供热网。热电联产能提高能源效率，减少排放。这些都是环保且经济效益高的方案。

水力地热厂最有利的建厂地址是在具有高自然水力传导率的高温深层含水层之上。如果天然导水率太低，无法按要求的速度从含水层中提取热水，那就需要通过人工提高导水率的措施来改善含水层的水力结构。改善措施包括突然抽水进行震井、酸化碳酸盐岩、用高水压进行压裂，以及通过向含水层输送高压酸溶液进行联合压裂和酸化。根据石油行业的经验，还可以通过使用侧钻跟踪井来提高开采率。关于改进措施的更多信息，请参见8.5节。

一般来说，通过地热双筒方式利用热水进行加热，是一种成熟的技术。目前在全世界范围内，已经运行了几十年的水热装置仍还在使用。近年来，在德国慕尼黑地区投入运行了多座用于供热和发电的水力地热厂（图4.8）。2013年之后，世界上许多国家，包括德国、法国、土耳其、克罗地亚、日本和美国，都有基于地热双筒生产地热能的有机郎肯循环工厂投入运行。自20世纪60年代以来，地热系统在法国巴黎盆地为区域供暖提供热能。2020年，地热双筒系统能为20多万户家庭提供热量。

含水层热能储存（ATES）系统（见8.7.2节）代表着水热能的进一步利用。这种系统可用来暂时储存来自热电联产装置、燃气和蒸汽涡轮机、发电厂或任何其他产热设备的过程热量，很值得关注。它利用的是高传导性的深层含水层，将过程热储存在含水层中，然后用水作为传热流体从深井含水层中取回。它也能用来储存季节性的太阳能过剩热量，以便后续在寒冷季节使用。这种技术同样还可以与在温暖季节产生多余热量的热电联产系统相结合。原则上，浅层含水层则可以相应地用于冷却目的（含水层热能储存也可以叫做含水层热能槽）。

在温暖季节存储的热量，在需要时，可以从井中提取温水而加以利用。由于深层含水层中地下水的流速较低，热损失可以忽略不计。蓄热器的效率随着系统的运行时间而增加，因为岩石基质的温度会逐渐上升，整个储水层的温度也随之上升。从含水层产生的温水可以通过热交换器和热泵保持恒温。因此，含水层热能储存系统产生的热能在水中能保持恒定温度，是区域供暖的理想选择。

温泉浴场利用深层热水是水力地热设施的特殊情况。除了在浴池中使用热水外,抽出的热水还能为当地的建筑物供暖。使用后的污水要做净化,但不能重新注入含水层。

水力地热系统也可以利用地下高渗透性断层和断裂区的热水。然而,在钻前勘探过程中,确定导水断层区在地质上具有挑战性。地震勘探、局部应力场分析和数字地质力学模型可能有助于识别固体岩石中的机械破坏区,然而钻探前无法确定储层的导水率及可用于传导的热水是否存在(见11.1节)。

增强型地热系统(EGS):未来深部地热能利用的核心系统是从热岩中提取热量的岩热系统,其特点是水力传导性相对较低(图4.1)。这些系统有多种名称,反映出深层岩热技术的历史发展。这些名称包括:干热岩(HDR)、深热采矿(DHM)、热湿岩(HWR)、热裂缝岩(HFR)和压裂型(SGS)或增强型地热系统。最初的名称干热岩反映了一个错误的概念,即处于深处的基岩是干燥的,没有可观的渗透性。在钻了大量的深井之后,人们发现,几千米深的基底岩石(花岗岩和片麻岩)一般都是断裂的,断裂孔隙中通常含有热咸水。深部热岩的导水率比较高。本书将使用"增强型地热系统"这一名称来称呼这种技术。增强型地热系统是提取储存在岩体中的热能,与利用储存在岩石孔隙中水的热能的水力地热系统正好相反。因此,增强型地热系统不需要具有水文地质学意义上的含水层特性的热储层。并且,它主要考虑的是电力生产,热量是次要的副产品。因此,目标温度为200℃或以上。热的岩石,通常是结晶性基底(花岗岩和片麻岩),作为热交换器发挥作用。向地表的热传递是通过存在于基底断裂孔隙中的天然地层水进行的(Stober & Bucher, 2007;Bucher & Stober, 2010)。在具有平均地热梯度的地壳,要达到所需的岩石温度,需要5~7km深的钻孔(见第9章)。近年来,这种技术也能应用于致密的沉积岩,如砂岩。下文将简要介绍结晶型基底增强型地热系统的基本情况。详细的处理方法将在第9章给出。

大陆地壳的结晶基底在其上部通常是断裂的。这些断裂是地球最上层约12km厚的岩石在应力作用下脆性变形的结果。这些断裂能为水流提供通路。断裂的水力特性取决于其孔径、表面粗糙度、连通性和密度及其他参数(Caine and Tomusiak, 2003)。基底断裂的水力特性相当于一个无限均匀的低传导性含水层。

通常情况下,对断裂岩的目标体一般会采用多种压裂技术来进行压裂。目的是要建造一个人造热交换器,这必须由有足够好的水力体积传导性的断裂热岩组成。压裂方法包括水力和化学方法。将高压水注入井中,增加天然断裂的孔径,打开部分密封的裂缝,从而提高导水率。化学促裂法能去除断裂表面的矿物涂层、钻井泥浆的残留物和钻孔附近灌浆料的残留物。采取这些措施的目的是要改善热储层的水力特性,特别是加强与井筒的水力连接。可以使用封隔器系统对井的目标区间进行分离压裂。成功的压裂能永久地改善热储层的水力特性。压裂后,移位的断层和断裂面可能会发生一些应力松弛,从而引发可测到的微地震(见9.4节和11.1节)。石英砂和支撑剂可以用来支撑打开的导流断裂系统(Stober,2011)。

一旦储层建立起来,注入的水就能通过深处的断裂岩热交换器,从岩体中带走热量。此外,增强型地热系统使用天然地层水作为传热介质。深处的热量提取是在一个几乎封闭的水循环中进行的。提取的热能通过生产井到达地面,可以转化为电能,也能直接用于区域供暖。

增强型地热系统系统使用渗透率相对较低的深层断裂热岩石,并不依赖高产含水层。理论上,这种项目可以在任何地方实现。然而,有价值的项目旨在寻找地热梯度较高且有适当构造环境的地方。2011年,全世界只有一家增强型地热系统工厂在运行,即位于法国莱茵河裂谷上游的苏尔茨-苏-佛雷茨(Soultz-sous-Forêts,简称为"苏尔茨"),自2007年起一直在持续运行。由于对断裂和孔隙进行冲刷以及化学液体与岩石的相互作用,在运行期间,生产井GPK2的产量有所增加(Schmidt et al.,2018)。虽然没有其他长期的经验,但增强型地热系统在未来几年可能会在电力生产中发挥重要作用。与其他环保能源系统相比,其根本优势在于能提供基载电力。

深层地热探针(DGP):深层地热探针原则上也是岩热系统的一种形式(图4.1)。地热探针利用深层传热流体的闭合回路,可从任何种类的岩石或岩石序列中提取热能。深层地热探针专门用于供热。由于深层地热探针工艺生产的温度相对较低,目前还没有可用于产生电力的技术。

深层地热探针技术与近地表探针技术相当,可以是同轴垂直热探针或双"U"形管探针。在深层探针中,传热流体在单个钻孔中循环至3000m深处(图4.14)。这种系统不需要深部的渗透性岩石,因此可以安装在任何地方,特别适合安装深层地热探针的是目前废弃的深井筒(如来自石油行业)。如果计划将一口旧井重新用作深层地热探针,那么热能消费者的位置离井距离不要超过1km。由于是封闭式循环,深层探针不会与深层热储层发生化学作用。深层探头再结合其他产热设施,就能形成一个综合的供热中心。根据当地条件,深层地热探针的产热量可以达到300kW。深层地热探针的实例包括德国的普伦茨劳(Prenzlau)、亚琛(Aachen)、安士堡(Arnsberg),英国的纽卡索(Newcastle)。热岩的传热是通过探针的灌浆和套管的热传导来实现的,也就是传热液体。氨是一种常用的传热流体。冷的液体在双密封管系统的环形空间中慢慢向下流动,通过周围环境逐渐加热后再返回地面的热交换器。液体下降速度一般为5~65m/s。钢套管的直径应超过7in(18cm)。在一个热绝缘的中心管道中,加热的液体将热带到地面(图4.14)。中心管通常由聚丙烯制成,中心管极好的绝缘性能最大限度地减少热损失,从而能大大提高探针的效率。在地表,通过一个地面热交换器和一个可选的热泵从热流体中提取热量,热泵的选择取决于终端用户的所定温度。冷却后的流体(15℃)由泵送回环形区。提取热量的过程会冷却探针附近的地下空间。

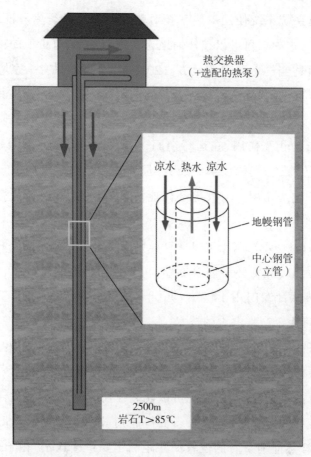

图4.14 深层地热探针的示意图。它作为独立的交换器运行。探针在深处提取热量,并将其转移到表面换热器(与选配的热泵相结合),形成一个封闭的循环。

深层探针产生的有效热量主要取决于大地的温度。因此,具有正热异常的地区使用深层探针技术在经济上是特别有利的。控制深层探针生产能力的其他参数包括大地热特性,特别是热传导性、总的运行时间、探针的技术布局,以及所用套管和隔热材料的热特性。大直径的长探头显然有一个大的热交换面。研究表明,同轴深探针(图4.14)可以比双"U"形管探针提取更多的总热能。深层地热探针的上段使用热绝缘灌浆,而中段和下段则使用高传导性水泥灌浆。

　　瑞士苏黎世Triemli城区的深层地热探针可以作为深层地热探针系统的一个实例(Keiser & Butti,2015)。2011年,在一口原已失败的2708m的深层地热井里安装了深层地热探针,延伸至2371m,底部温度为94℃。并在现有井筒中安装了钢管。然而,井筒的下部(2371m以下)已被灌浆,因其直径太小,无法继续往下安装内管。由玻璃纤维增强塑料(FRP)制成的直径10cm的内管,只延伸到了2350m深处。传热流体的平均温度为43℃。地面上的热泵提高了这个温度。初次启动后,传热流体在没有使用泵的情况下,仅靠重力和温差驱动进行循环。深层地热探针能产生300kW热能。除了深层地热探针之外,还有28个地热探针和一个天然气锅炉,能为200个家庭提供供暖和热水。在这个两种能源并用的系统中,80%的热能是由地热装置产生的。

　　深层地热能源利用的其他领域包括:来自地下深层矿井和岩洞的热量,以及在深层地质结构中储存的热能(见4.1节中关于矿井水热利用的评论)。

　　厚层序岩石结构往往具有水热系统和岩热系统之间的过渡或混合性特征。近年来,为了使增强型系统经济高效地运行,对目标储层的天然导水率要设定一个下限。这一点很明显。压裂方法最多能将导水率提高5倍。断层区可能具有较高的局部导水率,这能为水热和增强型地热工厂提供较高的循环率。然而,必须要将断层区与当地地质和未受破坏的原岩层一起综合考虑,绝不可以单独考虑。断层带通常显示出复杂的内部结构,即密集的不透水断层核心和高透水的松散破碎带。其结构的详细特征决定着某一断层区是否适合地热建设。

　　第4.2节中所介绍的不同类型的深层地热系统可视为"端元"系统。通常情况下,系统是组合式的混合系统,要根据地质复杂性和经济要求来选择最佳组合方式。

　　除了上面介绍的低焓水力地热和增强型地热系统,高焓蒸气或两相系统主要适用于活火山地区的电力和热能生产(表3.1;表4.4和第10章)。

4.3　地热系统的效率

　　效率是将一次热能转化为机械能,最后转化为电能的程度。效率是输出与输入的比值,或收益与投入之比值。根据热力学第二定律,这个比值总是小于1。卡诺效率η描述的是任何热机的最大可能效率,它将系统所能产生的最大功与投入系统的热量联系起来,是理想热机在理论上可能实现的最大效率。实际系统的效率与卡诺效率η有关。系统设计的目的就是为了达到尽可能接近η的效率。卡诺效率η是由式(4.1)定义的:

$$\eta = 1 - (T_c/T_h) = W/Q_{th} \tag{4.1}$$

其中,T_c是冷端的温度,即流体的出口温度,T_h是热端的温度,即载热流体的流入温度[单位都是开尔文(K)]。这也可以用系统所做的功(W)与进入系统的热能(Q_{th})之比来表示。例如,一个入口温度为T_h=100℃(373K)、出口温度为T_c=20℃(293K)的系统,其卡诺效率η的理论最大值为0.21(21%)(图4.15)。

由100~200℃的热水(水力地热或增强型地热工厂)驱动的发电站热效率的物理上限为12%~22%。在这一温度范围内,只有二元循环电站的发电厂才是可行的(图4.16)。市场上有两种不同的系统,即基于有机郎肯循环的系统和基于卡利纳工艺的系统。有机郎肯循环系统使用有机流体,通常是异丁烷作为传热流体。卡利纳系统使用氨和水的非共沸混合物工作。非共沸混合物在一定的温度区间内会沸腾,称为温度滑移(这可与液相和气相具有相同组成的共沸混合物做比较)。在低输入温度下,风冷卡利纳系统对电网的输出往往会高于有机郎肯循环系统,而有机郎肯循环设备在高温输入时往往会表现得更好。与有机郎肯循环系统相比,卡利纳系统从热水中提取的热能少,但将其转化为电能的效率更高。在低温范围内,有机郎肯循环系统的热效率一般很低,这是由于冷却系统对辅助动力的要求很高,特别是在空气冷却的情况下(Park & Sonntag, 1990)。然而,这两种系统之间的差异相对较小。对这两种系统的整体性能进行无偏见的直接比较是很困难的,因为许多工厂已经广泛使用了有机郎肯循环系统,而目前仍在运行的卡利纳工厂却非常少。另一个原因是,有机郎肯循环广泛使用各种不同寻常的有机传热流体,甚至包括氨气和二氧化碳气体(因此,使用这些无机流体的工厂在严格意义上并不是有机郎肯循环系统)。此外,一些有机郎肯循环工厂以高温和低温单独循环的两阶段模式运行。基于卡利纳循环的地热电站热性能与有机郎肯循环电站非常相似。这两种二元循环系统的优缺点在地热应用的文献中有过激烈的争论(如Kalina, 2003; Mlcak, 2002; DiPippo, 2004; Guzovic et al., 2010, 2014; Ahmad and Karimi, 2016; Deepa and Gupta, 2014),对其在废热回收的应用也存在一定的争议(如Nemati et al., 2017)。然而,目前世界上有大量的有机郎肯循环地热发电厂在运行,而卡利纳发电厂只有少数还在运行(见下文)。

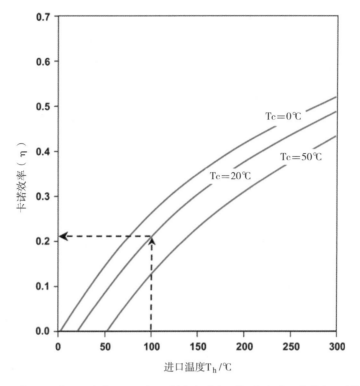

图 4.15 对于三个不同出口温度 T_c(摄氏度)，卡诺效率 η[式(4.1)]与进口温度 T_h(℃)之间的函数关系。

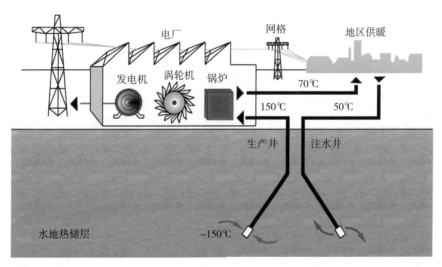

图 4.16 二元系统发电厂的水力-地热系统示意图。此系统将产生的热能转换为电能，并利用工艺或废热进行区域供热。

2000年,第一座卡利纳地热电站在冰岛的Húsavik投入运行(Henry and Mlcak,2001;Mlcak,2002;DiPippo,2004)。它利用温度为122℃和流速为90kg/s的地热水生产2MW电能和20MW热能。目前该工厂已停止运行,并因严重的腐蚀问题而被拆除。位于德国慕尼黑附近翁特哈辛(Unterhaching)的地热厂在2009年投入使用后,通过卡利纳系统生产3.4MW电能和38MW的热能为当地供暖。储热层位于上侏罗纪马尔姆石灰岩,深度为3350m。此处开采的地层水,第一口井和第二口井的温度分别为122℃和133℃。之后,卡利纳电厂退役了,如今该系统完全只用来为翁特哈辛当地供暖,当地的供热电网共长47km,地热系统每年为7000户家庭提供108GW热能(2017年)。自2009年以来,在德国上莱茵河谷布鲁赫萨尔的一个地热发电厂用卡利纳系统生产580MW的电能。在俄罗斯、日本和中国也有在运行的卡利纳循环地热发电厂。日本有许多EcoGen装置,是为日本温泉行业设计的小型化卡利纳循环装置。这些设备的一般性能是50MW。

所有的地热发电站除了发电之外,还能产生热量(图4.16)。这些热量需要在热电联产系统中使用。对热量副产品的最佳利用决定着地热发电厂的经济效益。而且,只生产电力而毫无意义地浪费副产品的热量是对保护生态的麻木和无知。

电力生产的效率一般相对较低。考虑到生产泵和冷却回路的辅助电力需求,整个系统的典型效率为5%~7%。然而,利用发电后的余热进行区域供暖和作其他用途,在经济上和生态上都是可行的(图4.16)。整个系统的环境效益取决于供热的多少。地热能源系统也可以与其他热源相结合,包括沼气厂和混合能源工厂,从而改善环境平衡。

热电厂将热能转化为机械能或电能时,必然会产生不得不丢弃的废热或工艺热。如果能将该过程中[式(4.1)]的热量T_c转移到温度较低的湖水或河水中,则可以实现相应的高效率。然而,在许多地方,由于潜在的环境恶化或缺乏足量的冷却水,只好用冷却塔进行冷却。湿式冷却塔(图4.9)和干式冷却塔(图4.7)都会将过程热量转移到大气中去。

4.4　主要地热田、高焓场

据2016年统计,全球每年从地热资源中生产的电力约为13.5GW(见第1章)。大部分的地热发电是在浅层就能达到高温的高热田中产生的。这些电力是由干式蒸汽和闪蒸发电厂生产的,如位于美国加州东部盆地和山脉地质省西部边缘的科索地热田、新西兰陶波火山区的怀拉凯地热田、日本北海道的森地热田和九州中部的八尾巴鲁地热田,以及全世界许多其他类似的地热系统。

这些高焓场的发电厂相当于开放系统的地热装置。这些系统利用对传导热液体减压产生的蒸汽来驱动涡轮机发电[图4.17(a)-(c)]。闪蒸装置的最低运行温度为175℃。涡轮机将地热能转化为机械能,再由发电机转化为电能。该电能的一部分由发电厂的泵和其他机械所消耗,净电量则输入电网。

在封闭的二元循环低焓系统中,如有机郎肯循环和卡利纳循环工厂,利用地热生产电能[图4.7,图4.9和图4.17(c)]是一项在全球范围内应用相对较少的技术,尽管其适合的地点远比高焓田更多。深层低焓系统的发展和推广的潜力巨大。高焓场的一个主要缺点是,它们仅限于出现在沿板块边界或延伸盆地的火山和构造活跃地区。除了进一步开发水力地热系统外,提高地热能源利用的主要突破口必然是岩热增强型地热系统。

在欧洲,意大利地热发电的装机功率最高,达944MW,远远超过冰岛的755MW(2019年)。在意大利托斯卡纳(Tuscany)有利的地质环境下,早期的开发和由此产生的经验促进了地热能源行业的稳定增长。然而,世界上利用地热发电的五个大国却是美国、印度尼西亚、菲律宾、土耳其和新西兰,每个国家的产能都超过1GW(表3.1)。其他利用地热资源发电的主要生产国包括墨西哥、肯尼亚和日本。这些国家高焓热田的大部分电力都是由干式蒸汽厂生产的[图4.17(a)]。

(a)闪蒸汽发电厂

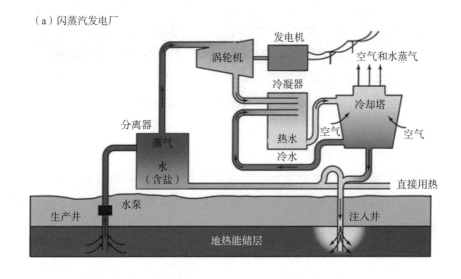

（b）干蒸汽发电厂

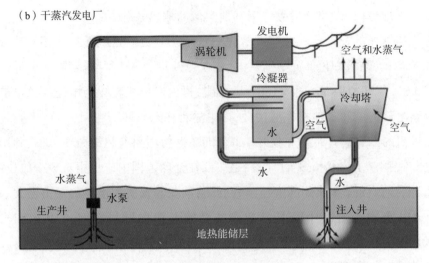

（c）二元循环发电厂

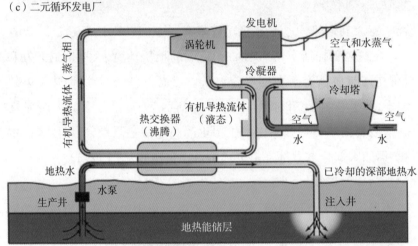

图 4.17　用于发电的三种常见的地热发电厂的流程图：（a）闪蒸汽发电厂；
（b）干蒸汽发电厂；（c）二元循环发电厂（参见 inlportal.inl.gov/portal 和 geothermal.nau.edu）。

冰岛使用的地热资源主要来自与大洋中脊火山和冰岛地幔羽有关的高焓区。
然而，近年来，该国也在低焓区安装了一些二元循环工厂。俄罗斯重要的高焓场和
相关的地热厂都位于堪察加半岛和千岛群岛，总装机容量为 82MW。土耳其也拥有
巨大的地热能源潜力，近年来，其地热资源得到迅速开发，使得该国一举进入地热
发电五大国行列（大于 1GW，2019 年）。在已确定的 170 个地热储层名单上有 10 个
高焓田，一些钻孔在 800m 深处已经达到 200℃。近年来，肯尼亚的地热产业经历了
快速增长，2019 年的装机容量超过了冰岛（表 3.1）。这些工厂位于东非大裂谷，如

地狱之门的奥尔卡利亚(Olkaria)。这些高热田与地质上非常活跃的大陆裂谷体系有关,具有活跃的火山活动。该裂谷有可能通过地热发电厂生产超过20GW的电力,其中也包括肯尼亚的邻国(据联合国环境规划署)。奥尔卡里亚发电厂是干式蒸汽发电厂[图4.17(a)],由300多口2000~3000m的深井供热,通常可生产100~200MW电能。肯尼亚电力公司最近开设了一家地热温泉浴场,类似于冰岛著名的蓝湖地热温泉浴场。肯尼亚地热发电一个开创性特点是直接在井口安装小型发电装置。这种成本低、效益高,且易安装的设备,每台可发电2.5~7.5MW。

世界上最重要和最大的高熵地热田是位于美国加利福尼亚的间歇泉。其装机容量为1517MW电能,使用的是600~3000m深处的300℃干蒸汽储层(最深的井为3900m)。电力来自100km²的钻探区域,有424口生产井和43口回注井。压力为12.4bar时,平均蒸汽温度为235℃,平均流速为5kg/s,蒸汽产自砂岩和灰岩储层,更深处的岩浆室加热该储层。

由于电力生产和蒸汽压力的降低,1975年前后,该地成为地震活跃区。地震事件达到了里氏4级(见11.1节)。地震震级与发电量和从储层中提取蒸汽的速度有关,尽管已将部分冷却冷凝的蒸汽回注到储层中。自1966年以来,储层中的蒸汽压力每年下降约1bar。地震活动的增加与储层压实有关,流体抽离导致孔隙压力降低,以及冷却导致热收缩(Nicholson and Wesson, 1990)。

1989年,间歇泉达到1900MW的峰值产量。此后,最大限度地持续抽取蒸汽导致了储层的老化和蒸汽压力的下降。在过去的10年,额外注水部分地补偿了抽出的热水。2011年,来自清水湖和圣罗莎的经过净化的市政废水约为800kg/s,支撑了储层。这些措施减缓了储层的退化,恢复了总功率输出。

第二大地热田是墨西哥的塞罗普列托(Cerro Prieto),拥有820WM生产能力,149口生产井和9口回注井。位于2800m深处的液体储层,温度范围为300~340℃。在塞罗普列托,有13个干蒸汽发电厂生产电力。该设施位于墨西哥下加利福尼亚州的墨西卡利市南部。

菲律宾的马利博格(Malitbog)地热发电站是最大的独立地热发电站,容量为233MW。

意大利托斯卡纳拉尔代雷洛的拉德莱罗高热田的历史和发展在2.2节中已有单独的描述。在拉尔代雷洛的高熵地热田,热流密度非常高,局部达到1000mW/m²。目前地热工业使用两种不同的地热储层。浅部储层深度为700~1000m,深层储层位于断裂变质基底岩中,深度为2000~4500m。钻孔中测得的最高温度为400℃

(Bellani et al.,2004)。

2019年,拉尔代雷洛地热干蒸汽厂的总装机容量为795MW,相当于一个现代燃煤电厂的功率。与所有其他高熔区的工厂一样,由于没有燃料成本(煤、石油、燃料棒),单位电力输出的生产成本很低。一些生产井在220℃的温度下能产生高达350t/h(100kg/s)的蒸汽。拉尔代雷洛的装置将所有未用于生产的水全部注入储层。然而,开采和回注之间的损失或不平衡的差异造成了蒸汽压力的恶化,因此,发电量下降。储层中热能仍然存在,但缺乏传热流体(这里是蒸汽)或是量不够。

工厂运营商 ENEL(Ente Nazionale per l'Energia Elettrica)设计了一个振兴高热田的计划。用邻近地的水源来补充已开采的蒸汽储层,新的深井取代旧的浅井。这种新技术允许将工作压力从目前的4.5bar或5.0bar提高到12bar。并用新的60MW的发电机组取代了旧的20MW涡轮机。

由于冰岛在大西洋中脊和冰岛地幔羽之上方的地质位置,目前岛上有许多火山在活动。冰岛是主要的地热国家,与火山有关的地热田已经得到了大规模的应用(2.2节),53%的一次能源是地热能源。六个较大的地热发电厂目前提供着岛上26%的电力,以及90%的家庭供暖。冰岛工厂的地热装机容量约为735MW,包括位于冰岛北部的西斯塔雷基尔(Þeistareykir)地热田的第一个开发阶段(水电系统1986MW,化石燃料电厂114MW,风能2MW)。几家地热电厂主要用闪蒸型[图4.17(b)]生产电力。冰岛西南部的赫利舍迪发电站位于雷克雅未克以东30km处,利用的是亨吉尔火山场的地热发电,其电力生产为303MW,133MW的热能用于雷克雅未克地区供暖。该电站由雷克雅未克能源公司的 ON Power 公司运营,是世界上第三大单独地热电站(印度尼西亚的 Sarulla 电站和菲律宾的 Tiwi 电站的设计容量都是330MW。全球能源观察站)。

拥有12万居民的首都雷克雅未克的热水,包括用于人行道和道路除冰设施的热水,都是由位于城市上空高架的所谓"普兰"(Perlan)温水水库提供的,因此无须使用水泵。该水库由五个单体蓄水池组成,每个蓄水池有4000m³的容量,能提供85℃的热水。热水来自该市的70口钻井。此外,雷克雅未克东部的赫利舍迪和奈斯亚威里尔(Nesjavellir)的发电站为城市提供经过地热加热的热水,温度高达80℃。

冰岛高热田产生的热水,和其他地区一样,通常含有大量的溶解物。热水通常与储层岩石的矿物质没有达到化学平衡。因此,热液与岩石基质会发生复杂的化学反应。总的矿化度随着温度的升高而增加,因为许多物质和矿物的溶解度会随着温度的升高而增加,以及矿物溶解反应的动力随着温度的升高而增加(见第15

章)。由于水与岩石的相互作用,水经常含有高浓度的溶解硅。在低温时,只有少量的硅能在平衡条件下保留在水中。因此,二氧化硅烧结物和硅垢的沉淀是在高焓场中经常发生的情况和问题。硅沉淀的速度取决于水的温度和成分(盐度),这在一定程度上可以控制系统中的沉淀位置。有效地控制蒸汽和液体的分离压力[图4.17(a)~(c)]对于避免地面装置(如涡轮机或热交换器)中生成硅垢至关重要(15.3节)。冰岛高热储层的膨胀蒸汽只含有5mg/kg的溶解固体,而分离的液相则含有45 000mg/kg的溶解固体(Giroud,2008)。大多数热流体中的主要成分是钠、钾和钙,相关的阴离子通常是氯。溶解的二氧化硅浓度通常在600~700mg/kg(与25℃的平衡浓度6mg/kg相比较)。硼、氟、钡、汞和其他微量元素都能显著富集。产出流体的溶解性固体总量(TDS)高,且部分溶质难以处理是对高焓地热厂的一个严重挑战。一些储层流体还含有高浓度的溶解气体,这些气体像二氧化碳和硫化氢一样不容易冷凝。高浓度的二氧化碳的脱气会促使方解石结垢的形成,而且二氧化碳具有腐蚀性。高浓度的硫化氢可能会造成冶金问题,如与金属表面发生反应,引起腐蚀、疲劳和断裂(见15.3节)。

冰岛深层钻探项目(IDDP)正在与几个国际合作伙伴一起在一个含有超临界状态水的热流体储层中钻一个钻孔。储层状况是温度>375℃,压力约225bar。水的临界值(CP)是温度为374℃和压力为221bar。计划利用超临界流体进行电力生产。开发和利用超临界流体储层似乎很有吸引力,因为相对于相同的生产流体而言,系统效率可能会提高5~10倍。

冰岛的地热井在某些地方的深度只有2200m,水温却可达到360℃,这意味着压力和温度条件已经接近水的临界点。这些液体通常是有毒的,而且具有很强的腐蚀性。进一步的挑战是对液体中的溶解物的控制,如何在不损害环境的情况下将它们清除和处理掉。

由于技术原因,开发非常深的高焓油藏供工业使用目前还是不可行的。400℃以上的温度对材料、钻井泥浆和地球物理仪器的耐温性、材料强度和钻机有限的吊钩载荷(<500t)都构成严重困难。

4.5 展望与挑战

据预测,到2050年,全世界地热发电的总装机容量将达到140GW(Fridleifsson et al.,2008)。这个宏伟的目标只有在增强型地热系统得到进一步工业化开发的情况下才能实现,因为增强型地热系统与高焓电厂相比,在地点上相对独立。此外,现有的地热田必须还要做进一步开发,增加生产井和回注井的数量。只有当生产井的系统是环保的,在经济上才有利可图。地热储层必须要得到支撑,也就是说,它们必须要得到补充和更新。将高矿化度的液体回注到原来的储层,这也有助于防止地面沉降、储层渗透性的降低和发电量的相应减少。地热田的开发必须要有全局观念,从规划阶段开始就要将所有的潜在用户纳入计划。除了发电之外,还包括将产生的热量用于工业、区域供暖、体育设施、绿色房屋和其他次级热用户。

参考文献

Ahmad, M. & Karimi, M. N., 2016. Thermodynamic analysis of the Kalina Cycle. International Journal of Science and Research, 5, 2244–2249

ASHRAE Handbook, 2007. "HVAC Applications," SI Edition, Atlanta (USA).

Bao, T., Liu, Z., Meldrum, J.& Christopher Green, Ch., 2018. Large-Scale Mine Water Geothermal Applications with Abandoned Mines. In Zhang, D., & Huang, X. (Eds.): GSIC 2018, Proceed – ingsof Geo Shanghai 2018. International Conference: Tunneling and Underground Construction, pp. 685–695, 2018. Springer Nature Singapore Pte Ltd. 2018.

Bellani, S., Brogi, Lazzarotto, A., Liotta, D.& Ranalli, G., 2004. Heat flow, deep temperatures and extensional structures in the Larderello Geothermal Field(Italy): constraints on geothermal fluid flow. Journal of Volcanology and Geothermal Research, 132, 15–29.

Bucher, K. & Stober, I., 2010. Fluids in the upper continental crust. Geofluids, 10, 241–253.

Caine, J. S.& Tomusiak, S. R. A., 2003. Brittle structures and their role in controlling porosity and permeability in a complex Precambrian crystalline-rock aquifer system in the Colorado Rocky Mountain Front Range. GSA Bulletin, 115(11), 1410–1424.

Deepak, K.& Gupta, A. V. S. S. K. S., 2014. Thermal performance of geothermal power plant with Kalina cycle system. International Journal of Thermal Technologies, 4, 61–64.

DiPippo, R., 2004. Second Lawassessment of binary plants generating power from low-temperature geothermal fluids. Geothermics, 33, 565–586.

Fridleifsson, I. B., Bertani, R., Huenges, E., Lund, J. W., Ragnarsson, A.& Rybach, L., 2008. The possible role and contribution of geothermal energy to the mitigation of climate change. In: PCC Scoping Meeting on Renewable Energy Sources, Proceedings(edTrittin, O. H. a. T.), pp. 59–80, Luebeck, Germany.

Giroud, N., 2008. A Chemical Study of Arsenic, Boronand Gases in High-Temperature Geothermal Fluids in Iceland. Dissertation at the Faculty of Science, University of Iceland, 110p.

Guzovic′,Z.,Loncar,D.& Ferdelji,N.,2010.Possibilities of electricity generation in the Republic Croatia by means of geothermal energy. Energy, 35,3429−3440.

Guzovic′, Z., Rašković′, P. & Blataric′, Z., 2014. The comparision of a basic and a dual−pressure ORC (Organic Rankine Cycle): Geothermal Power Plant Velika Ciglena case study. Energy, 76, 175−186.

Hall, A., Scott, J. A. & Shang, H., 2011. Geothermal energy recovery from underground mines. Renew. Sustain. Energy Rev. 15, 916−924.

Henry, A., & Mlcak, P. E. 2001. Design and Start−up of the 2 MW Kalina Cycle® Orku−veita Húsavíkur Geothermal Power Plant in Iceland. European Geothermal Energy Council 2nd Business Seminar EGEC 2001.

Ibrahim, O. M., 1996. Design Considerations for Ammonia−Water Rankine Cycle. Energy, 21, 835−841.

IGSHPA, 1994. Closed−Loop Geothermal Systems—Slinky Installation Guide # 21050. (Fred Jones), Oklahoma State University, ISBN−13: 9780929974040.

Jessop, A. M., MacDonald, J. K. & Spence, H., 1995. Clean energy from abandoned mines at Springhill. Energy Sources 17, 93−106.

Kalina,A.L.,1984.Combined−Cycle Systemwith Novel Bottoming Cycle.Journalof Engineering for Gas Turbines and Power, 106,737−742.

Kalina,A.,2003.New binary geothermal power system. International Geothermal Workshop, Sochi Russia. Geothermal Energy Society,1−11.

Kavanaugh,S.P.& Rafferty,K.,1997.Ground source heat pumps − Design of geothermal systems for commercial and institutional building.ASHRAE Applications Handbook,Atlanta, USA.

Keiser, U. &Butti, G., 2015. Ökonomische Analyse der Tiefen Erdwärmesonde Triemli vomEWZ.− Schlussbericht energieschweiz, Bundesanstalt für Energie BFE, 35 S.,Bern/Schweiz.

Limanskiy, A. &Vasilyeva, M., 2016. Using of low−grade heat mine water as a renewable source of energy in coal−mining regions. Ecol. Eng., 91, 41−43.

Mlcak, H.A., 2002. Kalina cycle® concepts for low temperature geothermal. Geothermal

Res. Council Trans., 26, 707−713.

Nemati, A., Nami, H., Ranjbar, F. & Yari, M., 2017. A comparative thermodynamic analysis of ORC and Kalina cycles for waste heat recovery: A case study for CGAM cogeneration system. Case Studies in Thermal Engineering, 9, 1−13.

Nicholson, C. & Wesson, R. L., 1990. Earthquake Hazard associated with deep well injection−a report to the U. S. Environmental Protection Agency, pp. 74, U.S. Geological Survey Bulletin.

Park, Y.M.&Sonntag, R. E.,1990.A Preliminary Study of the Kalina Power Cyclein Connection with a Combined Cycle System. International Journal of Energy Research, 14, 153−162.

Rybach, L., Wilhelm, J. & Gorhan, H., 2003. Geothermal use of tunnel waters − a Swiss speciality. International Geothermal Conference, Reykjavík, Sept.2003, S05Paper051, 17−23.

Schmidt, R.B., Bucher, K. & Stober, I., 2018. Experiments on granite alteration under geothermal reservoir conditions and initiation of fracture evolution. Eur. J. Mineral., 30, 899−916. https://doi.org/10.1127/ejm/2018/0030−2771.

Stober, I., 2011. Depth−and pressure−dependent permeability in the upper continental crust: data from the Urach 3 geothermal borehole, southwest Germany. Hydrogeology Journal, 19, 685−699.

5　地热能源利用的潜力和前景

钻头

地热能是可再生能源,因为技术系统提取的热量可以通过地球热储层来进行补充。在人类的时间尺度上,地球的热能几乎是取之不尽、用之不竭的(见1.3节)。尽管如此,还是要对地热能利用的可持续性这一问题做出回答,也就是要对每一个场地、工厂和地点进行具体分析,因为它决定了系统设计和装置的规模。

在几乎所有的地点,地面热流值都太低,无法平衡电厂所提取走的热量。通常情况下,地热系统使用的是储存在储层中的热量,这些热量冷却一段时间后,再由深处的热流补充。但热流密度还不能为钻孔热交换器提供足够热量单独来为建筑物供暖。因此,对近地表地热能利用的可持续性是有争议的。利用地热探针索取浅层的热量可能会过度开发有限的资源,并可能导致土壤温度持续下降,最终将失去经济意义。然而,这些似是而非的担心和焦虑却忽略了太阳辐射对地面重要的外部热量供给。太阳对地表热量的贡献通常会明显大于来自地球内部的热流所提供的热量。所有的钻孔热交换器系统最后都会逐渐趋向于一个稳定的状态,这时排出的热量与来自太阳和陆地的热量达到平衡。在通向稳态的过程中,土壤冷却,开始时较快,然后慢,最后会接近一个恒定的稳态温度。在装置运行几年后,每年的温度下降就会达到最小值(Eugster,1998)。

在上述分析中不考虑地下水流的平流传热可能会对地热装置的热量预算造成额外的(通常是重要的)影响。如果钻孔热交换器与含水层相交,那么很大一部分提取掉的热量会直接由流动的地下水补充。平流传热能够极大地提高地源热交换器的效率(见6.3.2节)。从地下水井中直接利用地热能就是要利用地下水的平流作用(见7.3节)。

更深的地层中属于太阳热输入的范围之外,情况就不同了,提取地热会造成热储层的回补缓慢(见8.3节)。在开放式系统中,冷却后的热水必须要通过注水井返回储水池,才能持续运行。根据当地条件、系统设计和提取率,在一定的运行时间后,生产的热水温度可能会持续下降。如果生产率太高,生产井和注入井之间的距离太小和(或)重新注入的液体温度太低,那么地热系统的经济效益就会受到威胁,可能会被迫减产,甚至停运,直到储层温度得以恢复。因此,在规划和设计深部地热系统时,必须要对各种运行条件下的传热和流体传递进行适当的数值模拟。在运行期间,还必须要继续进行建模,并辅以适当的监测程序来提供适当的数据(8.8节)。通过模拟储层对电站运行的响应,可以估算出该装置的总寿命,如果有优质数据,还能对系统的发展做出良好的预测。

今天,全球地热能源的生产是由高焓热田绝对主导的(见4.4节,第10章)。高焓区的地球动力学环境导致了高地热梯度,一般只需要通过较浅层钻井即可获得具有300℃以上的热液储层(见1.4节)。根据储层的压力和温度条件,这些系统可以是蒸汽或是液体(水)主导的。在高焓热田,最先进的方法是将冷却的液相重新注入储层。冷凝的蒸汽相通常是无害的,它可以排入到地表水中。然而,为了保护储层,建议也将这些水回注到地层中(见4.4节)。

由于低焓装置的供回流温差小,这些系统的最大效率在本质上会低于高焓系统。目前,在低焓工厂(有机郎肯循环,卡利纳)中使用的二次回路中,泵和其他设备会消耗高达25%的生产电力(见4.2节)。然而,低焓地热厂对当地的地质环境相对不敏感,因此有很大的潜力和很好的经济前景。

2020年,地方和区域供热网络对地热能源的直接使用已经非常广泛。预计,地热能源的利用范围将进一步扩大,特别是在热力供应方面。地热可以节省化石燃料,生产更有价值的产品。地热利用的发展和前景在很大程度上取决于各国对地热能源的支持或补贴政策。

近地表地热能源的使用,特别是通过钻孔热交换器和地下水井系统的使用,在过去几年里有了大幅度的增加。无论是私人住宅还是商业和办公大楼,用于建筑物供暖和制冷设备的市场迅速增长。另一项迅速发展的是将从地下提取地热能与太阳能热系统结合起来的系统,包括在夏季将多余的热量储存在地下,以便在寒冷季节回收使用。因为这些系统是用电力驱动的热泵和流体泵来运行的,所以能源效率和生态价值也是经济效益的决定因素。

使用化石能源的政治状况日益困难,引发了对随时随地都能获得的地热能源的更大需求。在中纬度地区的总能源消耗中约有1/3是用于供暖的背景下,这一点尤为突出。城市和大都市地区将会改进供热理念,发展高效的集中供热系统。年度和季节性的城市热能管理将需要新的理念,利用大地作为热能储存库。地热能源利用技术必将成为未来能源产业的核心和不可或缺的因素。

6　地热探针

浅水井的钻探设备

6.1 规划原则

近地表地热能源利用的基本条件是低温热储层，其温度通常低于房屋采暖所需的温度。房屋采暖系统中的传热流体需要的最低温度为20~30℃，而地面温度通常为5~15℃。因此，为了将地热能用于建筑物的供暖，必须要用热泵系统来提高传热液体的温度。地热探针可以接触到储层中最高的温度。根据探针的深度，钻井热交换器能提供10~12℃的流体温度，这取决于当地的条件（中欧）。然后，房屋供暖系统所需的温度提升由热泵来完成。大多数热泵是由电力驱动的。在多数国家，电力都是昂贵的，并且发电时化石能源的消耗很大。

因此，在地热能源利用的过程中，应尽一切努力减少计划项目中的建筑或物体的热量需求，包括采用隔热措施，如外墙和屋顶隔热，要使用高质量的隔热和吸热玻璃窗。

一个系统的经济效益和环境价值主要取决于所需的加热温度。地板采暖系统的温度通常在35℃左右，活性覆盖层或混凝土核心活化取暖只需要25℃左右，而用传统的热水散热器采暖则需要45~65℃的流动液温度。这些要求可以很容易地整合到新建筑的规划中，最终形成一个经济和生态的最佳供暖系统。更为棘手的问题则是现有建筑的修复措施。

为了保证供暖系统的可持续长期运行，要在每年的房屋供暖期间，将从地下提取的热能限制在能够自然流入储层热量的范围内。热量的提取必须与自然再生热量相平衡。

无论如何，只有对所钻地质层做出详细和正确描述，才能获得地热探针的最佳布局，与所使用的钻探方法无关。

6.2 地源热交换器的建造

地热探针是安装在钻孔中的一种充满液体的管道。有不同类型的地热探针可用，包括单"U"形管探针、双"U"形管探针和同轴探针（图6.1）。单"U"形管探针是一种无缝拉制的封闭塑料管，有一个"U"形管脚。双"U"形管探针是安装在钻孔中的两个独立的单"U"形管。冷的液体在管子里向下流动，并从周围的地面吸取热量。被加热的液体则在井底的"U"形脚中流转过来，返回到地面的热泵。热泵利用提取的地热来提高次级循环的液体温度,从而可以用于供暖。同轴探针中用于向下流动液体的管子中还包含一个直通热泵的返回管(图6.1,图6.2)。

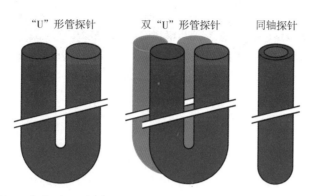

"U"形管探针　　双"U"形管探针　　同轴探针

图6.1　探针设计类型示意图。

双"U"形管探针是最常用的。其优点是,在管子损坏的情况下,钻孔不会完全报废,而是可以用第二根管子再作为单"U"形管探针使用。

同轴探针(图6.2)具有卓越的性能潜力,越来越多地用作地热探针。在加热模式下,冷的工作流体在环形空间中向下流动,从地层中吸收热能并返回温热的内管回流到地表的热交换器。在冷却模式下,温热的传导液向地面释放出热量。在迅速发展的市场上可以找到各种技术设计和复杂工艺的同轴探针。同轴探针的一个优点是,可以像普通的地下水监测井一样建造,这对钻井公司来说不过是常规工作。由于探针的直径较大,用地球物理仪器能定位可能受损的回填土部位(见6.8.4节)。如有必要,可将内管取出进行修复。井筒和探针外管之间的环形空间应足够大,以便遵循普通地下水井建设的常规进行密封。然而,在一些地质条件较差的地层,如冰碛土或含有非常粗大卵石的砾岩中,安装大口径的同轴探头可能很困难,甚至不可能做到。

（a）

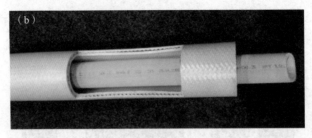

图6.2　同轴探针:(a)加强型外管的外径为63mm。40mm的白色内管将热水或温水送到表面;(b)绿色泡沫胶皮是隔热层。

"U"形管探针通常是直径为32mm的管子,很少使用40mm或25mm的管子。同轴探针的外径为50~140mm或更大,很少有40mm的,相应的内管直径则为30mm、40mm或25mm。

地热探针从地下提取热量,同时冷却探针周围的区域,由此产生的热锥类似于地下水力学中的下降锥(图6.3)。地热探针从周围环境中获得热量供应,其效率取决于地下系统的热导率。

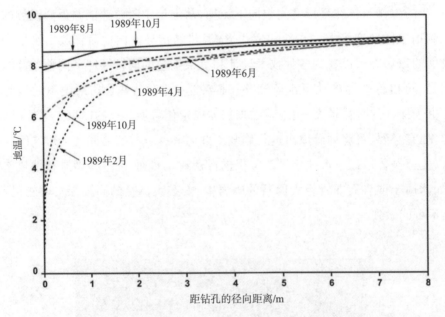

图6.3　地热探针周围的温度动态下降[瑞士Elgg的一个具体装置的测量数据和模型计算(Eugster,1998)]。1989年2月最深的热锥,1989年8月之前装置关闭后的热恢复,1989年10月之前重新启动后热锥的重新形成。

探针的长度主要取决于系统设计和地面的热属性。基本属性是各个地层的热导率、地下的温度分布和当地的气候状况。同样重要的是探针、灌浆材料(回填)和传热液体的热性能。

有一种特殊的探针设计被称为热管或热虹吸,利用探针内流动路径上传热流体的相变,从而利用蒸发和冷凝的潜热。与传统的探针相比,热管通常是由金属制成的(见6.8.5节)。

标准探针"U"形管的外径通常是32mm,也有少部分是40mm,甚至是25mm。同轴探针的外径通常为63mm或50mm,偶尔也有40mm的。中心管的直径较小,分别为32mm、40mm或25mm。

探针管通常由聚乙烯(PE100)制成,其规格符合标称压力16bar(1.6MPa)。这意味着,垂直长度超过约160m的探针需要采取特殊措施,还要注意正确的安装,特别是在地下水位较低的情况下(见6.6节)。

几乎所有的探针都是由聚乙烯制成的,它是一种不良的热导体,热导率低,大约为0.4W/(m·K),因此从地层到传热流体的传热不是特别有效。但新的探针已经研发出来了,其原材料的热导率提高到了1.0W/(m·K),并且在市场上推出。

聚乙烯"U"形管在出厂时就已经焊接好了,不用在施工现场焊接,交联聚乙烯管带有制造商提供的暖弯探针脚,不需要自行焊接。与简单的管材相比,它还具有超强的抗应力开裂和其他机械损伤的能力。由交联聚乙烯制成的探针具有良好的热耐久性,能抵抗长期暴露在高达95℃的温度下的影响,因此,不但可用于向地下传输热量,还可以与太阳能热装置结合使用。这样,在温暖的季节里,就能将多余的热量转移到地下储存。这有助于恢复地下的热能,甚至还能储存额外的热能。将太阳能热能和地热装置结合起来,好处是能节省探针的长度。

探针脚上带有机械保护,便于钻孔安装。探针底部的重物(图6.4)便于将探针安装到充满地下水的钻孔中。如果钻孔充满水,在将探针插入钻孔之前,需要用导热液体(或水)来填充探头,以避免浮力和对探针管造成过度压力。在施工现场,探针以必要的长度先缠绕在卷轴上,然后再安装到钻孔中(图6.5)。将探针从卷轴上绕下来,与注浆管一起插入钻孔。

地热探针是一个含有循环传热流体的封闭系统。有多种化合物和混合物都能用作传热流体。最常见的是用有机防冻化学制剂来降低纯水的冻结温度。因此,该系统能比纯水在更大的温度范围内运行,这样热泵就能从流体中提取更多的热量,这些热量最终会以更低的温度返回地面。相应地,较低的流入温度能扩大地面热沉降锥,增大向探针方向的温度梯度。然而,在冻融循环中的第一个阶段,可能会出现一定的破坏危险,危及灌浆和密封的耐久性。这可能会对长期效率产生负面影响,并与地下水保护法规产生冲突(见6.5节,6.7节)。

图6.4 带有坠锤装置的地热探头。

图6.5 将地热探针从卷轴上安装到钻孔内。

常用的导热液在与水的典型混合比例下的水力和热力特性表明,纯水具有最佳特性,是理想的传热流体(表6.1)。除了表6.1中列出的流体外,能用于与水混合的其他物质还包括碳酸钾、甲酸钾、巴丹、氯化镁或氯化钠。我们强烈反对使用碳酸钠或碳酸钾或任何其他高pH的工作液,因为它们具有严重的腐蚀性。乙二醇和水的混合物可能是最常用的传热液体。

表6.1　地热探针中常用的传热流体的等温(25℃)水力和热力特性(Zapp & Rosinski,2007)

工作液	动力黏度 μ /[kg/(m·s)]	热容量 c_p /[J/(kg·K)]	密度 ρ /(kg/m³)	热导率 λ /[W/(M·K)]
水	0.0018	4217	1000	0.562
25%的乙二醇	0.0052	3795	1052	0.480
25%的乙醇	0.0046	4250	960	0.440
30%的丙二醇	0.0108	3735	1038	0.450
20%的氯化钙	0.0037	3050	1195	0.530
25%的甲醇	0.0040	4000	960	0.450

颜色代码:红色=最佳值,绿色=系统效率的最差值。

流体的低动力黏度和低密度能提高探针的效率,因此可以节省泵的功率消耗。高比热容意味着高储热,高热导率意味着高效的热传递。工作流体的高热容量意味着必须用较少的流体来输送等量的热能(热容量是密度 σ(kg/m³)与比热容 c_p[J/(K·kg)]的乘积)。这是由热容量 $c_{th} = \sigma\chi_p$[J/(m³·K)]的方程式得出的。因此,传热所需的液体量与热容量的倒数成正比:V_{Fluid}(m³) ~1/c_{th}。

如前所述,从表6.1所列的数据可以看出,纯水是理想的传热流体。然而,使用纯水操作的地热探针必须还得进行精确测算,以避免在操作过程中出现冰冻情况。纯水系统的一个非常积极的作用是,可避免因冰冻而对回填土和邻近土壤造成的损害(见6.5节和6.7节)。如果地热系统接近冰点,一个集成的温度传感器就会将系统切换到纯电加热。

不同传热流体的水力和热力特性(表6.1)取决于温度,并且液体在探针中的循环过程中会发生变化,特别是流体的黏度随温度变化很大。8℃时的乙二醇(25%)的黏度是12℃时的两倍,在冰冻状况下运行探针所需泵的电功率要比非冰冻状况的温度下运行时要大得多。因此,出于经济原因,地热探针不应该在结冰状态下运行。否则,整个系统的整体效率会受到影响。

传热液体也经常会加一些特殊的添加剂,防止探针中生物膜的形成或腐蚀。

从法律的角度来看,这些化学品许多都是有毒有害的。以地下水预防性保护为指导原则,水是推荐的工作液体,其次是没有任何添加剂的纯乙二醇或丙二醇(如乙二醇–水混合物,其中乙二醇>90%)。

钻孔直径必须要选得足够大,以方便容纳探针和注浆管,并为密封回填留出足够的空间。探针管和注浆管的总横截面积应小于钻孔横截面积的35%($r^2\pi$)。这样能使回填土紧密,与地面有良好的热连接。直径32mm的双"U"形管探头至少需要一个120mm的钻孔,40mm的地热探头必须得有一个直径至少为150mm的钻孔。此外,钻孔直径还取决于计划中的钻孔技术和地下的地质细节。上述推荐的钻探直径是指通常用于硬岩钻探的潜孔锤。在松散的岩石中进行旋转钻进(洗钻)时,钻孔直径必须要更大。关于地源热探针常用的钻探技术的概述,请见6.4节。

将探针管直接从卷轴上解开,并与灌浆软管一起小心地降入孔内。为安全起见,在安装用机器控制制动的长探针时,应使用电机驱动的卷轴。在将管道和软管一起降入井筒之前,必须要将注浆软管连接到探针上,因为在安装完探针管后,几乎不可能再将注浆软管单独放置到位。在下一步中,通过软管泵送灌浆材料,以填补探管和井壁之间从底孔到井口的空间(特雷米方法,承包商程序)。这种方法能确保探针与地面的最佳热连接和最佳密封。在注入灌浆材料之前,探针管必须要灌满液体并加压,以避免损坏管道。深井筒或困难的地质结构可能需要插入两个灌浆管。

在灌浆前和凝固后,需要做完整的压力测试来评估探针是否防漏,可用流量测试来验证地热探针的渗透性。

与单独布设的管道相比,直接接触的探针管的传热能力明显较低(Acuña and Palm,2009)。处于不同温度的上升和下降的探针管应在钻孔中分开。这实际上是通过内隔板实现的。外隔板或定心辅助工具有助于将探针集中安装在钻孔中,以达到与地面的最佳热连接和最佳密封。为了使管道在钻孔中保持中立并相互分离,有必要在相隔较小的距离内使用定心辅助器和垫片。这些辅助材料的热传导性低,能增加钻孔中的热阻。改进后的组合垫片相对容易操作,有助于提高安装效率(图6.6)。定心辅助工具和垫片的实用性还存在着争议,特别是目前的这种模式在钻孔中安装时经常会发生滑移。这些辅助工具还可能阻碍上升的灌浆材料,特别是在滑动时,会产生气孔或充满空气的空洞。

图6.6 用于地热探针(蓝色管道)的组合式定心辅助器和间隔器。中央蓝色管道:灌浆管。

目前,人们正在研发和测试几种用于自动密封控制的新仪器和方法。这些新仪器的程序能用来对灌浆的质量进行记录和数字存档。其中一种技术是将压力传感器直接安装在注入软管中或将传感器留在井中,以测量灌浆过程中上升的压力。该方法需要精确了解灌浆材料的密度,而密度可同时直接测得。但是,该技术没有考虑水化热、地下水涌入或聚乙烯管的热行为所带来的热贡献。另一种技术是基于用工具从管子内部测量点状灌浆浆液的敏感度。2019年,有几种方法正在研发,其他一些方法则只能检测出大的空洞或大规模的灌浆缺陷。

在寒冷的天气,塑料管材料往往弹性降低,容易受到机械损坏。因此施工时,安装前应将探针存放在温暖的地方,或在施工现场用温水冲洗。

6.3 地热探针的尺寸和设计

钻孔热交换器设计的根据是建筑物对地热探针提供的热量需求。探针的热提取率取决于几个因素,包括现场地下的地质和热结构、探头的类型、传热液体和灌浆。地热探针与热泵的水力耦合会产生一个另外的相互关系。只有考虑并优化了所有相关参数,地热探针才有可能长期可靠、高效和经济地运行。为了优化地热探针,做规划时还得要有建筑师和规划者参与。

地热设施的管道总长度通常相当可观。随着与热泵的距离增加,大量的分支、弯管和配件会导致流动阻力增加,并逐渐减少流体流动和传热。因此,了解系统中的流动特性并通过优化所有系统部件的尺寸来保持较低的流动阻力非常重要。经过流量优化的装置才有可能成为一个高效的系统。供应(馈线)管道和连接块中的流动阻力应尽可能低。然而,在垂直探管中,地下流体的流动应该是湍流的,以获得最佳的热提取率。层流会造成更低的流动损失,但湍流时,从管壁到传热流体的传热效果会要好得多。

如果通往热泵的探针管道和管线的长度有显著的不同,那么对热泵之前的系统做水力平衡能提高热提取效率。

热泵采暖系统的成功关键是要能长期无故障运行和低电耗。热泵的技术参数、热源温度和加热系统的热量需求会相互影响,如果没有计算机模拟(建模),就很难可靠地预测加热系统的运行行为和经济可行性。

6.3.1 热泵

热泵是以机械做功的方式将热能从低温的源头转移到高温的排水口的一种设备(ASHRAE Handbook,1997;Puttagunta et al.,2010)。排出的高温液体能用于房屋供暖等。热泵使得利用相对低温的热源成为可能,如将近地表、土壤或地下水等用于房屋供暖。

热泵的技术类型:①压缩机热泵;②吸附式热泵,又分为吸附式和吸收式热泵;③维勒米尔(Vuilleumier)热泵。

其他热泵技术方案现在还不能用于房屋供暖和热水供应。

人们认为压缩机热泵是最先进和使用最广泛的热泵。根据发动机的类型,可以分为电机趋动和燃气机驱动的压缩机热泵。近地表地热能源装置几乎全都使用电动压缩机热泵。因此,下文将简要说明其技术原理。不过,压缩机热泵也可以用天然气、石油或生物燃料(沼气、菜籽油)来驱动。这种设备的压缩机是由内燃机驱动的。使用内燃机驱动的压缩热泵的优点是,热泵排气的热量也能用于加热,因此与电热泵相比,一次能源输入的使用效率会更高。

吸附式热泵。吸附是一种物理化学过程,一种状态的物质会附着在另一种状态的物质上。固体(如沸石矿物)能通过吸附来捕获液体或气体,将液相或气相中的溶解成分从其相中去除,而后附着在固体的表面(吸附)。吸附过程是由变化的外部物理参数驱动的,如温度和压力,如果参数重新排列,则可以逆转(可逆过程)。吸附式热泵将回收的地热能转化为供暖用的工作流体,或在反向冷却模式下将热量转移到地下回路。吸附式热泵的吸附过程是基于吸收介质和传热流体对。常用的配对是：①溴化锂（吸收介质）和水（传热流体）；②水（吸收介质）和氨（传热流体）。吸附式热泵应用于冰箱有着悠久的传统，但也可以有效地应用于地热。

维勒米尔热泵的工作原理是热驱动再生气体循环过程，与斯特林过程（Stirling process）相当。

地热探针最常使用的是电动压缩机热泵（以下简称"热泵"），用于地表的热量传递。它的工作原理也和冰箱一样，但不同的是，输出的是冷凝器产生的热量，而不是蒸发器产生的冷气（图 6.7）。

热泵内部回路的液体从第一个热交换器（蒸发器）的热源中提取热量。液体发生从液态到气态的相变。气态流体到达由电动机驱动的压缩机单元，流体压力增加，由此产生的温度升高使得在第二个热交换器（即冷凝器单元）中，提取从原始热源（这里指来自地源的热量）转移到工作流体（也称为制冷剂）的热量。气态流体的高压在膨胀阀中下降，使流体冷却到冷凝温度以下，然后再返回到液体状态。液态流体返回到蒸发器又重新加载来自地源的热能。

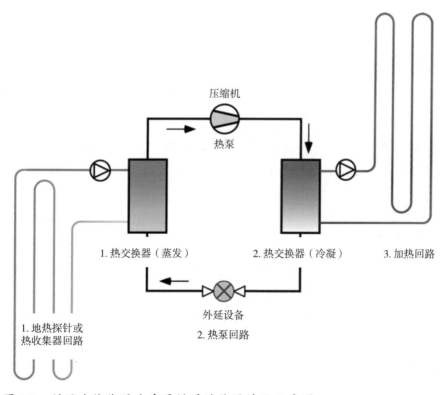

图 6.7　利用地热能源为房屋供暖的热泵系统示意图。

在热泵中会使用许多不同的传热液体,包括纯的或混合的液体,如部分氟化的碳氢化合物、纯碳氢化合物(丙烷、丁烷)和二氧化碳。氨由于其潜在的危险性,在许多国家目前还没有批准使用。

地下热源的原始未扰动温度是由地下的热力和水力性质以及探针所在地的气候条件所决定的。在地热探针的运行过程中,热量的提取会冷却探针附近的区域。由于不可避免的物理导热损失,进入蒸发器的传输流体的有效温度仍然会低于被冷却的地下温度。

热泵需要在当地气温的下限条件下也能够生产预期所需的热功率。例如,在中欧,探针系统通常设计在-12℃的地表温度下也能工作。如果温度下降到-25℃,房屋供暖就会出现问题。出于效率方面的考虑,在规划地热探针供暖系统之前,必须要通过隔热措施来尽量减少建筑物的热量需求。此外,地热探针供热系统的温度应尽可能低。理想情况下,为节省热泵电能,来自地源的液体(回路1)和供暖水(回路3)之间的温差应该很小(图6.7)。建筑物中典型的传统散热器采暖一般都需要55℃的温水供应,地板采暖可以使用35℃的温水,大面积墙体采暖需要的供水温度则更低。

无论如何,地热探针或地源热交换器的尺寸都应该要大一些。这样,源温度就会提高,从而热泵的效率也会提高。地热探针应始终在冰点以上的温度运行。

地热探针的尺寸必须要与热泵的蒸发器容量相适应。热源,特别是探针的总长度是根据热量需求、所需的热提取率和运行寿命来确定的。地热探针的特点不是像热泵经常规定的那样,在某个工作点上有一个确定的恒定功率。探针有可能在短时间内需要提取高功率,也有可能在较长时间内设定较低的提取功率(Basetti et al.,2006)。因此,应事先验证和确定提取概况(例如,1800h/年的热性能)。地热探针系统的设计还必须考虑探针中传热液体的循环泵的尺寸(见6.3.2节)。

一般来说,使用热泵配置热水在经济上也是合算的。然而,在这种情况下,系统全年都要运行,如此一来,土壤得到一定程度热恢复的时间会很短。对于热水制备,输出温度必须要提高到60℃,比供暖的温度还要高。将地热探针与太阳能热装置结合起来,可能会得到最经济的能源解决方案(见6.8.3节)。地热探针能将夏季时产生的多余热量储存到地下,冬季时再为房屋供暖。在温暖的季节,太阳能热系统为用户生产热水。在夏季,房屋制冷产生的废热也能通过地热探针传到地下(Sanner and Chant,1992)。

所谓的性能系数(COP)值有助于评估热泵的质量。它是压缩机的电功率和辅助功率与冷凝器热容量(单位均为kW)的比率。该值随着热泵效率的提高而增加,同时也随着地源和供热系统之间的温差减小而增加。然而,它并不包括地热探针和加热回路的循环泵的能量需求。很明显,供热系统的高效运行与高地源温度和低流体温度相关。

对于完整的热泵采暖系统来说,季节性性能系数(SPF)是表征系统性能的最重要的参数。它是每年转移到供暖和热水生产的热能总量与系统在同一时间内所耗用的电能总量的比率(这两个数字都是以J或kW·h为单位)。它等于4就意味着1kW·h的电力能产生4kW·h的热量输出。整个系统的能效越好,该值就越高。因此,只有安装电子热表并测量热泵产生的热能,才能有效地控制系统的性能。

性能系数是热泵作为一种机器的设备性能系数。它有机器的特征,取决于运行条件。相比之下,季节性性能系数则是一个具有经济和能源政治意义的参数,它不仅取决于所安装的机器,而且还取决于用户的习惯、气候状况、操作条件和其他因素。

从一次能源消耗的角度来看,如果供暖系统是有益的,那么一个电力驱动系统的季节性性能系数必须要明显高于一个与之等效的系数,即用生产电能来运行该系统所需的一次能源计算出的等效系数。能源转换效率在不同的国家往往是不同的。例如,在德国,平均需要近3kW·h的一次能源(来自不同类型的发电厂和其他各种能源的混合)来生产1kW·h的电力。因此,立法者要求用于房屋采暖的水基供暖的最低季节性性能系数值为4,如果同时还用于制备热水,那必须要高于3.8。

在实践中,最大限度地减少蒸发和冷凝(热源和热输出)之间的温差,是热泵系统工程的重要优化潜力。每一个额外的开尔文温差就意味着压缩机要多消耗3.5%的能量。因此,建筑所需的热水部分(浴室、热水)会降低整个装置的季节性性能系数。

为了高效运行,每个供热系统都必须进行水力平衡。这对带有热泵的供暖系统尤其重要。水力平衡是在热泵的下游,即系统的房屋或建筑一侧进行的。采暖系统的安装人员要为面板或地板采暖供热回路的每个散热器调整热水流量,使每个房间的流量满足该房间在给定供水温度下的热量需求。因此,每个房间收到的热量正好达到所需的室温。在完成水力平衡之后,供暖系统则能以最佳的系统压力、最佳的低水量和尽可能低的供水温度运行,或者换句话说,以最佳的系统效率运行。

对安装热泵提出以下建议:

（1）对整个系统要进行全面的设计，调整不同的组件（热源、蓄水池、散热器……），使其作为一个精心协调的总系统的一部分和一个完整的跨领域跨学科的特定规划对象。

（2）要检查和核实储层的负荷规划，特别是组合式储层，并监测供水温度。

（3）要仔细进行水力平衡和管道及部件的无间隙绝缘。

（4）要避免过于复杂的液压和蓄水系统。

（5）要设计得当的系统，但不要辅助电加热（加热棒），加热棒只有在进行施工干燥处理时才给予考虑。

对于超过约100kW的高输出范围，气体吸附热泵是电动压缩机热泵的一个有趣的替代品。其技术优点表现为热冷同用，从而能显著提高系统的总效率。

6.3.2　地源热泵系统设计的热力学参数和计算机程序

对地热探针尺寸进行的粗略测量，最多只能用于成本估算。一个地源热泵系统必须要做精确的规划和专业的测量。尺寸过小的系统可能会对组件造成严重的损害（见6.7节）。如果探针安装得太短，只能通过在额外的钻孔中安装新的探头来弥补这个错误。无论在经济上还是生态上，我们都强烈反对安装电加热棒来弥补热力的不足。在某些紧急情况下，辅助加热棒进行短期运行也许还是合理的（见6.3.1节，6.5节，6.7节）。

通常根据比热提取率［E(W/m)］来粗略估计地热探针的必要长度（1m）以满足待加热物体的加热要求［H（单位为W）］。地热探针的比热提取率通常与钻孔穿过的不同地层（E_i）的热属性有关，特别是与这些地层的热导率有关。这是一种常用的方法，尽管比热提取率还取决于许多其他因素（如灌浆材料、传热流体）。但严格地说，地热探针的比热提取率并不存在，而仅仅是一种潜在的、可回收的、本质可变的地层冷却或加热功率。

在任何情况下，最重要的是对钻探层要作出详细和精确的描述，并验证其地质概况，从而验证模型计算中假设的热导率的可信度。

由于各种原因，实验室得到的热导率数据往往不能准确地描述地下的真实情况。所用的样品可能并不代表所有的非均匀性，包括那些断裂和某一层的局部变化。实验室数据也不一定能表征孔隙中停滞或流动的地下水的影响，或包气带中充满空气的孔隙热性结果。因此，建议使用所谓的热响应试验（TRT），通过直接的现场测量来获得数据（见6.3.2节），这点非常重要。

　　某一特定岩石的热特性(热导率、比热容)可能因其详细的局部结构和含水量会有很大差异(表6.2)。为保险起见,如果在项目规划阶段对真实值有歧义,建议采用较低的悲观参数值。表6.2为潜在提取率的数值,应视为定性的粗略估计。然而,从汇编数据中可以看出,潜在开采率因地下存在的岩性不同而有三倍的差异。

表6.2　各类岩石的热导率λ、热容量s和正式的取热率数据汇编(VDI,2001)

地面,岩石	热导率 /[W/(m·K)]	热容量 /[10⁶J/(K·m³)]	比热提取率(E) /(W/m)
砾石、干燥沙子	0.4	1.4~1.6	20~30
砾石,沙潮湿子	0.6~2.2	1.2~2.2	30~50
砾石,湿沙子a	1.8~2.4	2.3~3.0	55~70
冰碛石	1.7~2.4	1.5~2.5	40~55
黏土,湿润的泥土	0.9~2.2	1.6~3.4	30~50
高密度石灰石	1.7~3.4	2.0~2.6	45~65
泥灰岩	1.3~3.5	3.0	40~60
砂岩	1.3~5.1	1.6~2.8	40~70
砾石	1.4~3.7	2.1	40~65
花岗岩	2.1~4.1	2.1~3.0	50~70
玄武岩	1.3~2.3	2.3~2.6	35~55
安山岩	1.7~2.2	2.4	45~50
石英岩	3.6~6.0	2.1	65~92
角砾岩	2.2~4.1	2.1	50~70
石灰岩	1.5~2.6	2.2~2.5	40~55
片麻岩	1.9~4.0	1.8~2.4	50~70

a:水饱和的。

　　比热提取率E的数据指的是单个地热探针和每年1800h的运行时间。这些数值倾向于文本中的保留意见。

　　还要注意的是,特定地质单元的开采率可能因地而异,用表6.2或任何其他固定的汇编数据都不可能做出可靠的预测。从某地区获得的该参数不能用于另一个地区。请记住,真正可实现的提取率还取决于当地的气候因素、安装的系统、居民的供暖习惯等,并不完全取决于土壤和岩石的特性;后者只能用作系统设计的一个粗略参考参数,更不应作为设计系统尺寸的唯一工具。因此,在实际应用时须做批判性思考。

在实践中,对于一个物体的特定热量需求[H(W)],地热探针的必要长度通常是根据已知的地层和各个地层的厚度[h_i(m)]来估计的,将各个地层对总提取率的贡献相加就能估算出地热探针的必要长度:

单层情况:

探针长度h(m)=目标体的热量需求H(W)/特定提取率E(W/m)

多层情况:

$$\sum (E_i \cdot h_i) = H(W) \tag{6.1a}$$

$$探针长度h(m) = \sum h_i \tag{6.1b}$$

地热探针的热提取率在20~90W/m之间变化,在大小两个方向都有可能超出极限值。这表示变化范围很大,在不利的情况下可能会更大。

定义一个地热探针的热提取率,只有当它在建筑物或物体中波动不大时才会是合理的(见6.3.1节)。大型工厂以及功率变化较大的小型机组(<20kW)都需要用专业工具进行设计。这同样也适用于二价系统,包括热水生产或游泳池的系统,以及综合地热田供暖和制冷的组合系统。此外,在年平均地表温度低于10℃的地区,地热探针项目应使用特殊的测量工具进行规划。在这种相当于近地表土壤层平均温度的低温下,探针的热提取率会迅速下降。

如上所述,地热探针的热提取率取决于许多因素,包括(Eskilson,1987;Kohl and Hopkirk,1995;Signorelli,2004):①地面和各层的传导和对流传热能力(热导率、流速等);②地下的温度分布、建筑工地的气候状况;③从地面提取热量的持续时间(年工作时间);④钻孔的直径;⑤灌浆(回填)材料的热性能;⑥使用的传热流体的类型、探针的类型、探针的材料、探针管道在钻孔中的位置(6.2节);⑦探针场的设计和几何形状、探针之间的距离、探针的数量和排列。

从所列因素的多样性可以看出,评估地热探针的实际开采率是极其复杂的(见6.3.1节)。因此,规划工程师必须要依靠计算机程序和工具来确定系统的最佳尺寸。一些比较流行的工具有:Huber的应用程序EWS(2008)(hetag.ch/index_en),Sanner和Hellström的应用程序EED(Earth Energy Designer)(1996)(buildingphysics.com),威斯康星大学麦迪逊分校的应用程序TRNSYS18(sel.me.wisc.edu/trnsys/),Pahud的应用程序PILESIM(第2版,2007年)(1998)。

这些应用程序都能够计算和模拟热泵入口点的传热流体的预期温度随时间的变化。其复杂程度各不相同,有些程序并没有考虑所有列出的可能会影响热提取率的因素。因此,在不利条件下,可能会产生错误的结果。有些程序还能进行多个探针或整个地源热交换器领域的模拟计算,根据温度要求设定的目标来调整和选择地热探针的数量、排列和长度。应用程序,诸如 EWS、EED(Hellström and Sanner,2000)或 PILESIM 也都考虑了建筑的供热要求,即每月的能源供热和制冷要求以及供热和制冷负荷。热泵供暖系统建模程序的一个例子是 WP-©OPT(wp-opt.de)。它允许对使用热泵的供热系统进行规划和优化(见6.3.1节)。

由于不同地点的泵送温度不同,以及不同的使用类型,显然不存在一个标准化的地热探针。因此,对地热探针进行专业的测量对其以后的成功运行至关重要。遗憾的是,用经验值来确定地热探针的尺寸,如45W/s的探针,不去考虑场地和建筑的特殊性,是普遍的做法。这种不专业的做法可能会对系统造成无法挽回的损害(见6.7节)。

复杂系统的基础研究需要三维模型,如三维有限元程序 FRACTure(Kohl and Hopkirk,1995)。例如,通过 FRACTure(Signorelli,2004)已经证明,表层土壤温度对地热探针尺寸的影响可能比地下的热导率更大。

使用不同程序进行的数值建模一致表明,如果两个地热探针放置在距离10m以上的地方,即使经过多年的运行,也不会出现明显的相互干扰(>1℃)。大多数情况下,7m左右的距离就足够了(Eugster,2001)。但是,具体的距离也不能一概而论,因为它们会随多种因素变化,如安装的地源热交换器的数量、空间的排列和深度,以及探针是否要放置在流动的地下水中,地面主要由导热系数低的黏土沉积物组成,等等。

如果地面成分主要是黏土和淤泥,与由沙子和砾石组成的含水层相比,用于加热的地热探针的热范围要更大。这是因为黏土和淤泥的导水率低,即使水力梯度高,也会导致地下水流速极低。数值试验表明,对于低导流性的土壤,热范围(定义为经过一年的运行后影响大于1℃)可能会超过10m。这些发现已经由苏黎世附近的 Elgg 试验场的观察所证实(Eugster,1998)。

钻孔热交换器设计距离的指导原则是基于钻孔是精确垂直的假设。在实践中,为了节省开支,完全垂直的钻探并不总是可行的。在钻孔的上层放置一根立管有助于完成相对垂直的钻孔。此外,塑料探针管也不是严格垂直的,而是盘绕在钻孔中。考虑到所有这些因素,明智的做法是按探针最小距离为10m的建议执行。

热响应测试(TRT)是一种成熟的工具,用于原地测量地面的热特性(Mogensen,1983;Gehlin and Nordell,1997;Gehlin,2002;Sanner et al.,2000)。测试时需要在几天

内向探针回路的一端注入规定数量的热能,同时测量回路另一端的流出温度。测量的主要参数是流入和流出的传热流体的温度、流速和热能输入。温度上升的细节可以提供关于钻孔附近地下的热属性和结构的信息,类似于抽水试验中的水力特性(见14.2节)(图6.7)。热响应测试提供的是热导率和地面的比热容,而不是水力抽水测试所测量的导水率和具体的储存系数。井筒的水力效应、表皮和井筒储量(见14.2节)在热响应测试中也有相应的内容,但都归纳为"内区"的影响。钻孔周围的结构受损区域会显示出循环地下水与完好地表之间的热阻、传热给探针管、注浆材料和其他结构构件这样一个复杂序列。"内区"的热结构也取决于探针的类型(单"U"形管、双"U"形管、同轴管)和钻孔的直径。钻孔热阻 R_b(K·m/W)是"内区"所有效应的总和。

在过去的几十年,石油和天然气行业开发的综合水力计算工具,最终都是基于线源问题的解析解(Theis,1935)。最初,线源的数学解法源于热传导的主题(Carslaw and Jaeger,1959),并由 Theis(1935)改编为用于抽水试验的评估。今天,高度发达和复杂的水力评价工具可修改为热力评价方法,如热响应试验(见14.2节)。

例如,瓦格纳(Wagner)和克劳萨(Clauser)(2005)以及古斯塔夫松(Gustafsson),(2006)提出了解释热响应试验数据的数值模型。数值模型的优点是,允许同时考虑任何类型的边界条件和空间非均匀的地面性质(Diersch,1994)。然而,在实践中,基于分析解的算法仍然在日常工作中占主导地位(Yu et al.,2016)。

为了获取未受干扰的原始岩石及其热特性,以及这些特性在钻孔附近(内区)以外的不均匀性,热响应测试必须要持续足够的时间(类似于抽水测试)。否则,热响应测试是无用的,获得的伪数据不得作为系统设计的基础。一般来说,一次成功的热响应测试通常要持续十几小时。数据流的在线记录和对数据的连续评估允许在数据已能用于隐式建模时就可立即停止测试。其数据的解释通常是基于线源方程的分析解和在类似足够长时间的抽水试验中得到的渐进解(Cooper and Jacob,1946)。在一个热导率λ[W/(m·K)]和体积热容量 s[Ws/(m³·K)]的无限均匀和各向同性的地层中,有一恒定热输出 Q(W)的热线源,与热源相距 r(m)处的温度 T(℃)可以根据式(6.2)计算出:

$$T_{(r,t)} = T_0 + Q/(4\pi\lambda H) \cdot [\ln(4\lambda t/sr^2) - 0.5772] \tag{6.2}$$

其中,H(m)表示地热探针的长度(测试长度),T_0 是原始未受干扰的地表温度。但式(6.2)并没有考虑钻孔热阻。

钻孔热阻 R_b 的影响可以通过将式(6.3)代入到式(6.2)中来近似表示(Hellström，1999）：

$$\Delta T_{iz} = QR_b/H \tag{6.3}$$

这种近似的描述对于 $t > 4sr^2/\lambda$，也就是长时间的情况下是足够准确的。温度的变化往往与时间的对数 ln（t）成正比。这种相关性可用来描述钻孔周围地下体积的有效导热系数，并包括地下水流动的影响。内区的热导率表示为地热探针总长度 H（m）的平均参数值。根据图6.8中未扰动地面数据点的直线斜率 α（K/s），将对数 ln 转换为 log（logx = lnx/ln10），就能得到有效导热系数 λ_{eff}：

$$\lambda_{eff} = 2.303Q/（4\pi H\alpha） \tag{6.4}$$

图6.8显示的是一组热响应测试数据。在此例中，根据图6.8所示的参数，钻进地层的平均有效热导率为 λ_{eff}=2.75W/（m·K）。从图6.8能清楚地看出，在实验的第一个阶段约8h内，除通过未扰动岩石基质传热外，热状态还会受到其他过程的强烈影响。在这一实验的最初阶段，对应于井筒储存的内区效应和其他效应占主导地位，此时还不适用于渐进逼近准则（$t_c = 4sr^2/\lambda$）。超过这一临界时间 t_c，未扰动地面的热响应则占主导地位。从图6.8也可以看出，在这个特例中，对热响应测试数据做出有意义的解释需要持续约33h（1.5天）的测试。

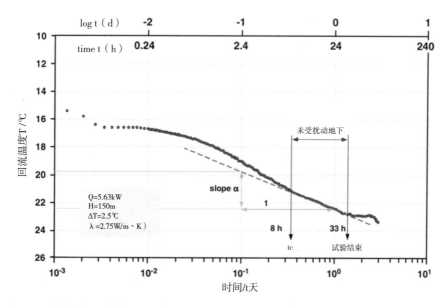

图6.8　热响应测试数据的解释。传热流体的温度与时间的对数的关系。通过无限均匀基质热响应的直线斜率能得出平均有效导热系数。斜率 $\alpha = \Delta T/\Delta t$，[K/d]。

在确定热导率λ之后,通过重新排列式(6.2),可以得到钻孔的热阻 R_b:

$$R_b = H/Q \left(T_{(r, t)} - T_0 \right) - 1/ \left(4\pi\lambda \right) \cdot \ln4\lambda t/sr^2 - 0.5772 \qquad (6.5)$$

对于不同种类的岩石材料的热容量s非常相似,因此对 R_b 的影响不大。对于这里的例子, R_b=0.15K·m/W,使用上述相同的参数,假设热容量为 s=2.7×10⁶[J/m³·K]。

地下温度变化的范围是由下式估计的:

$$r = \sqrt{2.25\lambda t/s} \qquad (6.6)$$

从式(6.6)可以看出,温度的变化范围与热输入无关。使用上面给出的例子参数,用式(6.6)预测在运行一年后,零影响线已经到达离钻孔8.5m的距离。然而,在运行10~30年内,这个距离可能不会受到明显的温度影响。

这里所描述的热响应测试数据解释结果是整个测试区间的平均值。这意味着推导出的地下热性和钻孔的热阻实际上是地热探针总深度所有钻遇层的数据平均值。

通过改进的热响应测试技术可以记录具有垂直分辨的温度曲线,用特殊工具能测量钻孔内的温度曲线。此外,安装在地热探针外面的固定设备所提供的外部光纤温度测量,也能得到深度分辨的温度数据。这些数据不但能用来确定地下水流动的热效应,还可以识别出水力活跃的含水层。如果能收集到多次温度测量的数据,就能推导出各层的热导率,并能将其与热阻区分开来。实践已证明这种扩展型的热响应测试光纤温度测量是有益的。利用该方法获得的与地下深度相关的地热参数,可与钻探得到的局部地热参数进行对比。如果现场发生由地下水流动造成额外的平流热传输,那么推导出的该地层的热属性是有效的系统属性,而不仅仅代表那种岩石的属性。

在增强型热响应测试背景下,对井筒进行不同深度的光纤温度测量能检测出有缺陷的灌浆(见6.8.4节)。

热响应测试是一种相对昂贵的分析方法,通常用于较大的项目,如钻孔热交换场或计划钻探许多地热探针孔这样的大型开发项目。在实践中,为一家一户供暖的地热探针的尺寸,则是根据预测的地层和现场的气候情况用上述方法来确定的。那些地下岩层的典型导热性、热提取率和地热探针的尺寸都通过上述程序进行模拟,从而估算出所需安装的探针长度。因此,必须要仔细确定和记录钻探的地质情况,并对预测或假设的地层进行验证。

6.4 井下热交换器的钻探方法

钻探方法是常规的,通常客户可以从许多竞争的提供商中选择服务(图6.9)。地热探针钻井应该要快速且低成本地进行。然而,快速和便宜不应影响系统的长期耐久性。安装在钻孔中的探针是供暖系统全年持续运行的基础。

各国关于钻井和钻井工程的法律规定和准则各不相同。有必要在系统规划期间熟悉各地法规的细节,并确保承包商在施工阶段能遵守这些法规。

钻孔必须要以所需的直径、正确的口径和垂直的方式钻到所需的深度(见6.3节)。所需的钻孔直径取决于探针管的尺寸、钻探的地面类型和使用的钻探方法。钻孔必须要有足够的宽度,这样在将探针管和注浆管放入钻孔时才不容易损坏。某些地质条件可能需要使用封隔器和几个独立的灌浆软管,所选择的钻孔直径也可能需要使用垫片或定心辅助工具(见6.2节)。强行将探针插入钻孔可能会导致严重损坏。

（a）

(b)

图6.9　(a)井下热交换器的钻探设备;(b)钻机操作面板前的钻长。

由于预算原因,地热探针的小直径钻孔多采用直接旋转泥浆钻探技术,很少会采用干式钻探(如冲击钻或钢索冲击钻)(图6.10)。在泥浆旋转钻井中,泥浆流连续拖曳切割物,在干式钻井中,则是用工具间歇地拖曳。间接泥浆钻井通过钻杆泵将钻屑提到地面,而直接泥浆钻井则通过钻杆和井壁之间的环形缝隙将钻屑提升。在干式钻井中,已安装的套管可确保钻孔的稳定性;在泥浆钻井中,密度调整后的钻井泥浆能稳定钻孔。通常情况下,干式钻井法用于安装立管,然后用泥浆旋转钻井完成钻孔(图6.11)。

根据所使用的驱动装置,可分为两种不同类型的旋转钻井方法。泥浆旋转钻法主要用于土壤和未固结的地层,泥浆能稳定住钻孔。旋转冲击钻(井下锤)则用于硬岩。由于在用旋转冲击式钻井时,空气流会输送切削物,所以井壁必须要稳定。因此,钻孔套管一直要装至固体硬岩的深度(图6.12)。

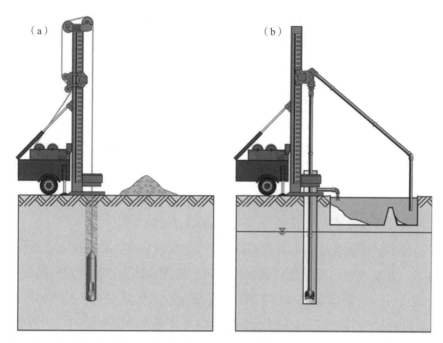

图 6.10　(a)钢索冲击钻孔;(b)直接泥浆旋转钻孔。

图 6.11　钻井现场的照片显示带有钻杆的立管和井下锤的位置。

在泥浆旋转钻井时,清除切削物需要用水流来冲洗,必要时需要加入添加剂。旋转冲击式钻井(气动钻机钻井)产生的岩屑,要用压缩空气驱动顶锤来清除。

旋转冲击法的一个有趣的变体是所谓的地热径向钻探。该方法允许从一个固定的中央钻探点沿径向钻探出一系列倾斜的钻孔。最终安装的是地热集热器和垂直地热探针的组合,这对利用所有可用土地的小型房产来说具有优势。

在未固结的覆盖层中,各种螺转钻进方法也常用于安装地热探针(图6.13)。特别是空心钻,很适合地热探针的安装。地热双"U"形管探针可以和灌浆管一起安装在已经钻到所需深度的空心钻内。螺旋转钻也可以在立管中进行[图6.13(b)]。探针和注浆管可以安装在立管内,然后在注浆时将立管取出。

直推技术利用运载工具的质量,仅通过对土壤颗粒的位移和压实,将地热环路驱入地下。直推装置也可以直接安装在坚固的建筑构件上。液压机也可以与冲击机结合使用。直推法非常适合将工具、测量线和监测仪器安装在松软的近地表处(Vienken et al., 2019),也能将浅层地热探针插入软覆盖的沉积物中。该方法快速、清洁、成本效益高,且简单明了。然而,它需要地面具有合适的机械性能。探针环路的最大深度只有几米,因此必须要安装许多环路来提供热能需求,即使是只有一个单户家庭使用。如果安装的环路没有回填,则与地下的热连接可能会很弱,这取决于地下水位。如果探针运行必须使用含有防冻剂的工作液体,那么该系统将会对地下水资源构成潜在威胁。在没有紧密回填的情况下,运行环路使用含抗冻剂的工作液体可能会与法律规定相冲突。

图6.12 用于地热探针安装的井下锤子。

图6.13 地热探针的螺旋钻进：(a)地热探针可以安装在已钻到所需深度的空心钻孔内；(b)在立管(钻头右侧的大直径管道)中钻进。从立管取出后，钻头上沉积了钻出的细粒物质。

6.4.1 旋转钻机

旋转式钻井使用顶部驱动，上涌的冲洗液将钻屑通过环形空间带到地面。泵送的冲洗液体会到达一个足够大的冲洗池或沉淀槽及沉淀池(图6.14)。在冲洗液到达沉淀池之前，需要立即从冲洗液中提取用于地质分析的钻屑样品。在沉淀池中，钻屑会从钻井液中沉淀下来。沉淀后，干净的液体通过钻杆用泵再送回钻具，在那里收集新的钻屑。泵的压力需要足够高，以克服钻杆中的摩擦损失。直接清洗式旋转钻井通常使用活塞泵或离心泵。与活塞泵和排量泵不同，离心泵可以产生大流量，但这也取决于输送高度。

图 6.14　地热探针安装点的简单钻井液沉淀池的一个例子。水箱后面正准备安装带有安装辅助工具的地热探针。

钻井的稳定性在很大程度上取决于钻井液的超压,这相当于地下水位和钻井液位之间的差异。因此,必须要适当调整钻井液的密度。

钻井液在环形空间中的流速需要达到 0.5~1.0m/s 时才能产生钻屑。流速取决于流体的密度和岩屑的大小。钻井液在钻柱中向下流动的速度较高,冲洗液猛烈地撞击井底,使岩屑松动并冲刷入环空。钻杆的内径决定钻井液在钻杆中的流速。小直径会导致高流速,但摩擦损失也会大大增加。环空流体向上流动的速度控制着岩屑的最大输送尺度。典型的流体上升速度为 0.5m/s,可以输送不大于 8mm 的岩屑。

冲洗钻井是一种能在松软地层中钻出较大尺寸孔洞的钻井系统,可将带有套管冠的套管旋转到地下,用水冲洗出钻过的地层。

钻井液在洗井工艺中具有多种作用,可以稳定井筒,产生岩屑,支持钻井过程和清洁井底,冷却和润滑钻头和钻柱。在某些技术中,还能驱动钻井工具(井下锤和钻井涡轮机)。此外,适当的流体成分在一定程度上有助于控制地层压力的自发变化。

在地热探针钻孔中所用清洗液的典型添加剂包括:膨润土粉、羧甲基纤维素(CMC)产品和加载剂。膨润土粉能增加钻井液的黏度,从而促进钻屑的排出,特别是在流速较低的情况下。含膨润土的清洗液很容易在井筒中产生滤饼。羧甲基纤维素产品是聚合物添加剂,能产生薄薄的滤饼,用于钻孔壁灌浆。密封的钻孔壁有利于将黏土碎片从钻孔中清除。滤饼可以防止钻井液流失到含水层和覆盖岩层。这种密封能阻止冲洗液渗透到钻出的黏土层中,从而防止黏土膨胀。由于添加剂膨润土在羧甲基纤维素流体中不会膨胀,所以稍后必须要在膨润土流体中加入羧甲基纤维素。使用方解石或重晶石粉等加载剂来增加钻井液密度,对钻遇承压地下水含水层时是有用的。

随着钻井液密度的增加,许多承压含水层或具有轻微水力超压的含水层就能得到控制。例如,在地表以下 60m 处钻取一个水力超压为 0.3Pa 的承压含水层时,将钻井液的密度调整为 $\rho=1.1\times10^3kg/m^3$ 将能产生钻井液所需的压力:

钻井液压力:$60m\times1.1\times10^3kg/m^3\approx6.6bar$。

承压含水层的压力:$(60m+3m)\times1.0\times10^3kg/m^3\approx6.3bar$。

钻井液的超压:$6.6-6.3=0.3bar$。

调节钻井液的给进,取决于要钻探的地面、计划中的钻探方法、泵的功率和钻井液的上升速度。为了不改变钻井液的密度,钻取的固体物质需要在沉淀池中充分沉降。现有的标准方法可以很容易地用比重计来测量钻井液的密度,用所谓的马氏漏斗来测量黏度,以及用 Ring 仪器测量水的释放速率(水的结合能力)。

除了钻屑之外,还有一些钻井参数,如钻井进度、钻井(洗井)液压力、转速和钻头压力等,这些都是钻井过程中孔底地质变化的宝贵资料。这些参数操作员在钻机的控制面板上可以看到[图 6.9(b)]。这些参数也可以连续地以数字方式记录下来,必要时可以作为重要的法律证据,还能用于对所钻地层的地质解释。

6.4.2　潜孔锤法

旋转冲击式钻井主要是用井下锤子进行的(图 6.12)。在强大的气流作用下,将岩屑通过环形空间不断地带到地面。一个顶部驱动装置通过钻杆以每分钟几十转的速度旋转井下锤。与此同时,压缩机以 15~35Pa 的压力通过钻杆向井下锤泵送气。压缩空气带动柱塞,使钻头以每分钟 3000 次的速度撞击井底。离开锤头的压缩空气清洁井底,并将岩屑通过环空输送到地面。

潜孔锤钻井在坚硬的岩石和坚硬的黏性土壤中作用较大,但对松散的砂石作用有限。其最大优点是,在钻井过程中能立即识别出从导水层和导水结构中流入井筒的水。

特别设计的井下锤可以用水代替空气或水气混合物来操作。特殊的井下钻锤甚至可以在选定的深度以下增加井筒的直径。

双钻头钻井是地热探针钻井的另一种流行方法。两个独立的顶部驱动装置分别驱动内侧钻杆和外侧套管,同时工作直到套管安装到位。之后,内钻杆继续用顶驱进行钻探。

6.4.3　钻井技术风险

地热钻孔的施工过程是相对快的。然而,它受施工场地狭窄和空间有限的影响。因此,便于移动的紧凑钻探设备是理想的选择。由于空间的限制,必须要仔细规划和组织钻井现场。在开始钻探之前,必须要将工地上现有管道(水、天然气)、电缆和其他障碍物的地方全都清理干净。

我们强烈建议使用合适的钻井数据记录仪来记录钻井过程的细节,并将数据保存下来。机械记录仪能记录钻井进度、深度、钻头压力和钻井液压力。这些数据能提供有关地下地质性质和结构的宝贵信息。例如,数字录井仪的钻井数据可以与探测钻孔的伽马射线录井仪的数据相结合,从而能大大简化对钻探地层的地质解释。

如果要钻多个井,必须要严格遵守井与井之间的最小距离原则(6.3节)。如果连接到热泵的单个地热探针有不同的连接长度或要达到不同的深度,那么在地热探针那一侧也需要进行水利平衡。

如果钻孔出现涌水甚至自流水、天然气等现象,需要采取特殊措施来应对,包括套管保护、增加钻井液密度、安装封隔器或在极端情况下严密封井等。

下面简要介绍一下最常见的钻井技术风险。

在富含黏土的地层中,膨胀的黏土可能是一种钻探风险。钻探这种地层需要一种特殊的钻井液,以防止黏土膨胀(见6.4.1节)。在安装完探针后,必须要对钻孔进行专业和永久的密封,以防止将来有水进入黏土,否则膨胀的压力可能会高到使安装的探针遭受破坏的程度,在最坏的情况下可能还会对附近的建筑物造成损害。

任何含有硬石膏($CaSO_4$)矿物的地质构造都必须要给予高度警惕。硬石膏与水接触会生成石膏($CaSO_4 \cdot 2H_2O$),矿物转化能使体积增加60%以上。如果在硬石膏岩的下盘或上盘钻取含水层,则必须要格外小心。在硬石膏层的下盘钻遇承压含水层或上盘钻遇欠压含水层时,就应中止钻井,并将钻孔密封牢固(图6.15和图6.16)。地层中的任何一种其他矿物与水发生反应,也会造成类似的影响。因此,强烈建议在钻探前详细了解这一问题,并研究可用的地质图和其他当地地质地层信息。

在钻遇流砂层时,需要在相应的井段安装套管防止砂粒流入到钻孔,以防止上盘的潜在侵蚀和地面下沉的危险。没有套管槽的钻孔,在松散碎屑沉积物下的强岩溶化地层中,往往会从上盘吸取物质,造成地面沉降和塌陷。

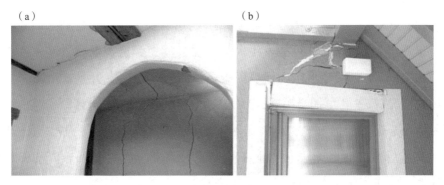

图6.15 钻探风险。地面膨胀层造成的建筑物结构破坏。这种表面异动是由硬石膏与来自泄漏的含水层中的水反应产生石膏造成的,该反应伴随着60%的体积增加(德国西南部Staufen市):(a)建筑物内的破坏模式;(b)窗户周围的复杂破坏结构。

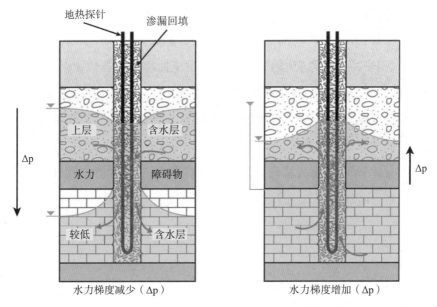

图6.16 在含水层水力梯度增大和减小的分层地层中,地热探针回填物泄漏的后果。

因此,这种钻孔还应该要配备一根立管或套管,以连接到坚硬的岩石上。大量的水沿钻井产生的导水通道或地下的其他导水结构进行渗透,使得地层中可溶性矿物(如岩盐和其他盐类)得以淋溶和溶解,由此也可能会造成地面沉降。在这种情况下,我们强烈建议对井筒进行安全密封。

如果在不稳定的岩石(包括岩溶灰岩、白云岩、含盐和含石膏地层、断裂带和粗岸破碎硬岩含水层)中钻进较大的空洞或洞穴,可能会出现严重的钻探问题。钻杆可能会出现卡钻和掉钻,并可能发生大量钻井液流失。这种地质情况还可能会引起一些次要问题,包括环形空间回填困难,可能还需要特殊的回填材料和封隔器。在最坏的情况下,钻孔可能会丢失,必须要进行回填并牢固密封。

在钻探穿过断层区和其他构造破坏的地层时,钻杆可能会卡住。钻进断层的钻孔在完成后可能会因无法安装地热探针而关闭。通常情况下,唯一的补救措施是继续往下钻或再钻一个新孔。

使用地热探针封隔器可以对井筒分段进行水力分离。另外,封隔器还可用于控制薄弱承压含水层或在不同水力压力下分离含水层。专门设计的软管式地热探针封隔器[图6.17(a)]由两个封隔器密封元件、一个织物软管和一个支架组成。封隔器元件是由纺织纤维制成的,将织物软管套在地热探针上,并放置在适当的位置,然后用橡胶套将纺织软管的两端固定在探针上并密封[图6.17(b)]。一根注浆管穿过两个橡胶套筒,以便封隔器下面的部分也能被密封;第二根注浆管穿过上部的橡胶套筒,用来填充封隔器;第三根注浆管用于回填封隔器以上的部分。将地热探针、安装好的封隔器和已安装好的注浆管的组件降入钻孔,并固定在封隔器的理想位置。在对封隔器下部分进行灌浆后,封隔器本身能用回填材料膨涨,这样就可以通过从上部注浆来完成对下部的密封,然后再对上部进行回填。原则上,可以安装两个封隔器来隔离钻孔的某段。然而,在实际操作中,将整个探针、封隔器和注浆管组合在水力超压下降入井中,这可能是一项挑战。

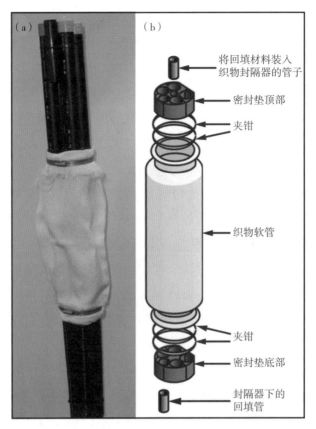

图6.17　封隔器。(a)地热探针封隔器(纺织面料封隔器);(b)地热探针封隔器的组装示意图。

在某些地区钻探地热,可能会揭露有承压天然气或承压地下水的地层。钻入承压含水层可能会导致大量的水从钻孔流出,另外还会造成对细粒固体物质的冲刷。这种情况可能会严重破坏钻孔,使后续井的密封受到阻碍或无法进行密封。此外,钻孔周围的地面可能会下沉,甚至塌陷。因此,在已知存在承压含水层的地区进行钻探时,有必要做出预防计划。在承压含水层构成潜在危险的地方进行钻探时,必须将套管牢固地固定在坚实的地层上盘。如果要钻取承压含水层,就需要加载高密度钻井液,因此必须要准备好适当数量和类型的加载剂。此外,还必须准备好一个合适的封隔器系统,以便可靠地阻止水的进入。欠压的弱封闭含水层有可能用地热探针封隔器来密封,如果钻探到较强的自流含水层或必须放弃钻探时,我们建议用"放弃式"封隔器封住井下部或整个钻孔。

天然气有可能会在高压下从钻井中释放出,也有可能是扩散性的缓慢的气体渗漏。如果钻遇天然气储层,建议采取与控制承压含水层类似的措施。然而,还需要采取额外的预防措施,因为气体可能燃烧或爆炸(甲烷),也可能含有剧毒(如硫化氢),或者还可能含有造成窒息的危险物(如二氧化碳、氮气)。因此,在制定进一步的程序之前,必须要对气体进行分析和识别。如果气体是有害的,不能安装地热探针,必须要将钻孔做气体密封,以后也不能过度建设。

已知的甲烷渗漏主要来自含煤地层(石炭纪)、富含有机物的黏土(如欧洲中部侏罗纪的 Opalinus 黏土)以及其他地层。空气中含 5%~14% 体积的甲烷就会引起爆炸,更高的浓度则会导致难以控制的火灾。

在瑞士 Obwalden 州的 Wilen 村,125m 深钻遇天然气,以 3Pa 的超压流入钻孔(Wyss2001)。钻探人员机智快速地控制了天然气的排放,气体被燃烧掉。后来,将该钻孔密封并重新填充,至今再也没有安装地热探针。

地下水可能含有大量的溶解气体。常用的探针材料聚乙烯管对气体具有渗透性,如二氧化碳分子的大小和结构,很容易通过聚乙烯管壁扩散。一次回路的循环泵在长时间停机后重新启动,会将富含气体的水带到地表脱气,可能会产生大量泡沫。进气管道中的传统空气分离器可能会过度充气,以至不能从泵送的水中将大量的气体全部分离。泡沫可能会到达热泵的蒸发器,使得系统的热提取功率大大降低,最终可能导致热泵关闭。严重的腐蚀危险可能与富含二氧化碳的咸水有关,这可能会损坏热泵蒸发器的热交换器。在土壤、地层或坚硬地层中,已知存在游离二氧化碳气体的地区,地热探针项目应使用防气探针材料来防止气体扩散。此外,如果探针仍在建造中,要确保该地块不会受其他装置或建筑物的影响。

6.5 地热探针的回填和灌浆

地热探针的回填和灌浆,对于高效生产和生态保护、探针的耐久性和遵守地下水保护法规,都是一个重要的组成部分。要将探针和周围的地层有效地连接在一起,以实现其在物理和化学上的稳定。回填必须要做到永不透水。最重要的是分离含水层的那些不透水层的原始水力功能要保持完好如初(图6.16)。灌浆探针的密封性必须要高于地层中的不透水层的密封性。灌浆探针的导水率并不完全由回填材料决定,还包括其他因素,如探针的材料、管子的表面纹理和运行过程中的温度变化(冰冻或解冻)等。

低效灌浆是否必须要修复或只是造成探针效率的降低,这需要根据当地的地质情况来决定。如果井筒穿透复杂地层,特别是如果承压含水层是地层的一部分,则必须要加以修复。然而,低效的灌浆是很难修复和补救的。如果必须要对充填不完全的双"U"形管探针灌浆进行修复,可以尝试在事后填补空洞。为此,可以在其受损深度处将其中一根管子切开,做注入回填。不过,这根"U"形管就会失去加热的功能。这时第二根完整的"U"形管则可以作为热交换器使用。此外,也可以对第二个"U"形管实施补救措施。如果这种修复工作不成功,还可以尝试通过钻孔拆除安装的探针。但这在技术上很困难,需由最好的钻井人员来完成。塑料材料和四根管道的弯曲形状增添了钻井的难度。如果探针丢失,就必须小心地封住井筒。

必须牢记,土地所有者和客户都必须对因不专业、不称职的地源热交换系统施工而造成的任何损失负责。尽管如此,在一些国家,回填并不是一个强制性的要求。

钻孔完成后,要立即从卷轴上取下探针管,将其安装在钻孔中。必须要立即开始灌浆。探针回填要将钻孔中不同的地层互相密封,这对保护地下水位、防止沿钻孔的水力短路和恢复含水层的密封性能非常重要(图6.16)。适当的回填也是一种屏障,能防止导热液体从损坏的探针管中泄漏到地下水中。适当的回填使地热探针能与周围的地层进行热连接。回填也能稳定钻孔,可将钻孔彻底填实而不会发生沉降。在连续的未固结的砾石系列中,灌浆是不必要的,甚至都不用尝试。

从功能和要求来看,最佳的回填材料要具有以下特性:

①低导水率($k \leqslant 10^{-9}$m/s),持久的密封性;②探针灌浆系统的k值应小于隔水含水层的k值;③可用于含水层,没有卫生问题,对水无害;④在施工现场易于使用,工作安全,易于泵送;⑤沉淀稳定、体积恒定和低收缩率的凝结特性;⑥耐化学腐蚀(混凝土腐蚀水、含硫酸盐的岩石);⑦热和机械的稳定性;⑧易于流动的特性;⑨集合材料不易产生气孔;⑩高导热性。

有许多不同的产品能用作回填材料。回填的成分,通常是水泥、膨润土、黏土或石英砂,与水混合成悬浮液。不同的成分具有不同的功能。水泥具备良好的抗压强度和密封性能。黏土的膨胀特性能确保悬浮液的体积稳定性。膨润土的特点与黏土类似,具有特别高的膨胀能力和明显的触变性行为。掺入石英砂或石英粉能增加回填的导热性。水泥能使地热探针在冰点温度下运行。然而,水泥应适量添加,以保持回填的轻微可塑性。回填弹性有助于适应探针的热膨胀,以避免沿探针管道形成导水结构。

典型的回填材料都具有较高的导热性,其范围在0.6~1.06W/(m·K),改进后的产品可能达到1.6~2.2W/(m·K),从而能增强探针管道中向传热流体输送热能的能力。目前,正在测试具有高导热性的新管道材料(见6.2节)。

必须要使用工厂准备好的回填材料。回填悬浮液需要在测量仪器的精度

(±0.05g/cm³)范围内按供应商提供的密度规格进行混合。只有在合理的特殊情况下,才可以接受偏差,否则不能保证所需回填材料的性能。必须要在施工现场将配料进行混合,并且立刻处理密封浆。关于地热探针的安装已经设计出专用的回填和灌浆搅拌机(间歇式搅拌机、胶体搅拌机、连续搅拌机)。现已证明胶体混合器是灌浆地热探针的合适工具(图6.18)。搅拌90~120s后,充填体趋于胶态,完全均匀化悬浮液的密度应在1.3~1.9t/m³之间(图6.19)。悬浮液在固化、凝固和干燥前和作业过程中都需要混合均匀。马什漏斗测量时间是一种实际测量悬浮液黏度的方法,测量值变化范围要在40~100s/L之间(纯水为28s/L)。回填最小沉降要在0.5%~1.0% 范围,强度要≥1N/mm²。回填材料凝固时的温度必须要低于探针管材料有热损伤危险的温度。

为了达到密实、空隙小的回填,要从下到上进行灌浆(Tremie工艺)。回填材料的密度和黏度应足够高,以便在上升过程中把剩余的钻井液和水从钻孔中推出。完成钻孔后,回填工作不能拖延,要立即进行。填充悬浮液的灌浆管要留在钻孔内。如果要将灌浆管从钻孔中取出,要小心缓慢地进行,并要重新注入回填材料。回填材料的实际体积必须大于钻孔和地热探针的体积之差。只有当钻孔顶部排出的悬浮液密度达到原始回填泥浆的密度之后,回填工作才算完成。

图6.18 在施工现场使用胶体混合机。

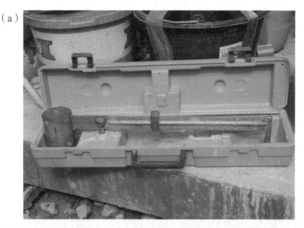

图 6.19　在施工现场测量回填泥浆密度的工具：(a)密度天平；(b)比重计。

　　然而,在实践中,人们往往将太"薄"的低密度低黏度悬浮液用于灌浆,因为它们更容易泵送。这种悬浮液具有较高的水/固比,因此会造成不完整和寿命短暂的探针回填。这导致从地层到探针管道中的导热液体的导热能力下降,并可能会引发更严重的损害。回填灌浆的正确密度必须要在现场用密度天平或比重计进行测量(图6.19),并应予以记录。泥浆的密度和相关黏度应明显高于水的密度。另外,它也不应该太厚。高黏性的回填灌浆往往会形成空隙和其他缺陷,特别是在有插入式"U"形管探针的井筒里。悬浮液的黏度应与流速无关,因为在灌浆过程中,系统中不同位置的流速会发生显著变化。

　　离心泵产生的压力相对较小,因此只能用于浅层地热探针的回填。正排量泵(蜗牛泵)则更适用于较深的探针的回填。

　　适当的回填的重要功能之一是防止钻孔中不同层次的含水层形成永久水力连接。如果不同层次的含水层通过钻孔连接起来,可能会造成一些定量和定性的影响,特别是如果原来被地下水屏障隔开的含水层处在不同的水压下(图6.16)。首先,含水层之间的水化学变化和地下水污染物可能会进行交换。例如,高矿化度的深层地下水的渗出可能会使浅层淡水含水层恶化。浅层地下水的人为污染物可能会进入深层含水层,硝酸盐、杀虫剂、细菌和有机溶剂都有可能转移到未受污染的地下水。通常,不同土壤和地层中的地下水都具有独特的化学成分。一旦水力短路,水将会沿着灌浆钻孔从一个地层迁移到另一个地层,就可能会引起水和固体含水层岩石之间的多种化学反应,包括岩石的溶解,从而产生空洞和矿物的沉淀,降低含水层的导水率,这是非常不利的。此外,处于不同水位的含水层的短路会引起水力干扰,如水位的变化,包括泉水的干涸或地面的沉降或隆起,以及可能对建筑物的损害。例如,正是因为富含硬石膏地层下承压含水层的井孔灌浆不当,导致上莱茵河谷部分城镇和村庄出现了数十秒的隆升和侧向位移,对建筑物造成了严重破坏(图6.15)(Staufen,Böblingen,Rudersberg,Lochwiller)。因此,在钻探不同层次的含水层时,必须要观察和定期测量地下水位,如果水力潜能有显著不同,则需要采取适当的预防措施来隔离含水层。

正是由于这些破坏性案例的发生,促使人们开发出了外表面粗糙的新型管材料,使得对有问题地层系统的密封性得到了提高(图6.16)。其管体的粗糙表面能增强管体与回填体的接触。

地热探针钻井可能像其他钻井一样,造成地下水的浑浊和微生物污染。这种可能的危险对于邻近的地下水井、矿泉水或热水开发的影响尤其重要。有经验的钻井公司要意识到这些问题及所有相关的法律问题和责任,在完成必要任务的同时,不能影响地热探针孔附近特定距离内的其他用途。

地热系统不应过度加热或冷却已钻到的含水层(如果存在的话),因为这些含水层是有进一步用途的,不然,有可能会永久地改变地下水的化学特性和微生物特性。

6.6 深层地热探针的建造

传统的双"U"形管地热探针必须要安装到150m以下的深度,必须要使用特殊的探针材料,以抵抗更高的压力和标准安装时的过高应力。对于过长的探针,可能需要采用特殊的安装技术,以避免对探针造成损坏。深层探针的标准管道材料是聚丙烯,通常使用PN20管道。这种特殊的管道材料管壁很厚,导致地热探针的钻孔热阻大大增加(见6.3节),因而会降低系统的效率。在规划地热探针系统时必须要考虑到这一点。因此,要尽可能避免使用耐压厚壁管道。在深孔中使用标准材料和厚壁管安装探针则需要更复杂的安装程序,以保证探针管的耐压稳定性。然而,超过300m长的探针不应该用常规管道来建造。

安装一个中心管有助于在安装探针时补偿浮力。这根额外的管子可用于探针较深部的灌浆。非常深的探针可能需要多个灌浆管。

如果深层探针系统达到明显的高温,如与太阳能热系统结合使用时,地热探针应采用聚乙稀(PE-RC)管或交联聚乙烯(PEX)管。这两种材料都比PE100等材料有更强的抗裂性。这些管道在50年的使用期内能承受15~16Pa的压力。除了壁厚之外,所使用的管道要具有更大的内径,以提高流速,从而能提高热提取率。新设计的探针脚是由耐腐蚀的不锈钢制成的(图6.20),适用于深层探针。

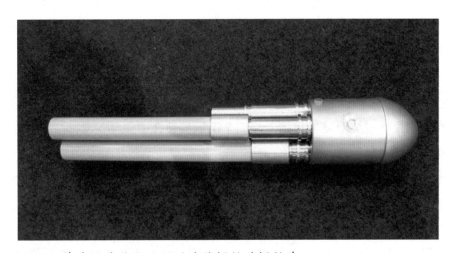

图6.20 特殊设计的用于深层地热探针的探针脚。

探针管所受压力相当于外部压力(饱和区流体压力)与管内压力(传热流体静水压力+地热探针回路系统压力)之间的压差。对于深过150m的地热探针,需要仔细检查其压力条件。在运行过程中,探针回路的典型系统压力是1.0~2.5bar。

用于地热探针的回填材料的密度(ρ_v)为1.4×10^3~1.9×10^3kg/m³;传热液体的密度(ρ_w)则要低得多,约为1.0×10^3kg/m³。充液探针和灌浆悬浮液的静水压力之差决定着探针可能安装的最大深度。

例如,在回填悬浮液的密度为$\rho_v=1.8\times10^3$kg/m³和充满水的探针管的情况下,在200m深的探针底部,压力差达到16bar(=16×10^5Pa)。

这可从式(6.7)得出:

$$(\rho_v - \rho_w) \times 9.81\text{m/s}^2 \times 200\text{m} = 16 \times 10^5 \text{Pa} \tag{6.7}$$

单位换算:1bar=1×10^5Pa=1.02kg/cm²。由此产生的压力差意味着,对于例子中使用的密度,施工现场的实践证明,要保质保量地安装一个超过200m深的探针是不可能的。

根据以下关系式,对地热探针安装的最大可能深度(D_{max})可做出可靠的估计:

$$D_{max} = 15 \times 10^5 Pa/(\rho_v - \rho_w) \times 9.81m \times s \qquad (6.8)$$

使用上面示例中的参数,得到的最大深度=191m。

这里的基本假设是,管道材料可以容忍不超过15bar的压力差。

较深的地热探针的安装程序取决于计划的深度和钻孔中的水位。

如果钻孔中的水几乎充满至顶部,探针管则必须在安装卷轴时就要注满水,再插入到钻孔中。回填材料的预计密度必须要与计划中的探针深度相协调[式(6.8)]。对于400m深的地热探针来说,充填体最大容许密度为$\rho_v=1.375\times10^3 kg/m^3$。这些考虑需要与回填的所有其他要求相协调。

如果钻孔内地下水位深过150m,安装的地热探针深度就不应超过300m。原则上,更深的探针也是可行的,但在建筑工地的常规条件下,可能无法保证安装质量,这比在高水位下安装要复杂得多。在完全干燥的钻孔中保质保量地安装深层探针也同样是困难和复杂的。

此外,在标准直径为32mm的探针管中,循环传热流体的压力损失随着长度(深度)的增加而逐渐增加,当长度超过130m时,压力损失会变得非常高,这使得安装效益大打折扣。

最深的地热探针采用传统设计和双"U"形管,深度可达800m。然而,需要注意的是,采用同轴管特殊设计的深层地热探针可达2000m(图4.1)。在较大的卷筒上安装较重的探针需要一种特殊的安装工具。对于深度超过300m的大直径探针,可采用泥浆旋转钻井。

与普通的近地面探针相比,深层探针利用的是温度较高的地层,因此在暖季不可能用来制冷。然而,深层探针能很好地在暖季储存多余的太阳热能,以便在冷季使用。

6.7 运行地热探针潜在的风险、故障和损害

地源地热探针是成熟的系统,用于建筑物和其他构筑物的加热和冷却。这些装置需要专业的尺寸、设计和施工。施工和操作不当通常会导致损害的发生。有鉴于此,瑞士官方发布了一份针对所有地热探针规划、安装和运行参与方的损害目录,旨在减少损害案例(Basetti et al.,2006)。一些损害案例已被记录在案并加以分

析(Greber et al., 1995；Wyss，2001；Grimm et al., 2014)(图6.15)。在瑞士和德国西南部，一个名为"热泵医生"的机构为那些处于困境中的公民提供包括法律帮助在内的各种帮助。例如，在德国，钻井公司必须要购买法律规定的责任保险，包括几年的后续责任保险。与钻井相关的特殊风险已在6.4.3节中讨论过。

一个常见的问题是，地热探针从地下提取的热量过多，会使得探针周围结冰；通常也会导致系统效率降低，最后还可能造成系统完全失效。

有时，由于热泵地热探针系统的控制系统存在缺陷，以及(或)与建筑物的热分配系统耦合不足，热泵运行时间过长等，也会造成损害。

造成运行后地热系统损坏的常见错误实际上在项目的规划阶段就已出现。典型的错误包括：在确定建筑物的热量需求时发生偏差，忽视必要的持续热水需求，使用不适当的热参数和钻探地层的特性，地热探针的尺寸不足(探针太短)，没有正确考虑到附近其他地热探针的热效应。在安装和调试后，热泵或液压系统调整不正确也会发生损害案例。如果客户增加更多的建筑物、附属建筑或装置，并由地热探针来加热，而在设计时并没有考虑到这一点，这也是一个问题。

在施工过程中，坚持正确的回填是很重要的(见6.5节)。如果回填体有欠缺或不完整，以及塌陷或将其他不合适的材料用作回填，那么系统就会对地下水安全造成威胁。此外，地热探针的稳定性降低会导致热提取率降低，并会在冰冻条件下失控运行。最后，一个有故障的探针可能会损害附近和更远处的建筑物。例如，在德国西南部，地热探针的建造造成了各种严重的损害，给客户和九个建筑工地的第三方带来了经济损失。地面的膨胀和下沉也会对建筑物造成损害。损失还包括干涸的水井、永久性减少的泉水、不同含水层的不良连通导致地下水质量受损、地表水被污染，等等。在大多数情况下，损害案例都是由错误的回填造成的。回填体缺陷和不同层位的水力连通同时发生(图6.16)，造成的破坏最为严重。曾有两起钻探承压含水层的事故也造成了轻微的破坏。

在冰冻条件下(负摄氏度)运行地热探针可能会导致探针、回填土和地层本身的损坏，因为在探针外管表面和探针周围的地层可能会结冰。随着冻融循环的增加，越来越多的断裂与回填土中的冰块一起形成，密封地层集中在探针和回填土之间以及回填土和地层之间的材料边界处，裂缝会逐渐增大。冰层渐渐取代探针管道周围的回填土，从而破坏保护地下水的密封层。在寒冷的季节，冰的形成可能会导致探针附近的地面膨胀。解冻后，地表会下沉，甚至造成局部塌陷(天坑、探针周围的锥体、补给线上方的地面沉降)。探针周围的环境会被慢慢地被破坏掉。此外,整个系统的电力需求可能会逐渐增加。然而,并不是所有的损害都会在地面表现出来(膨胀、沉降)。系统结构的损坏首先会在装置的性能恶化中逐渐显现出来。在极端情况下,整个系统可能会崩溃。

如果在设计系统时对所钻探的地层或深层地下水位的热特性认识不正确或考虑不周,就会存在这样的危险,如探针太短,又在冰冻条件下运行,对整个系统会产生如前所述的所有负面影响。

不专业和不恰当的钻井,加上不重视监管,可能会导致大面积的结构和建筑受到非常严重甚至是灾难性的破坏,正如德国西南部的施陶芬(Staufen)的例子所示:有250座建筑遭受破坏,重建的总成本超过了2亿美元(图6.15)。然而,这些钻探风险会危及任何目的之钻探,它们不只是建造地热探针独有的风险。

强行将探针管安装到钻孔中,特别是当钻孔直径太小或地面不稳定时,探针管就会被污染。

在寒冷季节安装探针,需事先加热探针管,因为探针是无韧性的刚性塑料。探针在安装过程中经常会受损,从而导致系统随后发生泄漏。

如果计划将地热探针用于供暖和制冷,或者计划在温暖的季节用探针将多余的热量储存到地下(如来自太阳能–热能装置的热量),那就必须要记住,传统的探针材料不可能承受超过30~40℃的温度。此类应用需要高压交联聚乙烯管(PEX管)。

长于150m的地热探针则需要特殊的抗压材料或特殊的安装方案,以确保探针不会被损坏(见6.6节)。

6.8 特殊系统和进一步发展

6.8.1 热探针场

将地热探针与热泵结合起来为房屋供暖的经典方案称为单价供暖系统。由于只使用一种能源,因此还有地源热泵、地源热交换器、地源循环等名称。如果许多地热探针被安装在许多钻孔中,以满足更大的建筑物的热量需求,这就是地热探针场。

如果需要几个地热探针来满足一个建筑物的热量需求,那就要仔细评估它们相互之间的干扰。每个探针的可用储热器会随着计划安装的地热探针数量的增加而减少。地热探针场需要有深思熟虑的计划管理,以避免因过度开发而导致地表温度持续下降。必须要用适当的建模工具来确定探针场的尺寸和做好规划。

常见的是,地热探针场除了用于供暖外,还能用于制冷。将地热探针与太阳能热系统结合起来正变得越来越流行。这些二价加热系统因使用两种热能来源而得名。

较大建筑物的热量需求通常需要许多地热探针来覆盖。与只有一个或两个地热探针的独户家庭和单价系统相比,二价或多价系统更适合于大型对象或建筑的空调和制冷,工艺热利用以及包括太阳能和(或)生物质能在内的其他可再生能源的利用,如果将它们结合在一起使用可能更会引起人们的兴趣。

可以将联合供热和供电系统整合到一个复杂的系统中,地热探针场是其中的一个组成部分。为了满足不同的需求和所有组件的单独配置,并应用各种各样的工厂制造技术,形成一个整体的能源概念是完全必要的。地热探针对环境变化的反应非常缓慢,因此不适合短期储存热能。

"地热探针场"一词是指由5个以上紧密排列的地热探针组成的群体。地热探针场也能用作太阳能–热能装置或冷却大型建筑物的季节性储热设备,但这时可能需要100个或更多的地热探针的有序排列(图6.21)。

图6.21　挖掘坑中的地热探针场:安装有探针的井口。建筑物完工后,基础板将覆盖地热探针。

大型地热探针场的例子包括:①在奥斯陆附近的 Lørenskog 的 Nye Ahus 医院(挪威的 Akershus 大学医院)安装的 350 个地热探针,每个探针的深度达到 200m;②土耳其伊斯坦布尔的 Umraniye 购物中心从一个由 208 个地热探针组成的探针场获取热能。

地热探针场的建设、安装和运行必须要遵守特殊的要求。设计大型地热探针场作为热源的先决条件是对地热和水文地质结构以及地层性质有详细的了解。这就需要在规划的地点钻探一个或几个试验性的地热探针井,并收集地层的热和水文地质参数;必须要对所钻探的地层进行全面和详细的地质记录。如果钻到含水层,则必须要测量水位、导水率和重要的水化学参数(如具体的侵蚀性地下水)。热反应测试(见 6.3.2 节)能为项目管理提供关于地面热特性的必要数据。除此之外,还必须要了解当地的气候条件和变化,并将其纳入项目规划。

随着探针场中地热探针数量的增加,各个探针之间会相互干扰,从而阻碍热能在地下的传输。只有在暖季通过向地层传递多余的热量,使地层积极地进行热能恢复,才能使探针场中的每一个探针都能达到各自应有的特殊性能。如果设计得当,探针场可以用纯水作为传热流体,不需要防冻剂,这就会大大地增加传热的效率。

用于加热和冷却的地热探针场,特别是如果将探针设在含水层中,可能会在地下产生相当大的热效应,产生明显的冷或热羽流。由此产生的温度变化可能会引起地下水的局部化学或生物变化。例如,地下水温度的上升会促进地下的微生物活动,使地下水和地层中的矿物质之间产生化学反应,从而改变地下水的成分。这些变化可能是无害的,也可能是有害、有毒的(如砷、镉、铀)。探针场尺寸不足可能会导致地下水中产生令人担忧的冰障。

地下储热会改变地下水的化学成分,其结果是,矿物和水之间为达到化学平衡,一些矿物可能会随着温度的变化而溶解,而其他矿物则可能会从水中析出。特别关键的是,通过钻孔向含水层供应额外的溶解氧,通常会导致氧化铁和水合氧化物的沉淀,并产生特别有腐蚀性的硫酸盐。即使是看起来轻微的温度下降,如从 $10℃$ 降到 $2℃$,也会导致长石溶解,并在沙质土壤中形成黏土和硅石。这些与硅酸盐有关的反应通常是缓慢的。然而,溶解–沉淀反应的速度会随着温度的升高而迅速增加。多种地球化学模型工具都可以用来分析地下水成分数据,以及预测对变化的温度、基质矿物和地下水的化学成分的反应。其中最受欢迎的是由美国地质调查局（Boulder，Co）出版和维护的程序 PHREEQC（Parkhurst and Appelo，1999）（15.3节）。

储层中的地球化学和物理过程也会重新安排微生物滋生繁衍的条件。这可能会导致种群密度和生物量的急剧变化。高温热储层可能会发育带状微生物群，核心区有嗜热微生物，外带有嗜温微生物。原来的种群可能会被消灭。对生物量的调整似乎是局部的，而不是区域性的（Ruck et al.，1990）。然而，还需要对这一特征做进一步的观察。

一些国家已经颁布了严格的法律规定，以尽量减少对地面或地下水的潜在环境影响。这种限制要求含水层中的温度上升在离最近的地热探针10m处不得超过5℃，50m处则必须低于2℃。因此，提前计算或模拟探针场的热效应是有利的。模型计算应能可靠地预测探针场后期运行期间地面温度分布。公共机构也经常要求在下游安装监测井，以便可靠地验证是否符合规定。

综合解决方案可以结合不同的热能来源，并使用区域供热网将热量分配给几个建筑物或整个小区。在下文中，我们将描述一个集成系统的成功实例。系统位于德国法兰克福市中心，于2013年开始建设。这是一个基于地热探针场的系统，共有382个探针。122个约100m深的探针为名为"亨宁格大厦"的公寓提供供暖和制冷。新小区Stadtgärten有800套公寓，分布在几个街区的4个建筑群，紧邻大厦。该小区与当地的供热网相连，分为两个部分，一个热网分配热水，另一个热网则是温度较低的循环水，用于加热和冷却。该系统的核心部分是一个地热探针场，有260个探针在地下100m，其热输出约为600kW。从地下提取的热能通过一个热泵传输到热网。额外的热量则由一个综合燃气冷凝锅炉产生。一个热电联产厂为热泵发电。一个与地热探针场相连的太阳能集热器能提高热泵的效率。每栋楼都有一个局部的太阳能集热器，协助热水生产。每个公寓都有自己的热水和供暖能源的传输点。带有综合热系统的整个居民区已于2019年完成（互联网上的介绍只有德语）。

6.8.2　用地热探针制冷

空调和冷却是大型建筑的常规规划问题。然而，随着气候变化，这些问题也可能会在小区开发和家庭住宅中得到越来越多的关注。在近地表温度为10~12℃

的地区,地热探针非常适用于冷却。与供暖系统相结合可能会产生有趣的协同效应。

地热探针能将温暖季节的多余热能输送到地下,储存起来供以后使用。过剩的热能可能来自夏季的高室温,但也可能来自技术设施和生产过程,如IT设备的热量。将多余的热量储存在地下,能加速恢复在寒冷季节用来供暖的地下热储层。

带地热探针的地热采暖系统,在寒冷的季节从地下提取热能。在采暖期结束时,地下温度会有所下降。在温季开始时,可以通过将冷却的地下流体泵入建筑,起到空调的作用。被建筑物的余热加热的导热流体通过管道回到地下,在那里再次被冷却(建筑物热源而不是地下热源=反向地热探针)。冷却的地面会慢慢变暖并使热量回升。在温暖的季节后期,往往需要将环路的热泵作为冰箱运行,将建筑物的多余热量转移到地下。地下不断升温作为一个热库进行热回收。这种运行模式需要可逆式热泵,对地面和建筑物进行可逆式加热和冷却。然而,需要注意的是,这种运作模式下,地热能只占总能量中很小的一部分。地下的主要功能是作为蓄热装置,而不是热源。

地热探针也能专门用于冷却目的。这种冷却系统的可持续运行需要在停机时间(如在寒冷季节)将储存的热能从储层中移除。在含水层中,储存的热能会被地下水的流动和地面的热传导所分散。如果将探针置于黏土或渗透性极低的黏性材料中,则有可能会出现问题。

6.8.3 太阳能热能-地热组合系统

将太阳能热能与地热系统相结合的优势很容易理解。在温暖的季节,可以收集大量的太阳能热能,但在房屋或建筑供暖方面没有用处。因此,太阳能热装置主要用于制备热水。如果正确规划太阳能装置,那么在温暖的季节就可以关闭炉子,因为太阳能装置能产生足够的热量来制备热水。如果太阳能热源用作房屋供暖,则需要一个长期的储热装置。它能够储存夏季的太阳能热量,并在冬季需要时提取出来用于供暖。地热探针能高效地将热能转移到地下储层中。如果地下的地质情况良好,也符合环境法规,那么地热探针和太阳能设备的组合就能形成一个非常有效的二价供暖系统。

如上所述,二价系统使用两种不同的可再生能源。在温暖季节将太阳能热能转移到地下来提高热储层的再生能力。在采暖期,再将储存的热能从地下转移,失去的热量则在温暖的季节重新储存。当收集的太阳能多于生产热水所需时,太阳能热系统就能高效地回补热量。在这一关键时期,地下储层的热恢复能得到有效的加强和改善。在供暖期之前,利用探针周围的地层作为储热库,将其温度提升到自然水平以上是有意义的。在采暖期开始时,地源热泵的启动条件得到改善。这使得热泵的年能源效率得到明显提高,同时季节性性能系数也会明显增加。对于所有使用电力驱动的热泵系统来说,这是一个重要的经济因素。

热储层的比效率会随体积立方数的增大而增加,而发生热损失是储层的表面积,仅随尺寸的平方数增大。因此,大型地热探针场具有更高的效率。如果储层与周围地层的温差较小,地下储层效率就会更高。在好的系统中,储层的温度仅会略高于周围的地层,从而使热损失降到最低。

许多国家的主管部门出于对微生物方面的考虑,都要求不得将近地表含水层长期加热到20℃以上。

另一个新应用是在高温地储层中进行季节性储热。这些储层有很多钻孔式热交换器在运行,有的甚至超过了100个(图6.22)。大型太阳能热力系统在温暖的季节收集热能,并通过已安装的地热探针场将热能不断地转移到地下储层中,使得储层的温度可高达90℃。热能在寒冷的季节对连接到当地供暖网络的建筑物进行加热。从长期来看,所连接的建筑物平均50%的热量需求能由可再生能源来满足(Schmidt et al.,2003)。对于地热探针储层,必须要将大量间隔紧密的探针(1.5~4m)安装成圆形阵列,通过液压连接,还要在地面铺上隔热材料(图6.22)。储层表面和体积之间的最佳关系是将探针排列成一个圆形阵列,不要将它们安放到很深的地方。在为储层加载热能时,传热液体首先会流经中央探针,然后流经外围探针,以优化储层的温度分布。在提取热量时,流动方向则正好相反。

不要将这些高热能储存系统与前面几段所述的二价地热系统相混淆。后者在探针场中使用间隔较远的地热探针。探针之间不存在热影响,储层的温度与未触及的地层相似。高温储热装置(图6.22)类似于热水箱,起到地下火炉的作用。紧密间隔的垂直循环能创造出一个中心热区,其热能散失速度足够慢,有利于系统的成本效益和高效运行。

作为一个高温热能储存系统的例子,下面我们将详细介绍德国克赖尔斯海姆(Crailsheim)的地下探针热储层系统。它有80个地热探针(环路),钻到了早三叠纪石灰岩55m的深处[图6.22(a)]。该系统储存的热能是由德国最大的太阳能热系统生产的,它有7300m²集热器面板。理想的圆形热储层的钻孔呈3×3m正交排列[图6.22(b)]。储层的容积为37 500m³,最热的区域在储层的中心。耐高压聚乙烯管在储层65℃的核心区运行,必须能承受最高达90℃的加载温度。在热储层建造前,通过热响应测试(见6.3.2节)测量了地层的热容和导热系数[0~80m:2400kJ/(m·K),2.46W/(m·K)]。灌浆回填选用了耐高温材料,储层表面是热绝缘的[图6.22(a)]。将集热器的太阳能热转移到供热中心,直接用于加热和热水供应或储存到地下探针热储层。建筑物所用的热量由一个热网分配,热力中心提供太阳能,必要时还能用一个额外的传统锅炉来提供热。系统在2019年以太阳热能供应260套公寓、一所学校和一个竞技场,最后扩展到把211套新公寓也都连接到该系统。

(a)

（b）

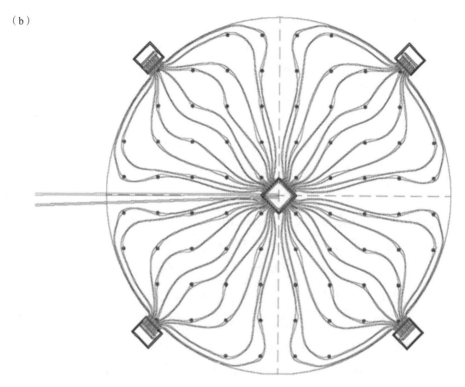

图 6.22　克赖尔斯海姆的地环热储层系统。(a)左:安装在紧密间隔的钻孔中的探针管;右:探针上已覆盖了隔热材料;(b)高温储热系统地图。各个探针用蓝点标记。导热流体是水(由Solites提供)。

6.8.4　地热探针的性能和质量控制

尽管人们已经安装了大量的地热探针,但有些问题仍未解决。性能和质量控制的几个重要方面还没有得到应有的重视。特别是与钻孔中回填土的质量和耐久性及其作为水力密封的效率、探针的热性能控制以及探针管道在深处的实际精确位置有关的问题。

对于以上这些问题,能提供地热探针原位数据的测量方法是非常有用的,因为根据这些数据就能得出关于回填质量的结论。技术问题包括钻孔的直径太小和探针管道的盘绕路线。大多数探针管的外径仅为32mm,由于这一尺寸限制,通常能用于地下水监测和生产井的地球物理钻孔测井的标准工具,却不能用于地热探针。最近,人们已经开发出适合狭窄探针钻孔的测量设备。

2019年,回填的质量难以检查。除了小管径造成的空间问题外,几乎还不能区分信号是来自不充分不完整的回填物还是来自被测管道旁边的探针管。另外,充满回填材料的注浆管通常会安放在探针管旁边,这又会额外增加几何形状和信号解释的复杂性。探针管和注浆管的精确位置和方向可能是从钻孔中央到钻孔壁的外围,会在很短的垂直距离内变化,使得情况进一步复杂化。这个问题与间隔器和定心辅助工具的效用和布局有关。对钻孔数据要进行精确的解释,必须确定所有探针管的空间位置,以及在所有探针管中收集数据。

有一种无电缆的小尺寸数据记录器NIMO-T,它很适合在32mm的"U"形管探针中测量温度和压力,以及记录温度随深度(压力)的变化(图6.23)。温度日志测量是在已经完成安装但尚未运行的探针中进行的。数据记录器直径为23mm,长度为219mm。32mm"U"形管的内径为26mm,因此,将记录仪插入探针管有点困难。该测井仪通过控制其可调的砝码在探针管中下降,下降速度约为0.1m/s,至探针脚处时记录压力和温度。通过改变设备的砝码,可以根据具体位置的需要来调整下降速度。测得的压力与深度有关。将设备从"U"形管的另一侧冲洗到地面,就可以回收记录仪。恢复过程会干扰温度曲线。因此,在热平衡没有恢复之前,无法测量到未受干扰的温度曲线。数据在记录仪恢复后应立即在施工现场下载和处理。记录仪的工作深度为350m,温度分辨率为0.001 5℃(Forrer et al.,2008)。

图6.23　用于井下温度和压力测量的无电缆迷你数据记录器(23×219mm)。

NIMO-T的改进型是GEOsniff®(由enOware公司生产),可以用于近地面地热探针的质量控制和监测。它将压力-温度传感器放置在一个直径仅2cm的球体中。球体在整个探针环中移动,下降到探针的最深处,连续向地面站传输压力和温度数据。该装置也可应用于热响应试验。

光纤探针测量也能测出具有垂直分辨率的温度数据。光纤电缆可以在安装前连接到探针上,也可以在安装后放入探针管道中。每隔0.5m测量一次温度,并可以在中间进行插值。光纤由于其特殊的物理特性,能用作温度传感器,产生同步的温度数据,沿着整个地热探针具有很高的温度和深度分辨率。使用分布式传感器技术能进行同步温度测量,与使用垂直探针上的离散点的温度传感器测量相比,这是一个重大的进步(Hurtig et al.,1997)。温度传感器电缆能永久地安装在探针管上，因而可以随时甚至连续地检索垂直温度曲线。光纤测温能与热响应测试完美地结合起来，能够提供地层的详细热导率数据，反过来还有助于定位有缺欠的回填。光纤传感器还能监测在填工作期间和刚结束后的回填实施情况。

电缆连接的温度传感器(直径18mm)：它能在探针管中下降和拖起(图6.24)。收集相对于一定深度的温度数据可以用来控制回填设置。在有利的条件下，这些数据也可以显示回填中的空洞和缺陷。与未受干扰的垂直温度曲线的偏差(图6.25)可能表示回填不完整和存在失误。地下水的垂直流动是由不同含水层的不同水力势能造成的(图6.16)。垂直地下水流在回填体的空隙中会产生温度信号，可以在地热探针管中进行测量。温度差ΔT=测量的温度−未受干扰时的温度(未受干扰时的温度见图6.25中的蓝色曲线。)。$\Delta T<0$表示较冷的地下水下降，$\Delta T>0$则推断为地下水上涌(图14.15)。从温度−深度曲线可以推导出地下水垂直流动分量的速度。如果没有明显的垂向流动，只有在特殊情况下，才能用温度传感器检测到回填体中的空隙。

（a）　　　　　　　　（b）

图6.24　（a）用于地热探针中地球物理测量的灵活工具串；（b）将伽马射线记录仪插入地热探针中。

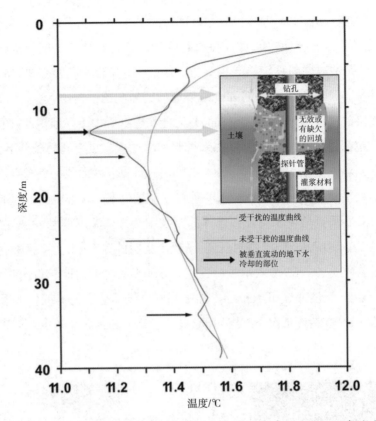

图 6.25 受干扰的温度剖面示例(红色),表明由于有缺陷的回填造成的地下水接触热效应的强弱(箭头)。与未受干扰的温度曲线(蓝色)的偏离意味着从上面下降的较冷的地下水。

电缆连接的温度传感器可以作为伽马射线记录仪来使用。测量自然伽马射线的方法能够用来描述钻孔中的地层的特征[图6.24(b)]。温度和伽马射线记录仪的各个部件都能用柔韧的连接器连接,这样传感器链就可以沿着盘绕的探针管道进行测量。如果回填物中添加了辐射示踪剂,那么伽马射线记录仪就可以用来控制回填体,这与经典的钻孔伽马测井类似。有标记的灌浆材料目前正在测试中。如前所述,在钻孔中有(三根)额外的探针管,虽然有助于测量数据,但会使数据的分析和解释变得复杂。探针管空间方位的变化也会使情况更加复杂。另外,对于回填作业时使用示踪剂也可能存在法律要求。

灵活的地球物理多功能工具[图6.20(a)]可以通过一个磁性测斜仪来扩展,以精确测量探针管的三维方向。一个三轴传感器可用来测量管道的倾角和方向。单独而灵活的井斜仪可以测量地热探针的倾角和方向。这些工具的最大长度目前约为100m。井斜仪的直径为27mm,适用于标准探针管。测量精度约为0.001K。对该工具的测试表明,如果管道扭曲程度太高,会导致测斜仪的链条经常被卡住,无法完全下降到地热探针中。

地热探针的伽马-伽马测井可以测量周围物质的密度,从而提供关于充填体完整性和质量的信息。伽马-伽马方法是基于传感器源的伽马射线与组成岩石和回填体的原子之间的核物理作用。当伽马射线通过地下(岩石、回填体)时,相互作用过程会吸收伽马射线能量。因此,检测到的剩余反散射伽马射线强度与地层的密度成反比。该方法不仅能测量地层的密度,还能测出井筒中不完整的回填体和其他空洞。该设备的长度为80cm,直径为15mm。使用这种方法测量的问题是,钻孔中其他的充水探测管及它们复杂的空间位置会使数据的处理和解释变得复杂。而且,用伽马-伽马记录仪进行测量,可能并不是在所有的地点和建筑物中都适用,因为伽马射线是有害的。

从磁感应探测器(直径16mm)测得的数据,可以获得关于地热探针回填体质量的结论。该方法要求将导磁材料与回填泥浆混合在一起。用电缆将磁感探测器下降到地热探针中,可以在探针返回地面后读出记录的数据并进行处理。它还能用于监测地热探针施工期间的密封工作。

超声波探测器能探测到地热探针所在环境的密度、均匀性和结构的不规则性,从而控制回填体的完整性。超声波探测器使用脉冲反射波技术。另一种正在开发的工具是Kappa探测器,可以用来测量岩石和地面的磁化能力,从而间接地得出填充质量的结论。

目前人们正在开发和测试多种工具和方法。在这些工具和方法中,有些最初是为石油工业研发和应用的,后来地下水行业进行了改造,现在正在为地热能源行业的需要进行修改和定制。

随着地热探针系统的进一步发展和日益普及,对控制地热探针的专业安装和定量测量其运行期间性能的需求越来越大。未来的发展是显而易见的:对于地热探针的审批、验收及这些系统的质量控制,以定量数据和测量为基础的调查程序将成为制定标准和建筑项目的一个组成部分。

地热探针系统的质量是否过关,是否有良好的经济效益,与回填作业的质量密切相关。到2019年为止,还没有普遍认可的方法可以确切地检测和定位回填体中的空隙。

一种潜在有用的评估方法是在热响应测试期间用环空中光纤传感器来收集温

度数据(Riegger et al.,2012)。如上所述,光纤传感器串能够同时在大量深度点连续测量地热探针管内的温度。在热响应测试期间,用热传导液体冲洗管子,在任何给定的深度,传感器记录的温度随时间增加。开始时温度迅速增加,然后会慢慢接近最大值。接下来停止用热水冲洗系统,并记录沿着地热探针的每个传感器点的热衰减。温度最初迅速下降,后来会渐渐接近其测试前水平。现在已经能够分析在间隔紧密的深度增量下的温度-时间曲线。温度-时间曲线类似于水文地质学中抽水试验期间记录的压力-时间曲线。其数据可以使用温度-时间霍纳图来进行分析。这些图在水文地质中通常用于获取导水率(k)(图14.13)。这里则能用来推导热导率(λ)。由于完全灌浆的部分和回填体中的空隙会产生明显不同的λ信号,即使在没有地下水流动的情况下,也能准确识别和定位回填土中的空隙(图6.25)。

6.8.5 热虹吸/热管:利用相变运行的地热探针

地热探针能将相变的热效应,如传热流体的沸腾或冷凝,整合到地热系统中(4.1节)。在地热应用中使用的这种技术称为热虹吸或热管。其原理如下:热虹吸不是用传统的传热流体从地下提取热量,而是用低沸点的液体,通过在地下加载的热来直接蒸发地热探针中的液体。地下提供液体-蒸汽相变的反应焓,即蒸发潜热;在地表,蒸汽被冷凝为液相,获得反应焓。这种冷凝潜热可用于房屋供暖或其他用途。像传统的地热探针一样,热虹吸也可以在灌浆钻孔中工作。因此,这种探针的工作不会受到地质结构和地面特性的影响。

热管的蒸发器是在探针的底部,冷凝器则在井口。冷凝器在管道底部、蒸发器在顶部的反向装置则称为反式热管。反式热管有着广泛的技术应用(Reay and Kew,2013;Sabharwall,2009)。

目前,用于热虹吸器的传热液体有丙烷、氨水和二氧化碳,表6.3为这些液体的一些重要物理特性。其中氨水是有毒的,难以处理,并且泄漏后可能会对地下水造成危害。丙烷则是易燃物,如果处理不专业,会产生爆炸。因此,对这两种液体的使用都有相应的法律要求。在一些国家,这两种液体不允许在地热探针中使用。由于这些原因,使用二氧化碳的热虹吸,即二氧化碳探针得到了进一步发展和改进。在73.8bar的压力下,临界点的二氧化碳温度为31.1℃。

表6.3 用于热虹吸的传热流体的特性

	氨水	二氧化碳	丙烷
1bar时的沸腾温度/℃	−33	−78	−42
沸点时的密度（$10^{-3}kg/m^3$）	0.682	1.032	0.58
0℃时的蒸汽压力/bar	4.82	34.91	4.76
相变焓/（kJ/mol）	21.4	23.2	19.0

　　液态二氧化碳沿探针管壁向下流动,在地下吸收热量后被蒸发。受热的二氧化碳气体从探针内部流向地表,通过冷凝向加热环路提供热量(图6.26)。

　　与传统的地热探针相比,热虹吸探针的最大优点是,不需要泵来进行导热液体的循环。也没有像"U"形管探针那样的热损失,因为对"U"形管探针来说,宝贵的热量在反向传输工作流体的"U"形管探针之间传送着。因此,二氧化碳热虹吸探针的季节性性能系数要比对流式地热探针高得多。

　　用于地热探针的标准聚乙烯管不能抗二氧化碳腐蚀。因此,基于二氧化碳的热管是由柔韧、耐压、波纹状的高合金不锈钢或铝制成。普通的钢、铁或铜管很容易受到腐蚀。所用管道的直径在40.0~60.3mm。

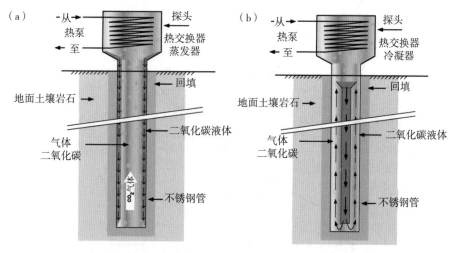

图6.26 地热驱动的热虹吸示意图:(a)单管探针;(b)双管探针。

　　液态二氧化碳的薄膜沿着有线圈保护的波纹管呈螺旋式向下流动。蒸发后,在不妨碍液态薄膜向下流动的情况下,二氧化碳气体在管道的中心空间上升,到达热交换器并在那里冷凝。热交换器将铜质线圈管束置于一个压力密封的坚固外壳中(图6.26)。热泵的传热流体循环到二氧化碳热管探针头,在盘管中蒸发(图6.26)。蒸发的潜热来自温暖的气体二氧化碳。目前,热管正处于市场启动状态,在房屋供暖方面也有很大的潜力。

除了上述介绍的单管探针[图6.26(a)],最近人们也研制出了双管道的二氧化碳热虹吸[图6.26(b)]。双管二氧化碳探针通过一个同轴管道将液相和气相分开。二氧化碳气体从外管向上流到热交换器,在热交换器中冷凝成液态二氧化碳,然后在内管中向下流动。这种设计能防止小直径管道中的二氧化碳气流被向下滴落的液态二氧化碳所阻挡。双管二氧化碳热交换器也可用于冷却,但这种模式需要一个泵来输送液体二氧化碳。

二氧化碳的沸腾曲线(图6.27)将二氧化碳处于液相和气相的压力和温度条件分开。曲线在临界点结束,在这个临界点上,二氧化碳处于超临界状态。为了使热虹吸能在近地表地热应用的温度范围内运行(−2~+20℃),探针的压力范围需要在35~55bar。通过选择适当的工作压力,完全能在水的冻结温度之上运行二氧化碳热交换器,从而避免与探针和周围地下冻结有关的危险和麻烦(见6.7节)。然而,二氧化碳探针在寒冷的季节,由于探针暴露在最上层的低环境温度下,可能会

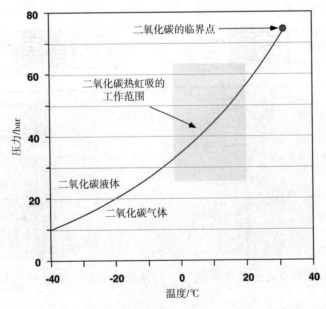

图6.27 二氧化碳的相态图,沸腾曲线的蓝色部分是二氧化碳地热泵的一般工作范围(二氧化碳数据来自Weast and Selby,1967)。

将收集到的一些热量散失到近地面,从而导致热损失。由于二氧化碳热交换器是在相对较高的压力下运行的,因此探针环形空间的回填必须是绝对永久不透水的。泄漏可能会导致波纹管的变形,从而大大降低探针的功能。

氨驱动热管的应用范围很广,已经使用了多年。例如,用氨作为制冷剂,用来稳定跨阿拉斯加管道沿线的永久冻土层(图6.28)。在垂直支撑柱内,两根充满氨的热管从地面吸收热量,使液体沸腾。然后,氨气流向热管顶部的冷凝器,通过鳍状散热器将冷凝的热量散发到空气中。液态氨冷凝物以液态薄膜形式沿管壁返回到热管底部。在热管底部的蒸发器中进行沸腾反应完成整个循环。它从地下提取热量,冷却脆弱的永久冻土。液态热管也能用于人行道和行人区的积雪解冻,以及铁路轨道开关的除冰(Narayanan,2004;Reay and Kew,2013)。

图6.28   热管稳定住了横贯阿拉斯加管道沿线的永久冻土。工作流体是氨气。蒸发器位于热管的顶部;底部的冷凝器用于冷却支柱。在1285km长的管道上安装了122 000根热管。

参考文献

Acuña,J.&Palm,B.,2009.Local Conduction Heat Transfer in U-pipe Borehole Heat Exchangers, pp. 6, Excerpt from the Proceedings of the COMSOL Conference,Milan.

ASHRAE Handbook, 1997. Ground source heat pumps-design of geothermal systems for commercial and institutional buildings. American Society of Heating,Refrigerating,and

Air-Conditioning Engineers (ASHRAE), Atlanta,GA.

Basetti, S., Rohner, E., Signorelli, S. & Matthey, B., 2006. Documentation of cases of damage of geothermal probes (in German), pp. 65, Schlussbericht Energie Schweiz, Zürich.

Carslaw,H. S. & Jaeger, J. C.,1959. Conduction of Heatin Solids.Oxford at the Clarendon Press, Oxford, 342pp.

Diersch, H. J., 1994. FEFOLW, Finite Element Subsurface Flow & Transport Simulation System. Reference Manual.

Eskilson, P., 1987. Thermal Analysis of Heat Extraction Boreholes. Department of Mathematical Physics, Lund Institute of Technology, Lund, Sweden.

Eugster,W.J.,1998.Longterm behavior of the geothermal probes at Elgg(Zurich,Switzerland) (in German). In: Projekt 102, Polydynamics, pp. 38, Schlussbericht PSEL,Zürich.

Eugster, W. J., 2001. Langzeitverhalten der Erdwärmesondenanlage in Elgg/ZH.- Schlussbericht DSI-Projekt 42478, im Auftrag des Bundesamtes für Energie, 14 S., Zürich.

Forrer, S., Mégel, T., Rohner, E. &Wagner, R., 2008. Better planning security for geothermal probe projects (in German). bbr Fachmagazin für Brunnen- und Leitungsbau, 5,42-47.

Gehlin,S.,2002.Thermal Response Test,Method Development and Evaluation.Unpub.Doctoral Thesis, University of Technology, Luleå,Sweden.

Gehlin, S. & Nordell, B., 1997. Thermal Response Test - a Mobile Equipement for Determining Thermal Resistance of Boreholes. In: Proc. 7th International Conference on Thermal Energy Storage Megastock 97.

Greber, E., Leu, W. & Wyss, R., 1995. Erdgasindikationen in der Schweiz.- Schweizer Ingenieur und Architekt, 24, 567-572.

Grimm, M., Stober, I., Kohl, T. & Blum, P., 2014. Damage Analysis Drilling Geothermal Probes (Schadensfallanalyse von Erdwärmesondenbohrungen in Baden-Württemberg). Grundwasser, 19/4, 275-286 (DOI https://doi.org/10.1007/s00767-014-0269-1).

Gustafsson, A. M., 2006. Thermal Response Test - Numerical simulations and analysis. Unpub. Licentiate Thesis, University of Technology, Luleå, Sweden.

Hellström, G., 1999. Thermal performance of borehole heat exchangers. In: The second Stockton International Geothermal Conference, 16/03.

Hellström,G.&Sanner,B.,2000.EED Earth Energy Designer,pp.Computer Programfor Borehole Heat Exchangers, Lund UniversitySweden.

Huber, A., 2008. Code EWS, Comptuing Geothermal Probes (in German). Huber Energietechnik AG.

Hurtig,E.,Großwig,S.&Kasch,M.,1997.Fiberoptical temperature measurement:Montoring the temperature field at geothermal probesites.Geothermische Energie,5(18),31–34.

Kohl, T. &Hopkirk, R. J., 1995. "FRACTURE" a simulation code for forced fluid flow and transport in fractured porous rock. Geothermics, 24,345–359.

Mogensen, P., 1983. Fluid to Duct Wall Heat Transfer in Duct System Heat Storages. Proc. Int. Conf. Subs. Heat Storage, 652–657.

Pahud,D.,1998. PILESIM:Simulation Tool of Heat Exchanger Pile System,Laboratory of Energy Systems, Swiss Federal Institute of Technology,Lausanne.

Parkhurst, D. L. & Appelo, C. A. J., 1999. User's guide to PHREEQC (version 2) – a computer program for speciation,batchreaction,one dimensional transport,and inverse geochemical calculations. In: Water–Resources Investigations Report 99–4259, pp. 312, U. S. Geological Survey, Denver,Colorado.

Puttagunta, S., Aldrich, R. A., Owens, D. & Mantha, P., 2010. Residential Ground–Source Heat Pumps: In–Field System Performance and Energy Modeling. GRC Transactions, 34, 941–948.

Reay,D. & Kew,P.,2013.Heat Pipes:Theory, Designand Applications. Sixthedition,Butterworth– Heinemann, Elsevier, 288p.

Riegger,M.,Heidinger,P.,Lorinser,B. & Stober,I.,2012. Using fiberoptical temperature sensors for verifying the quality of grouting of geothermal probes(in German).Grundwasser, 17/2,91–103, Springer Verlag (DOIhttps://doi.org/10.1007/s00767–012–0192–2).

Ruck,W.,Adinolfi,M.&Weber,W.,1990.Chemical and environmental aspects of heat storage in the subsuface. Z. Angew. Geowiss.(9),119–129.

Sabharwall, P., 2009. Engineering Design Elements of a Two–Phase Thermosyphon to Transfer NGNP Thermal Energy to a Hydrogen Plant. Idaho National Laboratory, Report prepared for DOE, INL/EXT–09–15383.

Sanner,B.&Chant,V.G.,1992.Seasonal Cold Storage in the Ground using Heat Pumps. Newsletter IEA Heat Pump Center, 10(1),4–7.

Sanner, B. &Hellström, G., 1996. "Earth Energy Designer",Software for Dimensioning Geothermal Probes. Tagungsband 4. Geotherm. Fachtagung in Konstanz (1996), S.326–333.

Sanner, B., Reuss, M. & Mands, E., 2000. Thermal Response Test – Experiences in Germany. In: Proceedings Terrastock 2000,8th International Conference on Thermal Energy Storage,pp.177– 182, Stuttgart,Germany.

Schmidt,T.,Mangold, D. & Müller-Steinhagen, H.,2003. Central solar heating plants with seasonal storage in Germany. Elsevier Ltd. Solar Energy, 76 (1–3),165–174.

Signorelli, S., 2004. Geoscientific Investigations for the Use of Shallow Low-Enthalpy Systems. In: ETH No. 15519, pp. 157, Dissertation of the Swiss Federal Institute of Technology Zurich, Zurich.

Theis,C.V.,1935.The Relation between the lowering of the Piezonetric Surface and the Rateand Duration of Discharge of a Well Using Groundwater Storage. Trans.AGU, 519–524.

VDI, 2001. Use of suburface thermal resources (in German). Union of German Engineers (VDI), Richtlinienreihe, 4640.

Vienken,T.,Kreck,M.&Dietrich,P.,2019.Monitoring the impact of intensive shallow geothermal energy use on groundwater temperatures in a residential neighborhood. Geothermal Energy, 8, 14p.

Wagner, R. & Clauser, C., 2005. Evaluating thermal response tests using parameter estimation for thermal conductivity and thermal capacity.Journal of geophysics and engineering, 2,349–356.

Weast, R.C.&Selby, S.M.e.,1967.CRC Handbook of chemistry and physics(48th edition). CRC Press Cleveland, Ohio,USA.

Wyss, R., 2001. The blowout at the geothermal probe wellbore at Wilen (Obwalden, Switzrland) (in German). Bull. angew. Geol., 6(1), 25–40.

Yu, X., Zhang, Y., Deng, N., Ma, H., & Dong, S., 2016. Thermal response test for ground source heat pump based on constant temperature and heat-flux methods. Applied Thermal Engineering, 93,678–682.

Zapp,F. J. & Rosinski,C.,2007. Effects of heat transfer fluid parameters on the transfer of thermal energy of thermal ground probes(in German). In: Der Geothermiekongress, Bochum.

7 地热井系统

钻机的操作面板

地热井系统利用了地下水位接近地表的高传导性含水层中洁净地下水的热能(图7.1)。井中产出水的热能通过热泵来提取(见4.1节)。这种系统也称为双井系统、水–水–热泵系统或地下水热泵。它们既能用于供暖,也可用于制冷。地热井系统是一种直接使用近地表地下水的系统形式。在这些系统中,利用地下水的地热能特别高效。直接用地下水作为传热流体可以最大限度地减少热交换器系统的能量损失。地下水流相对稳定的温度,是热泵提取热量的理想选择。与地热探针使用的热传导相比,地下水流的平流传热在效率和经济性方面都具有明显的优势。当然,直接利用地下水也有不少的局限性,包括是否有足量的地下水和合适的含水层特性,井系统开发技术是否可行,以及井系统对地下水和含水层的热影响是否可接受。

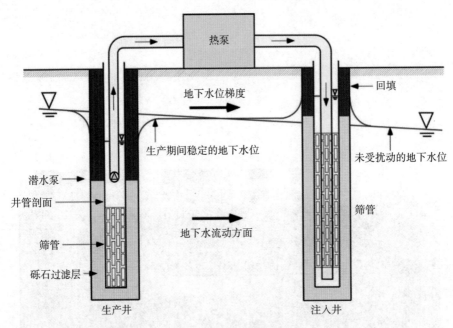

图7.1　由生产井和注入井组成的地热井系统

专门用于供暖的地热井系统对那些地下水温度升高的地区(如大城市)特别有利。地热井的运行所产生的地下水冷却对环境保护有明显的贡献。

近年来,将地热井用作供暖和制冷变得越来越流行。以瑞士为例,从2007年到2017年,安装的地热井数量翻了一番,2017年达到5802套。这些系统提供了所有地热生产的供暖热源12%(Energieschweiz,2018)的份额。在许多地方,由几个生产井和注入井组成的扩展系统为整个社区提供供暖能源,并在温暖的季节用于制冷。在德国西南部弗赖堡附近的一个March-Hugstetten多井系统:由38个三层楼组成的街区有151套公寓,其供暖能源是由7口总流速为42L/s的生产井和12个注入井组成的系统供给。该系统在温暖的季节还能提供生活热水和空调。每个公寓区都配备有一个独立的热泵。整个系统的年性能系数(APF)=4,其中一些街区甚至达到了5(Isele and Kölbel,2006)。

现在地热井系统越来越多地用于所谓的含水层储存设施或含水层热能储存系统(ATES),用来储存余热,特别是温暖季节里的大量余热。储存的热能可以在寒冷的季节用于供暖(更多细节见8.7.2节)。

7.1　建造地热井系统

对于中小型系统(住宅、小型建筑)来说,浅层地下水的地热利用,需要在地面有一口生产井和一口注入井。较大的建筑物则需要一个由几个双井单元组成的系统(双井廊)。双井单元的几何排列和每个单元的功率都必须要用数字模型进行计算。一个成功模型的先决条件是对地下情况有专业性的了解。地下蓄热和蓄冷的数值模拟能可以优化井系统的长期运行设计,并对周围环境的影响做出可靠的预测。

生产和注入井的工程类似于正常的标准地下水井或地下水测点,采用全断面管道和筛管,在有含水层的部分和近地表区域需有足够的砾石层和适当的密封。然而,地热井系统的直径一般相对较小,因为与普通地下水井相比,地热井的产量较小。由于生产井和注水井的流动模式不同(图7.1),生产井的筛管深度应大于注入井的筛管深度。并且靠近泵入口处的流速增加,因而泵必须安装在筛管段的上方。注入井的筛管部分则要从更高的位置开始,以防止井水的溢出,特别是在地下水位高的时期。这也有助于延缓井的老化。经验表明,注水井的老化速度比生产井快。为了防止早期老化,回流管必须安放并连接到注入井的深处,并且低于未受扰动的地下水位(图7.1),不论任何操作,筛管都必须安放在地下水中。

潜水泵(图7.1)产生的地下水,到达地表的温度约为10℃(中欧);热泵从地下水中提取热能,将其冷却到约5℃。冷水通过注入井返回到含水层中。对热耗尽的地下水进行回注,既能保证水质量平衡,也能保护地下水资源。

这两口井在热力上不得相互干扰。当然,回注的冷却水不应该在生产井的上游。理想情况下,如果空间允许,注入井应垂直于水力梯度(垂直于地下水流动方向),或者第二个较好的方案是在生产井的下游。此外,水在冷却时往往会对某些矿物质产生严重的过饱和现象。因此,要仔细考虑冷却的化学效应,在项目规划期间,必须要提供化学成分数据来模拟矿物结垢过程。

在开始运作之前,需要通过适当的抽水测试来评估这两口井的产量,以确保可持续使用(见14章)。如果测得的产量不足以满足计划中的取热需求,可以加深井的深度或增加井的直径。双井系统的井深通常在5~15m。如果地下水与地表的距离较小,含水层的导水率较高,双井系统的效果最好。单家独户的双井系统在运行时,流速会低于1L/s。

水井的供水管道必须能防冻。供水管道必须有一个通向水井的渐变坡度,以便在必要时可以轻松排空,并且要确保管道位置在任何时候都低于地下水位。

地下水的温度变化相对较小。浅层地下水的年平均温度与空气的年平均温度有关,在温和的气候下,通常在7~12℃。大城市附近的地下水温度可能会明显高于正常温度,因此,对用地热井系统进行供暖特别有利。恒定的温度使得热泵的运行非常有效。提取热量时,地下水降温不应超过6℃。单价系统运行通常是无故障的。双井系统的季节性能系数应接近5(见6.3.1节)。例如,德国立法者规定,用于房屋采暖的水-水热泵的季节性能系数为4或更高,以确保系统的高效运行。如果热泵也用于热水制备,则必须要达到至少3.8的年度性能系数。

7kW和10kW的热量输出分别需要每小时抽取2~3m³的地下水,对应的流速分别为0.6~0.9L/s。由于需要的流速很低,所以3或4个低容量的潜水泵就足够了。尽管所需的提取率相对较小,特别是在安装泵的井上段,生产井的最终直径也不能选得太小。宽大的井径能最大限度地减少泵送过程中的水力阻力,避免能量损失和运行过程中不可控的电力消耗。生产井的设计必须让泵有足够的安装深度,以便在地下水位较低时也能顺利运行。增加筛管部分的长度和井的直径也可在一定范围内改善井的性能。建议不要吝惜井的直径尺寸,大井径能够以长期的性能储备来平衡后期的老化和退化,或用来防备后续的热需求增加。

必须注意生产井和注入井之间需有足够的距离[式(7.1)]。这很重要,能够避免生产井在运行过程中出现不必要的热干扰。通常情况下,两口井之间的距离是几十米,但根据具体情况,也可以短些。另外,还应避免双井系统的运行对地下水可能产生的远距离热效应。具体来说,第一口井符合标准的抽水试验(见14.2节)所测得的含水层参数,以用来确定凹陷锥和注入锥的范围。然后,合理设计第二口钻井的抽水试验,来验证模型锥体和推断出的井间最小距离。必要时,还得钻第三口井。

生产井和注入井之间的最小距离 d,(m)可以从(式7.1)中计算:

$$d = 0.6Q/(ik_fH) \tag{7.1}$$

假设含水层具有恒定的厚度 H(m)和导水率 k_f(m/s),过滤段都等长,热泵连续运行。Q(m^3/s)即代表产量又代表入渗率,i 是无量纲的水力梯度。如果两口井都垂直于地下水的流动方向,则该方程是有效的,即注入井绝对不应该放在生产井的上游。

重要的是,注入井要有足够好的导水性,以便顺畅地吸收热泵泵出的冷却了的水。如果地面和地下水位之间的位差较小,注入水在注入井周围产生的正锥体,有可能成为问题。注入井的尺寸应考虑一年中通常最高的地下水位,从而避免井内水溢出。此外,减小注水井的井深、井径和筛管的长度,在经济上是不可取的。

对两口井的井深、井径和筛管的长度的合理的设计,所形成的储水能力必然会大大增加井的耐用性和寿命,还可以推迟所需的更新期限。增加筛管或加大井的最终直径会大大降低生产井的水流速度,还能明显减缓井的老化速度。与其他井一样,地热井系统中生产井的筛管必须要从凹陷锥以下相当深的位置开始,同时在地下水位较低和开采速度最大的时期也必须能够起作用。否则,大气中的氧气会经过筛管进入井内,产生溶渣和水垢(铁赭石的沉淀)。

7.2 双井系统的化学问题

井的老化是许多不同过程的累积效应,包括铁锰赭石的形成、结垢、淤积、腐蚀和生物膜(黏液)的形成。地热井系统通常会与大气中的氧气接触,从而促进微生物活动的增加,以及由此产生的细菌和藻类的生物膜。氧气的进入也会促进铁和锰的氧化,使其成为不溶性的铁和锰的氧化物和氧水合物。这些过程也可能会损害含水层本身。如果这些系统用于冷却,微生物的降解是可以预料的。

套管、筛管和系统的其他部件的腐蚀主要是大气中的氧气进入泵送水的结果。由此产生的土壤和岩石中硫化矿物的氧化会导致硫酸盐增加和 pH 降低。这些参数是氧气进入和持续腐蚀的次要标志。氯化物和二氧化碳的增加也会加速腐蚀(见15.3节)。如果在抽出的水中可以检测到氢气,那么该系统就有严重的腐蚀问题,需要立即修复。

地热井系统绝不应安装在废物堆积物、垃圾填埋场、古遗迹和其他地下水破坏区的化学羽流中。在天然硫酸盐浓度高的含水层中,必须要使用抗硫酸盐的材料来建造井。氧气的进入通常是生产井中的压降锥进入筛管造成的结果。

地下水质量对地热井系统的运行和寿命有很大影响。生物膜、氢氧化铁水垢和其他沉积物,特别是传热部件上的沉积物会迅速降低系统的效率。由于需要增加泵的压力来维持流速,筛管的水垢沉积也会损害系统的效率。

建议设计储备能力充足的地热井系统,并相应地规划钻井深度、筛管段、井径和其他井参数。与其他地下水井一样,多年运行后在最低水位和用最大取水量时,筛管的起点必须要始终位于地下水位以下。否则,氧气可能会进入井中,从而导致严重的腐蚀、铁矿石沉淀和泵的堵塞。因此,要定期分析地下水的成分,测量pH,电导率,总硬度,溶解的二氧化碳、铁、锰的浓度和其他参数。具体测量参数的选择要根据当地实际情况决定。

一般根据化学成分数据和地下水的温度,通过使用计算机软件,如PHREEQC(Parkhurst and Appelo,1999)等,来评估和模拟结垢和腐蚀潜力。如果条件非常不利,那就不得不放弃该项目。

7.3　热影响范围的数值模型

热能利用的计算首先要区分是供暖或制冷的单价系统还是供暖和制冷的多价组合。之后,建筑物或设施的能源需求则取决于满足这些需求所需的地下水量,每年最大的地下水需求量控制着水井的数量及其工程细节。这些设置可以用来模拟井系统运行的热效应。并且,要对这些建模的热效应进行评估,如有必要,需调整和优化井的阵列和间距,以尽量减少对含水层的影响。

在20世纪80年代,人们就已经计算出了适用于近地表地下水地热的数值模型,为中小型系统成功开发了多种近似解决方案,现在仍然有效而且使用广泛。评估双井系统的布局,特别是两口井之间的距离[如式(7.1)],一定要用这些近似方法。

在地热双井系统运行期间,相对于未受干扰的温度分布,在注入井周围逐渐出现热异常。温度异常沿地下水流动方向几乎是以指数形式衰减。所产生的温度异常的外部极限可由与未受干扰的温度场的温差小于1K的边界来定义。对于一维情况下的平稳条件,并忽略纵向弥散,冷却距离L可以用式[7.2(a)]近似表示(Söll and Kobus,1992):

$$L = \log 10 \left(\rho_w c_w n_d H H_D u / \lambda_D \right) \tag{7.2a}$$

其中,L为冷却长度或异常长度(m);ρ_w代表水的密度(kg/m^3);c_w为水的热容量

$[J/(kg \cdot K)]$；n_d 为地面的流动孔隙率；H 为含水层的厚度（m）；H_D 代表覆盖层的厚度（m）；λ_D 为覆盖层的导热系数 $[W/(m \cdot K)]$，u 为地下水有效流速（m/s）。

注入流速 Q（m³/s）引起的径向流动情况下的冷却距离 L（m）可以从式 [7.2(b)] 中估算出来（Söll and Kobus，1992）：

$$L = \sqrt{0.733 \frac{\rho_w c_w Q H_D}{\lambda_D}} \qquad [7.2(b)]$$

其中，ρ_w 代表水的密度（kg/m³）；c_w 代表水的热容量 $[J/(kg \cdot K)]$；H_D 代表覆盖层的厚度（m）；λ_D 是覆盖层的导热系数 $[W/(m \cdot K)]$。

式 [7.2(b)] 仅对非常小的水力梯度有效，小到几乎停滞。冷却距离 L 的特点是在长时间运行之后，在注入井周围形成对称的圆形异常。

对于明显的水力梯度和显著的地下水流动，注入井的热异常就变成椭圆形。利用 Ingerle 开发的迭代程序，能估算出从井到流动方向小于 1K 边界的最大异常长度（1988）。

温度异常的最大横向范围 B_T 在流向上可以用（式7.3）近似地表示。B_H（m）为水力宽度：

$$B_H = Q/(i k_f H) \qquad (7.3)$$

其中，Q 为流速（m³/s）；i 为无量纲水力梯度；k_f 为导水率（m/s）；H 为含水层厚度（m）。

在许多地区，地下水的流向随着地下水位的定期或不定期波动而变化。值得庆幸的是，其他地区通过实验已经确定了含水层分散系数的数据。如果这种参数的变化和含水层特性的变异性是已知和重要的，那么可以在式（7.4）中加以考虑。受地下水流方向季节性变化和扩散效应影响的热异常的横向范围可以用传播角 α 来考虑。根据经验，传播角 α 在纯分散情况下约为 5°，在分散和流动方向有强烈季节性变化的情况下为 15°。热羽流的总宽度 B_T 可以估计为距注入井下游距离 x（m）的函数：

$$B_T = B_H + 2x\tan\alpha \qquad (7.4)$$

其中，B_H（m）表示由式（7.3）定义的水力宽度。

Kobus 和 Mehlhorn 描述了另一种对注水井周围含水层的温度变化进行建模的方法（1980）。他们考虑了注入井周围等温线上的四个特征点，使用式（7.5）和式（7.6）计算温度变化。注入井的流动轨迹定义为 x 轴。与未受干扰温度场之温差的等温线 ΔT 与 x 轴的交点可由式（7.5）给出：

$$x_0 = (4\pi\alpha_T)^{-1}(Q\Delta T_E/n_d uH\Delta T)^2 \tag{7.5}$$

其中,α_T代表横向分散性(m);u代表有效流速(m/s);n_d代表无量纲流动有效孔隙度。H代表含水层厚度(m);Q代表流速(m^3/s);ΔT_E代表两井间水的温差(K)。等温线ΔT与垂直于注入井流向的y轴的交点由式(7.6)给出,条件是x ≤ x_0。

$$y = \pm[4\alpha_T x \ln\{Q\Delta T_E/n_d uH\Delta T_E(4\pi\alpha_T x)0.5\}]0.5 \tag{7.6}$$

除了上面介绍的简单的计算方法外,还有大量的补充,这些补充或多或少都有助于对用于家庭供暖和制冷的地热双井系统进行建模。这些软件类型包括从相对简单的电子表格到复杂昂贵的软件包,如GED(Poppei et al.,2006)和EGON(Rauch,2009)。这类软件不能为用户提供通用的解决方案,因为水井配置、水井运行条件、可变的地下水和热流条件以及热泵等技术设备的参数种类繁多。计算模型需要简化条件和特殊设置才能得到解决方案,如理想的各向同性含水层中的单一双井系统和特殊边界条件。波普尔(Poppei)等的软件Ground-water Energy Designer(GED)(2006)成功地计算了几个解耦的井系统在均匀各向同性含水层中的地下水流场和传热,但不是为模拟瞬态条件和多变复杂的地质结构而设计的。代码EGON(Rauch,2009)是在垂直剖面上沿着流经注水井的轨迹对热羽流进行建模。计算是针对单井进行的,并使用分析、数值和经验方法求解解耦的地下水流动和传热。该程序可处理瞬时流动和热量状态。

对于用几口井为大型建筑供暖和制冷的地热井项目,无疑需要地下水流模型来规划工程细节。耦合的地下水流和传热可以使用数值有限差分或有限元程序进行建模。对于直接靠近水井的地方,则需要一个三维模型。几十年来的研究结果和丰富的经验,可以为一般的传热和介质的模拟提供依据。流动力学和传热的基本物理学已经在经典书籍中有所概述,如贝尔(Bear,2007)、卡尔罗斯(Carslaw)和耶格(Jaeger)(1959)。索蒂(Sauty,1980)对地下水中通过传导、对流和弥散相结合的热传输进行了综合处理。软件模型也涵盖了大量的相关流程。著名的程序包包括WASY的FEFLOW(Diersch,1994)、劳伦斯·伯克利(Lawrence Berkeley)国家实验室的Tough2(Pruess,1987)和美国地质调查局的HST3d(Kipp Jr.,1997)。

做出好的系统规划和确定井数量、井尺寸和布局都必须充分了解水文地质参数,包括导水率、储存系数、含水层厚度、含水层结构和水力梯度及其随时间的变化。此外,重要的模型还需要注入温度、操作前的地下温度和流场、水力梯度、所有地层中岩石的比热容和热导率等重要参数。将这些推导出的数据输入程序,就能计算出随时间变化的温度场、耗尽热能的水回注时在空间和时间上的温度变化、运行期间的热效应范围,如果适用,还可以计算出热突破。

高孔隙度或强烈断裂的近地表岩石和土壤有较大的比面积,热传导更好,能大大加速地层和回注水之间以热传导方式进行的热交换。但由于岩石和水之间的温差减少,从而在空间和时间上使得热羽流减少。这个过程在形式上与吸附示踪剂的混合和分布过程有相似之处。因此,用纯地下水流模型就可获得热传递的间接解决方案,如MODFLOW(Harbaugh,2005)用于模拟污染物传输和相关吸附的过程。

本章提出的计算概念、程序和模型也适用于深层含水层及其热液系统(见第8章)。

参考文献

Isele, N. & Kölbel, T., 2006. Thermal power supply of a housing development with "cold local heating" (in German). BBR, 12, 54–59.

Parkhurst, D. L. & Appelo, C. A. J., 1999. User's guide to PHREEQC (version 2) – a computer program for speciation, batchreaction, one dimensional transport, and inverse geochemical calculations. In: Water–Resources Investigations Report 99–4259, pp. 312, U. S. Geological Survey, Denver, Colorado.

Söll, T. & Kobus, H., 1992. Modellierung des großräumigen Wärmetransports im Grundwasser. –In: Kobus H.: Wärme–und Schadstofftransport im Grundwasser, Bd. 1, S. 81–133, DFG, Deutsche Forschungsgemeinschaft, Weinheim/Basel/Cambridge/NewYork.

Ingerle, K., 1988. Computation of aquifer cooling by heat pumps (in German). Österreichische Wasserwirtschaft, 40 (11/12).

Kobus, H. & Mehlhorn, H., 1980. Approximative computation of the continuous operation of geothermal installations (in German). In: Gas und Wasserfach, 121, 261–268.

Poppei, J., Mayer, G. & Schwarz, R., 2006. Groundwater Energy Designer (GED): Software for utilization of groundwater for heating and cooling. In: Colenco Power Engineering AG Report for the Swiss Federal Energy Agency, pp. 70, Baden, Switzerland.

Rauch, W., 2009. EGON. In: User Manual, University of Innsbruck, Austria.

Bear, J., 2007. Hydraulics of groundwater. Dover Publications Inc. 592pp. ISBN–13: 978–0486453552.

Carslaw, H. S. & Jaeger, J. C., 1959. Conduction of Heatin Solids. Oxford at the Clarendon Press, Oxford, 342pp.

Sauty, J. P., 1980. An analysis of hydrodispersive transfer in aquifers. Water Resour. Res.,

16(1), 145-158.

Pruess, K., 1987. TOUGH2, Transport of Unsaturated Groundwater and Heat. In: User's Guide, Version 2.0 (1999), Lawrence Berkeley Laboratory Report LBL-43134.

Diersch, H. J., 1994. FEFOLW, Finite Element Subsurface Flow & Transport Simulation System. Reference Manual.

Kipp,K. L.J.,1997. Guidtothe Revised Heatand Solute Transport Simulator HST3D.In:Water- Resources Investigations, pp. 149, U.S. Geological Survey.

Harbaugh, A. W., 2005. MODFLOW-2005; The U.S. Geological Survey Modular Ground-Water Model—the Ground-Water Flow Process. Techniques and Methods. U.S. Geological Survey, 6-A16.

8　地热双筒热液系统

热发电站的生产测试

地热双筒热液系统利用的是水流体在更深处的地热能。根据地下流体的热含量,可以将高焓系统与低焓系统加以区分。高焓系统直接从热蒸汽或高温两相流体中产生电能(见4.2节)。低焓系统直接或通过热交换器将温水或热水用于局部或区域供暖系统,用于工业或农业,或用于洗浴业,在液体温度高于120℃时,则能用来商业发电。热水是由深层地下热储层(含水层)产生的。一般来说,热水也可从传导水的断层和断裂带中获得,但热液系统通常与含水层相连。

高焓热液系统与具有极端地热梯度和浅层极高温的地区有关,通常在火山活动区、年轻的裂谷体系和类似的地质条件下发现。而低焓系统在任何地热梯度平均或稍高的地区都可进行开发,因此,低焓系统的潜力是显而易见的,因为它们可以创建在普通的大陆地壳中。然而,目前的地热利用主要集中在高焓系统上,全世界大部分地热资源的装机容量都与高焓系统相关(1.3节,3.4节)。

用于制造地热双筒的深层含水层也可用作季节性储热系统。例如,如果能将热电联产装置、光伏系统或工业废热的(季节性)过剩热量转移到深层地下,以便在寒冷季节使用,这就很有吸引力。含水层蓄热系统与地热探针蓄热系统不同,它使用的是天然含水层的水和岩石的热容量,而且含水层在导热层的底部和顶部都要做液压密封(见8.7.2节)。含水层储热系统使用生产井和注入井,类似于地热双筒。生产井的水在热交换器中加载带走热能,为使系统恢复产能,需要要将水通过注入井回注到含水层。而排放热量时,系统过程与此正好相反(Hasnaina,1998a;b).

8.1 地下地质及构造结构的勘探

热液系统利用地质储层中的深层天然地下水,具有较高的水传导性。储层是镶嵌在具有不同性质的其他地质单元中。因此,对于探索和建设热液系统,绝对要详细透彻地了解相关的地下地质结构。勘探的首要目标是要确定是否存在合适的地热储层,以及热含水层的深度和厚度。勘探过程中,在钻出第一个勘探孔之前,需要进行一系列大量的数据积累。钻探前的勘探工作首先要收集一个地区已知的所有地质和水文地质数据;然后利用地球物理工具,主要是地震勘探,必要时辅以重力、地磁和航磁测量,对潜在目标地区的地下总体结构进行勘探(见13.1节)。收集到的地震现场原始数据须用复杂的数学工具和算法来处理。地下地质结构模型的正确性在很大程度上取决于将时间转换为深度数据时对岩石属性的假设是否合理。用地震数据可以沿垂直剖面对地质结构进行成像(二维地震测量),或三维空间成像(三维地震测量)。然而,钻井勘探提供的是关于地下结构的一维信息。

　　热液系统使用的深层热含水层具有高导水率。温度和产量是决定性的含水层参数。能达到的产量或流速取决于经济和技术上可控的生产井提取率。生产能力指数(PI)定义为流速与提取率之比率(见8.2节和8.6节)。这个对热液系统至关重要的参数不能从钻探前地面的地球物理数据中得出。但是,生产能力指数可以像其他水力参数一样(见8.2节),根据井的水力测试数据来确定。

　　然而,地球物理勘探可能会发现导水率升高的间接线索,如断层和其他主要的脆性变形结构的迹象,或沉积单元的渐变相变化。如果该地区处于压缩或拉伸状态,地震数据还能提供当地有关应力状况的线索,甚至可能揭示出应力随时间的变化。一般来说,如果正在钻探的是断裂单元和断层区,找到高导水率区域的机会就会增加,尽管脆性变形结构可能被次生矿物封住,而且这些结构可能不会传导热流体。同样,导流能力的增加可能与拉伸应力状态有关,而原来的导水结构可能在压缩状态下被封闭。对地下结构的钻前预测,最后还需用昂贵的钻井来验证。因为钻探是热液能源项目中成本最高的部分,所以钻前勘探很重要,应该予以重视。

　　图8.1显示的是斯特拉斯堡(Strasbourg)南部莱茵河上游河谷地震剖面的地质解释实例。该河谷是第三纪❶裂谷结构,地堑结构的东部(黑森林)和西部(孚日山脉)有古生代基底暴露。目前的二维地震剖面已经用该地区现有的几个深层钻孔的数据进行了校准(图8.1中有三个钻孔)。钻孔数据已投影到剖面的平面图上。地震数据显示出有潜在价值的热液含水层、主罗根石(Hauptrogenstein)地层和壳灰岩(Muschelkalk)地层的深度和厚度。剖面还呈现出普遍的半地堑式构造,并在剖面西段存在典型的延伸性走滑构造的负花状构造。两种结构特征都是系统伸展机制的证据。该剖面显示出多条断层,而且在剖面的较深部的地层(反射面)出现相应的垂向位移。在断层面的上部没有断层,在上新世的年轻沉积中也不存在断层(图8.1中24 000m处)。因此,这些构造是不再活跃的老断层。这些脆性结构可能已经被次生矿物的沉积所密封,与高导水率无关。因此,这些结构不应是主要的勘探目标。

---

　　❶ 第三纪(Tertiary Period)是古近纪及新近纪的旧称。国际地层委员会(International Commission on Stratigraphy)已不再承认第三纪是正式的地质年代名称。为了保持与原著的统一,本书仍沿用"第三纪"的说法,其对应的地层也仍沿用"第三系"的旧称。

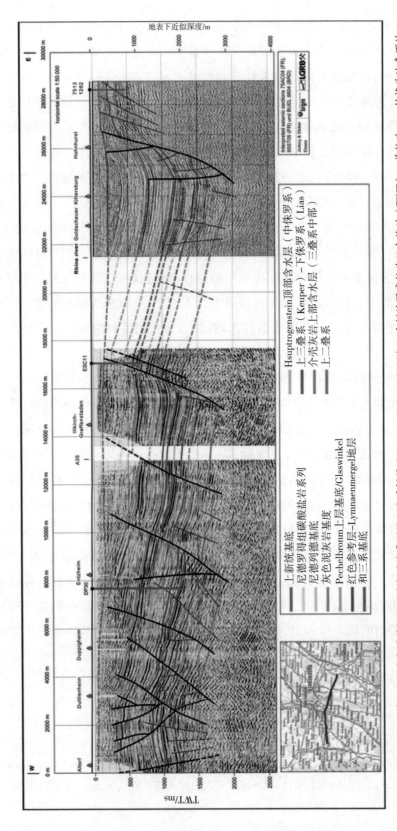

图8.1　法国斯特拉斯堡南部莱茵河上游地垒的地震剖面处及地质解释（Jodocy，Stober，2008）。左侧的深度轴为双向旅时（TWT），单位为ms，转换为地表下的大致深度，单位为m。红色为三个转化孔的投影。注意该剖面西部西部典型的延伸走滑构造的负花状构造（Hohnhurst），其垂直位移约为1500m，形成地垒结构的东缘

第三纪地层序基底与中侏罗纪的沉积地层为不整合接触。在中生代地层序列中,可以识别出中侏罗纪主罗根石地层的顶部,从下侏罗纪(Liassic)到上三叠纪(杂色岩统 Keuper 群)的过渡层以及上壳灰岩地层的顶部(中侏罗纪)。下面是二叠纪到下三叠纪的碎屑沉积物、Rotliegend 地层和斑砂岩(Buntsandstein)地层。这两个沉积序列由与标志二叠纪顶部边界黏土层的薄页岩有关的地震反射层分开。斑砂岩地层代表地热利用的另一个潜在断裂含水层。在该区段的东部,二叠纪的顶部在地表下约3000m处,是半地堑式构造中最深的位置。鉴于覆盖前二叠纪基底的二叠系的厚度为50~60m,结晶基底岩石(主要是片麻岩)的顶部位于地堑构造的最深处,距地表3050m左右(图8.1中24 000m处)。

图8.1的剖面图显示出主罗根石和壳灰岩地层的深度,这两个地层是地热开发和安装地热双筒系统的主要潜在目标。主罗根石地层的顶部在1200m,沿剖面向下到2400m。主罗根石厚度约为50m,壳灰岩的上部大约厚80m。此外,约230m厚的下三叠纪斑砂岩(图8.1中的上二叠纪顶部)是一个具有地热利用潜力的断裂含水层。莱茵河裂谷上游的地热梯度较高,接近44℃/km。因此,主罗根石地层的预期水温约为120℃,而在两个含水层沿线的最深部位,壳灰岩上层的水温为135℃。在斑砂岩含水层的底部,可以预期高达150℃。

从上面的例子可以看出,在钻井前勘探的早期阶段,需要收集和仔细研究已有的地震数据和深层钻孔的数据。从现有的地震勘探和相关的钻孔中得到的研究结果,能使我们对进一步的地震勘探的必要性作出明智的决定,如果有必要,还需地下的三维地震模型,以便更好地确定断层区的位置。重新处理以前的地震数据也是可行的,并且在许多情况下证明是非常有用的。现有的深层钻孔对地震数据的地质解释有很大帮助(图8.1)。此外,还可以利用钻孔数据来校准地震旅时数据(见13.1节)。如果在所调查区的适当距离内没有钻孔,那么地震旅时数据则需要使用不确定的模型假设转换为深度。对地震资料做出合理解释,就能确定地层、深度和厚度,在某些情况下,还可以确定地下地层的沉积相。地震数据解释的另一个重要目标是调查变形模式和断层系统(图8.1)。断层图上能显示出大型断层位移对热液目标含水层的影响。遭受位移的含水层的水力连接可能是通过断层间接进行的。与沉积盖层序列相比,在结晶基底中测量断层样式通常更困难,甚至不可能做到。在一些有利的情况下,覆盖层中那些已识别出并绘制好的断层可以一直推断到结晶基底。然而,我们强烈建议不要把断层视为地热系统的目标结构。断层与它们的主岩相比,或者可能比主岩有更高的导水率,或者根本就不导水。事实上,糜棱岩化断层和剪切断层以及被次生矿床封住的断层基本上都是不透水的(Stober et al.,1999)。断层系统通常显示出一种特征性的结构,即有一个不透水的断层核心和核心两侧有破碎物质的透水区(Choi et al.,2016)。因此,断裂带可能同时具有与断层平行的透水性和跨越断层的不透水性(Stober et al.,1999)。构造活动区的应力断裂带在水力荷载作用下可能会成为地震活跃区(见11.1节)。

从目标地区收集到的那些现有钻孔测量记录和存储(和可得到的)数据是最有用的,应仔细收集和研究。诸如地球物理日志、钻井日志、岩性日志等数据能够对目标地点的岩性概况、岩石物理特性、储层特性和钻井特性做出预测(见13.2节)。测井现已取代了费时费力费钱的钻探岩心取样的做法。用声波钻孔扫描工具(远程观测器)收集的数据可以提供关于断裂发生率和方向的信息。关于目前区域应力场的大比例数据,可以在世界应力图上查看(https://www.world-stress-map.org/)。这些应力场数据是构建地热工程可能引起潜在地震的地质力学模型的重要输入参数(见8.3节)。应力场数据还能用来分析显示具有高导水率或低导水率的断层和断裂的走向。

8.2 目标含水层的热力和水力特性

对于热液系统的开发,最重要的热参数是地层岩石和其中所含液体的热导率 $\lambda[W/(m\cdot K)]$ 和比热容 $c[J/(kg\cdot K)]$ (见1.4节和1.5节)。

热导率指的是材料传输热的能力;热容量表示储存热能的能力。材料的热容量是一个特别重要的参数,用于表征与时间有关的系统和瞬态的影响。

热流密度 $q(W/m^2)$ 是热液系统开发中的另一个重要参数。用它可对单位面积的热流量进行量化,并且在 $W(J/s)$ 量纲中还包含时间参数,即单位时间的能量。热流密度 q 与热导率 λ 和温度梯度 $T[K/m]$ 的乘积有关,由热传导傅里叶方程定义[1.4节,式(8.1)]:

$$q = \lambda\, gradT \tag{8.1}$$

傅里叶方程[式(8.1)]指出,非平衡温度分布的驱动力{gradT}会造成一个广延参数(这里是单位时间的热能)的流动q,以减少过程强加的驱动力。如果热导率λ很高,强加的驱动力就会产生高热流,如果热导率很低,同样的驱动力就会在更长的时间内衰减。这些简单的关系对热液项目有重大影响。

在坚硬的岩石中,热导率在2~6W/(m·K)之间变化。水的热导率很低,温度为20℃时只有0.6W/(m·K)。高孔隙度含水层的热导率低于不透水的低孔隙度岩石单元的热导率。坚硬岩石的比热容c在0.75~0.8kJ/(kg·K)的狭窄范围内变化。然而,液态水的比热容为4.187kJ/(kg·K),是硬岩的5倍。水的热传导性很差,但它的储热能力很强。

水的热导率随着温度的升高而增加,在140~150℃时达到最大值,然后随着温度的进一步升高而略有下降(图8.2),这也取决于压力。热导率也会随压力的增加而增加。

岩石的密度为2000~3000kg/m³不等。有些岩石,如橄榄岩和榴辉岩,可能高达3300kg/m³,其他岩石,如煤,密度可能不到2000kg/m³。典型的陆相基底岩石为花岗岩和片麻岩,密度为2700~2800kg/m³。温度为4℃,表面压力为1bar的液态水,密度约为1000kg/m³(水的密度异常)。岩石和水的密度取决于温度和压力。在规划热液设施时,岩石密度的压力-温度依赖性通常可以忽略不计。水的密度随温度和压力的变化关系如图8.2(b)所示。由于水的热膨胀性,密度随温度的变化而减小;由于水的压缩性,密度会随压力的变化而增大。在7000m深度和水温80℃的静水压力下,水的密度约为1000kg/m³,与地表水相似。然而,在具有正常地热梯度的地区,温度效应略大于压力效应,因此,密度随深度的增加而略微下降。随着深度的增加,水导率会下降,深层水的矿化度和盐度增加,能有效地抑制深层热水的上涌。水的密度还取决于溶解性固体总量(TDS)。在一定的压力和温度下,密度随着溶解性固体总量的增加而增加。深层水通常是高度矿化的,每千克液体中有几百克溶解的固体是很常见的。在热力正常的地区,随着深度的增加会造成纯水密度的减小,但可被同时出现的溶解性固体总量的增加所补偿。其净效果是在正常条件下,密度随深度增加而轻微增加。水的沸腾温度随着压力和溶解性固体总量的增加而增加。

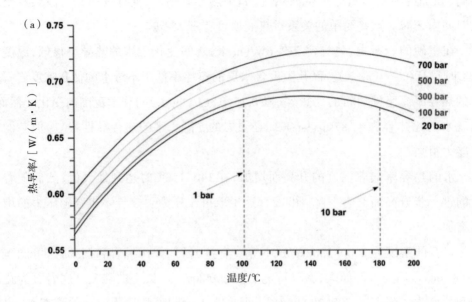

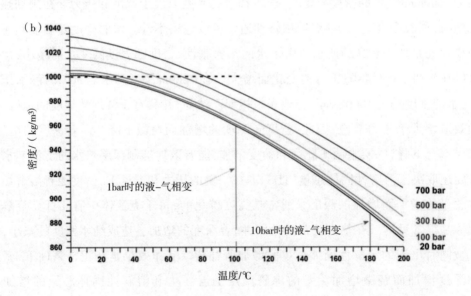

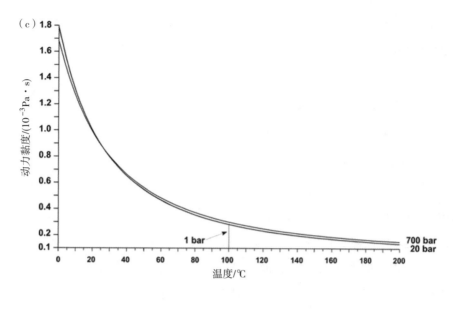

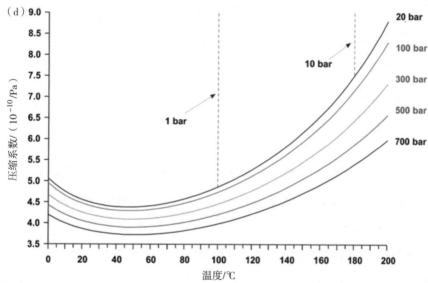

图8.2 水的重要特性与压力和温度的关系（Wagner, Kretschmar, 2008）:（a）热导率λ;（b）密度σ;（c）动力黏度μ;（d）可压缩率ß。

流体的动力黏度μ(Pa·s)描述的是流动的内部阻力,是流体摩擦力的一个衡量标准,在很大程度上取决于温度[图8.2(c)],而且会从0℃时的0.2Pa·s下降到200℃时的1.75×10⁻³Pa·s。μ参数这种三个数量级的下降与密度随温度的微小变化能形成鲜明的对比。黏度在很大程度上调节着热地下水的流动特性。运动黏度ν[m²/s]定义为动力黏度和密度的比率(ν = μ/ρ)。

流体的压缩系数 β_F（Pa^{-1}）表示恒温条件下，体积随压力的变化[式(8.2)]，归一化为参考压力下的体积。

$$\beta_F = 1/V\Delta V/\Delta p \qquad (8.2)$$

水的压缩系数与压力成反比。在温度高于50℃时，β_F 随温度增加，而在温度低于50℃时，β_F 则会随温度降低（图8.2d）。压缩系数一般在 $4.0\times10^{-10}Pa^{-1}$ 到 $5.5\times10^{-10}Pa^{-1}$ 之间变化。

渗透率和导水率描述的是一个系统（岩石）让黏性流体通过其孔隙的能力。渗透率表征的是岩石基质（土壤、硬岩）的导水性能。导水率则是体系（结构）的导水性能，包括多孔固体的导水性以及流过包括断裂在内的孔隙空间流体的流动特性。具有一定渗透率的岩石对"黏性"流体具有低传导性，对"稀薄"流体则具有高传导性。我们不要混淆渗透率和导水率。对于不同温度、盐度、气体含量、溶解性固体总量等的水流体，在具有一定渗透率结构的岩石中，在相同的流动力（水力梯度）作用下，流体的流动可能会有很大的不同。导水率 k_f（m/s）代表达西流动定律中与材料有关的比例系数，可将流过面积 A（m^2）的流体流量 Q（m^3/s）与代表流体流动驱动力的水力梯度 i[无量纲]联系起来。

$$Q/A = k_f i \qquad (8.3a)$$

$$k_f = Q/(iA) \qquad (8.3b)$$

式[8.3(a)]表示形式为 $J = LX$ 的现象学达西流动方程，其中 J 是单位面积上的流量，取决于材料特性 L，并由力 X 驱动。其结构与式(8.1)的傅里叶方程相同。式[8.3(b)]定义的是导水率。

式[8.3(c)]表达的是渗透率 κ（m^2）与导水率 k_f 的关系。流体的流动相关属性（黏度 μ、密度 ρ）包含在 k_f 中，而 κ 只描述岩石的属性，指的是岩石的结构，与其中所含的流体无关。

$$k_f = \kappa\,(\rho g/\mu) \qquad (8.3c)$$

其中，g 是重力加速度。从式[8.3(c)]中可以看出，地面的导水率随温度升高而增加，因为水的黏度随温度升高而强烈降低[图8.2(c)]。

水的物理和热特性对压力和温度的依从关系（图8.2）影响着热液系统的开发和运行。对预钻探结束后所完成的钻孔需要进行广泛的测试。在热含水层中进行的试井，首先抽出钻孔的是相对较冷的水。在后期的作业中，抽出水的温度会逐渐升高,因此,流体的密度也会随之降低。所以,在抽水试验的早期阶段,水的密度通常较高,水位较低。在试井后期,情况正好相反,由于热液密度的降低,抽水过程中地下水位会上升。这种密度效应在高导含水层中尤为突出(图8.3)。

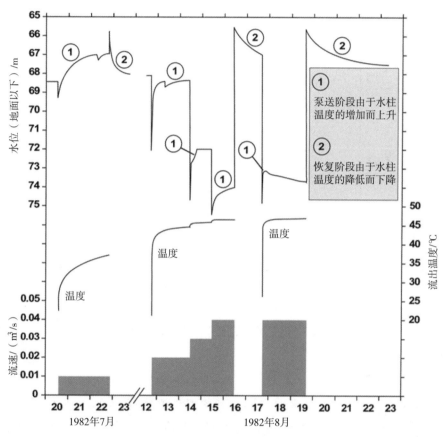

图 8.3 热水井抽水试验期间地下水位的明显悖论行为(Stober,1986)。该图显示的是每天的测量结果(从上到下):地下水位、流出的温度和抽水速率。

导水率对水的物理特性的依赖性意味着,在实践中,在所有其他含水层特性相同的情况下,含水层在70℃时的导水率比10℃时的高3倍左右(图8.4)。

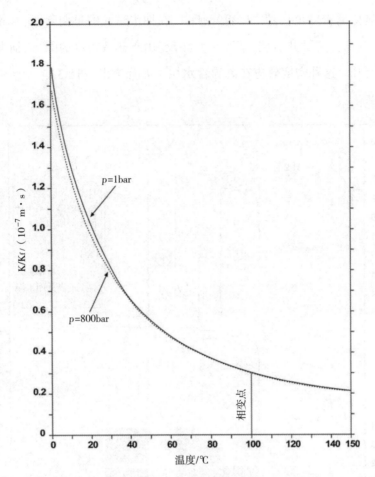

图 8.4　纯水的渗透率 κ, 导水率 k_f 与 2 个等压线上的温度关系。这种关系的强烈弯曲主要是由于水的动力黏度对温度的依赖性造成的[图 8.2(c)]。它包含在 k_f 中, 而不是 κ 中。该关系表明, 对于具有相同渗透率 κ 的含水层岩石, 导水率 k_f 对温度极为敏感(在低至中等温度下)。

　　动力黏度在导水率随温度变化中占主导地位[图 8.2(c)]。随着温度和压力的变化, 密度的变化对导水率的影响可以忽略不计[图 8.2(a)]。在 0~200℃ 的温度范围内, 动力黏度的变化会大大地超过密度的变化。因此, 动力黏度这一关键参数对地下热水的流动行为至关重要。

　　导水率对水的物理特性的依赖性对地热双筒体系的设计有着直接影响。从地下抽出的热深层水中提取热量, 会产生冷却的、热量耗尽的水, 这些水需要回注入含水层。因此, 注水井的导水率和吸水能力会随着水温的下降而急剧下降。

　　这反过来又会产生另一个后果, 即注入锥比生产井的凹陷锥要突出得多(图

8.5）。这些相互关系在热液项目的规划阶段需予以考虑。如果可能的话,应将具有最高传导性的井用做注入井。

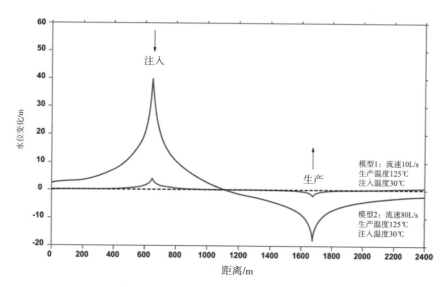

图8.5 地热双筒系统的注入锥和凹陷锥的比较。由于注入了冷却的水,注入井的锥体比生产井的凹陷锥体大得多。

水的物理和热性能除了温度和压力之外,还取决于其化学成分。化学成分是一个复杂的属性,包括溶解固体的总量和种类,以及溶解气体的数量和类型。热液系统的热功率取决于所产液体的化学成分,因此必须要了解和监测热液项目中水的成分[见8.6节,式(8.6)]。

导水率k_f是控制地下流体流量的核心和决定性的参数。它与流体的温度一起,决定着项目是否能取得经济效益。导水率是现象学达西流动定律中与材料有关的因素[式8.3(a)]。如果含水层的相关流动截面(m^2)已知,则单位时间内流经含水层截面的总水量$Q(m^3/s)$可由达西方程求得。由于导水率的压力-温度依赖性,可供热液系统利用的热水量会随压力而变化,但主要是随温度而变化。在高温下,流体流量会明显高于较冷的含水层。

达西流动定律对层流和线性流动有效。其他非线性的流动定律或者仅适用于导水率和水力梯度都非常低的地层,或者针对具有极高导水率和超高水力梯度的情况。这两类极端情况通常不会在建造好的热液系统中出现(Kappelmeyer and Haenel,1974)。

抽水试验可以提供在给定的产水率和注水率(抽水率)下的水位降深和恢复的

数据或者压力的积累和释放的数据。通过观测到的梯度i(水位降、压降锥)和抽水率Q可以深入了解所测试的地质单元的传导性(见第14章)。从测井中得出的导水率是所测单元的整体属性,描述的是厚度为H(m)的含水层的传导性,通常称为透过率T(m²/s)。透过率描述的是整个测试段厚度的传导性。对于厚度为H的均匀和各向同性的含水层,导水率可以从测量的透过率T直接从式[8.4(a)]中计算得出:

$$T = k_f H \qquad [8.4(a)]$$

在层状地层中,测量的透过率T是由若干不同厚度为H_j的层j和导水率k_{fj}贡献的[式(8.4b)]:

$$T = \Sigma_j k_{fj} H_j \qquad [8.4(b)]$$

透过率-导水率关系的广义表达由式[8.4(c)]给出:

$$T = \int_0^H K_f dh \qquad [8.4(c)]$$

生产能力指数PI[m³/(s·MPa)]是描述热液系统特征的一个非常有用的参数,是每一压降Δp(Pa)下的生产率Q(m³/s),可以从给定的固定的水位降(以Pa为单位)中获得的生产率计算出来。如果没有获得试井数据,PI就特别有用。除了含水层的水力特性外,该指数还包括井的具体特性,如表皮和井筒储存(见第14章)。

绝对孔隙率n[无量纲]是指每一岩石单位中所有空隙和孔洞的总体积。岩石内包含相互连接的孔隙、孤立的孔隙、断裂孔隙、空洞和其他任何未被矿物填充的空间形式。所有这些空隙的总体积就是总孔隙空间。岩石的总体积包含所有的空隙。空隙的总体积与岩石体积的比率就是绝对孔隙率n(n = V_v/V_r;其中V_v为空隙的总体积;V_r为岩石的总体积)。绝对孔隙度n表征含水层的储存能力。

硬岩含水层的导水特征以断裂和空洞为主。含水层的传导性和产量主要取决于断裂网络和空腔系统的几何形状。流体流动与流动有效孔隙率n_f密切相关,是总孔隙度中相互连接的部分,水可以从一个孔隙自由转移到下一个孔隙。牢牢附着在晶粒表面的水和死角孔隙中的水是滞留水,不属于流动有效孔隙度的一部分,即使这些水存在于相互连接的孔隙中。有效孔隙度是地热应用的相关孔隙度参数,流动有效孔隙率总是小于孔隙率。页岩和泥灰岩的总有效孔隙度与流动有效孔隙度之间的差异尤为显著。黏土和富含云母的岩石可能具有较高的总孔隙率,但流动有效孔隙率较低,因此渗透率也较低。所以,适合热液系统的深层硬岩含水层是以长石和石英为主的贫云母岩,如花岗岩、砂岩、长石和贫云母片麻岩或(喀斯特化)石灰岩。高有效孔隙率通常与高渗透率 κ 有关。然而,流动有效孔隙率与孔隙率之间的关系并不简单和直接,因为渗透性还取决于空隙大小分布、形状和连接结构。这两个参数都能从井中的示踪剂试验和井内抽水试验中获得(见第14章)。

井的水力测试也能提供测试含水层的储存系数 S(第14章)。储存系数 S 与体积变化有关。在单位表面积为 A 的含水层中,由于水柱高度 Δh 的变化会引起压力的变化,从而引起储存的水(流体)的体积变化(ΔV):

$$S = \Delta V / (\Delta h A) \qquad [8.5(a)]$$

储存系数 S 表明,如果含水层中的水柱降低 Δh,那么就会有 ΔV 的水会从含水层中流走。S 是一个从井测试中得出的参数,取决于流动有效孔隙度。在非承压含水层中,储存系数大约等于流动有效孔隙度。用于地热双筒系统中的深层承压含水层的储存系数远远小于流动有效孔隙率。这意味着只有流动孔隙度中包含的一小部分水可以通过改变水压而释放。特定储存系数 $S_s(m^{-1})$ 将体积响应归一于含水层的体积,而储存系数 S 则归一于面积。储存系数 S 与特定储存系数 S_s 之间的关系类似于透过率和导水率之间的关系。对于厚度为 H(m) 的各向同性均质含水层,该关系可表示为式 [8.5(b)]:

$$S = S_s \cdot H \qquad [8.5(b)]$$

层状或不均匀的各向异性含水层的储存系数可以用类似于式 [8.4(b)] 和式 [8.4(c)] 来描述。

第13章将介绍用于测试水井和确定深层水力参数的各种方法和工具。

8.3 热双筒的水力和热力范围以及数值模型

在热液系统的运行过程中,必须要绝对避免生产井和注入井之间的水力或热力短路(见7.3节)。要适当密封,以防止与另一个地下水层的水力连接。注入井的结构如8.6图所示。在含水层的连接深度上,注入井与生产井的间距要足够大,以便能安全运行大约30年的时间。在这段时间内,生产水的温度不应受到向开采含水层中注入冷水的影响。对于一个特定的系统,含水层中的两个连接部分之间的最小距离不但取决于地质结构和地下特性,还取决于系统的技术条件,如井的设计和抽水率。然而,井距也不应过大,因为生产井的可持续产量取决于注入井对含水层的补给。

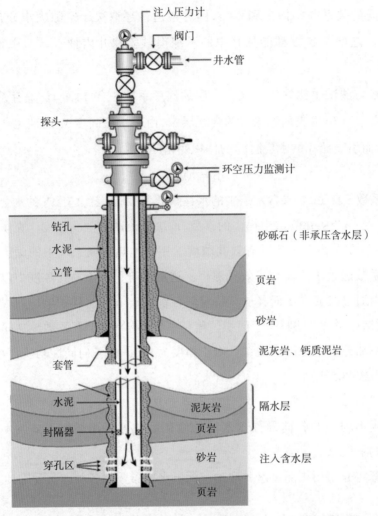

图 8.6　注入井的结构示意图(来自 Owens,1975)。

当然,地热储层的尺寸和大小对含水层的利用很重要。通过测量储层的形状和尺寸,以及包括孔隙度和温度分布在内的地球物理储层属性,可以计算出储层热水的体积及其所包含的热能。例如,在所有其他参数和尺寸相同的情况下,含水层厚度越大,渗透率就越高,因此可实现的流体产量也会越高(见8.2节)。

地下三维地质模型的起点是地球物理数据,通常是地震勘探和当地现有钻孔的数据(见8.1节)。数值模型可以优化两口井的位置和距离。钻前模型为目标含水层和地下地质结构的一些关键参数设定的一些假定合理值,具有相当大的不确定性。地下的"已知"地质结构是基于对地震信号的解释。地震勘探给出的目标含水层的模型深度、地层细节、断层和断裂模式要与来自现有井和井测试的导水率、温度和水成分数据相结合。随着地热双筒第一口井的钻探,模型预测的可靠性就会大大改善。尽管如此,地下的地质情况还是会带来意外的收获,目标含水层的真正结构和性质只能通过预钻孔这种非常简单的方式来获取。

数值建模从一个概念模型出发,要应用所有可用的地质、水文地质和热数据,以及关于地下的信息。地质学家的任务是要利用不规则分布的一维钻孔数据和有限数量的二维地震剖面及可用的三维地震勘探数据构建出一个地下结构的三维地质模型。由此产生的地质三维模型包含不同地层的位置和方向及其厚度。将水力传导性、孔隙度和其他参数值分配给各层,并将地热梯度加载到模型区域,可以开发出一个学习型水力模型。这个模型描述的是地下的基本水文地质学概念,将地质三维结构模型的岩性和地层单位转换为具有相关水力参数的水文地层单元。地下的热结构和性质取决于对单个地层和岩性单元的热参数的赋值。这个地下模型虽然相对粗糙和简单,但它构成了热传导数值模型的基础。在三维地下模型的基础上,通过假设合理的地质水力边界条件,定量估算地下水补给和地下水流动的垂向分量,就能进一步建立一个稳定的地下水流动初步模型。储层的数值模型是开发、描述和优化热液项目的有效工具(图8.7)。基于有限差分(FD)或有限元(EF)数学技术的三维数值模型通常使用一些不同的代码生成,如Câmara等(1996)的SPRING,Trefry和Muffels(2007)的FEFLOW,Clauser(2003)的SHEMAT,Harbaugh(2005)的MODFOLW。温度数据和导水率数据与水化学调查的数据相结合使用,可以建立项目区的热–水–化学模型(THC模型),用来定量预测抽水(减压)和回注(增压)的水力后果、热效应(冷却)的范围,以及在工厂后期运行过程中产生的深层流体原始化学成分的改变。对压力和温度变化的化学后果的预测,能用来规划防止结垢和腐蚀的对策(见8.4节和15.3节)。如果认为预期的化学影响相对较小,可以建立更简单的热–水(TH)模型。

（a）

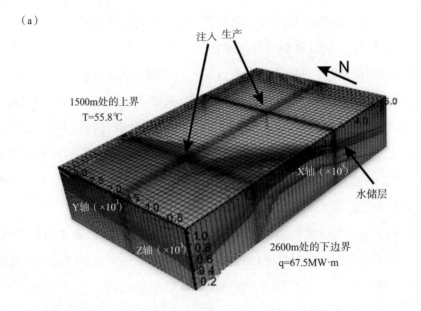

（b）

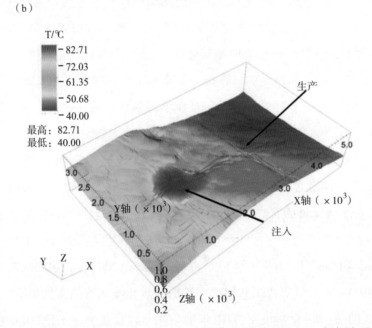

图 8.7　地热双筒数值模型的例子：(a)模型的几何形状；(b)模型对50年运行的预测（图由 Geophysica GmbH 提供）。

　　显然,热水流动数值模型必须要经过校准和验证。这可通过改变含水层参数和边界条件来实现,直到测量和计算的地下水潜力和潜力分布合理匹配并达到合理的地下水平衡。所选的参数值要限制在测量地点的合理范围内。由于数据支持的网格点数量有限,校准通常会伴随着相当大的不确定性。

在接下来的步骤中,可以使用校准过的固定地下水流模型对自然温度场进行建模。建模工作的典型成果通常是一张相当简化的地下温度分布图。通常情况下,由于数据不足,该模型甚至可能都不包括由平流引起的热传递。

除了模型校准之外,全面的敏感度分析也是项目规划的一个重要组成部分。因此,水力试井所产生的定量测试数据对于成功的模型标定至关重要。使用数值模型,重要的是要确保内部一致的质量平衡。例如,数值循环测试必须要使用单位"kg/s"而不是"L/s",因为取热会改变热流体的密度,因此使用"L/s"时注入的质量会多于产出的质量。仔细遵循模型说明和手册是很重要的(尽管这可能显得老生常谈)。

用地下条件的数值模型可以预测性地推断出创建地热厂的合适地点。这些模型有助于优化生产井和注入井的详细地下位置,以便在整个运行期间排除热干扰。这些模型还能预测工厂运行一年后井内的压力变化。通过采取适当的对策,如安装正确的防垢和防腐蚀系统,可以防止热液的水化学变化带来的负面影响。一个校准良好的稳定数值模型可用于后期运行阶段的预测。模型有助于制定出最佳的利用理念,从而优化系统的经济效率。

即使运行前含水层中的导水率分布相对均匀,但在运行中注水井的吸水能力也可能会出现问题(图8.5)。注入冷水会导致注入区的导水率明显下降,因为黏度随着温度的降低而增加(见8.2节)。因此,建议使用岩石基质导水率最高的井作为注入井。

更新后的数值模型也可用来定义许可区域(所有权申请)。一个结构良好的数值模型可以显示出可能受到计划中的地热装置影响的水力和热力范围。在许多国家,许可证颁发机构要求申请者提供专业的衍生模型。

场地的地质力学模型是水热或岩热工程的标准,是根据现有的所有地质资料和信息构建而成的,特别是构造地质分析的资料,以及应力场数据(见8.1节和8.2节)。该模型可以预测在不同注入或生产速率下容易产生剪切活动的构造类型(断层带、断裂系统)。因此,它能预测应力释放的潜力和诱发地震活动的可能震级。许可证颁发机构可能会要求建立地热系统数值模型,以评估地热系统建设和运行过程中的地震风险(见11.1节)。

模型结果的质量在很大程度上取决于所测量的水力和热力参数的数量(密度)和质量。同时,模型的规模对于模型预测的意义也是至关重要的。

图8.7所示为荷兰海牙附近地热双筒提供的区域供热系统的数值模型。地热

双筒目标层位是2200m深的代尔夫特砂岩单元(上侏罗统至下白垩统)。用三维有限差分程序shemat对热流进行建模,解出了热、传输和流动的耦合方程。整个区域模型的大小为22.5km×24.3km,深度分辨率为5000m。根据这一区域模型,又建立了局部储层模型,如图8.7(a)所示,该模型大小为5.5km×3.5km、深度1500~2600m,节点数量约为17万个。图8.7(b)为地热系统以150m³/h的生产率运行50年后的温度分布预测,产出流体的温度为79℃,回注(冷却)流体的温度为40℃。该模型预测100年后,注入井周围1km处的温度将会显著下降(Mottaghy,Pechnig,2009)。

8.4 深层热水的水化学特性

来自深层储层的热水化学成分对热液系统的运行有许多重要影响,可能是地热项目经济成功的关键。产生的热水溶液通常含有大量的溶解固体和气体。在储层中,液体处于高压状态,促进气体在液相中溶解。在温度低于约110℃时,微生物通常存在于流体-岩石系统中,特别是在注入井中,会增加更多的复杂性。在地热系统中循环的富含气体的盐水、高温流体具有极强的腐蚀性和侵蚀性,需要应用合适的材料和采取适当的防腐措施。生产泵、热交换器、管道和过滤器系统等尤其容易受到影响(见第15章)。

在井下储层含水层或在井口及井口附近对热水进行取样是一项挑战。井下样品要在储层的压力-温度条件下采集。采样容器要在深层密封,这样当样品被带到地面时就不会发生气体损失或污染。在井口取样常常会受到气体损失和其他因减压而引起的取样流体变化的影响。复杂的取样技术则可以避免这些问题(图8.8)。即使在加压的封闭系统中,富含气体的流体也可能在表面发生相分离。如果产量较高,井口的采样温度会接近储层温度。流出井口的温度随着产量增加而增加,也就是随着井内流量的增加而增加。生产温度取决于流速(图8.9)。因此,与高产量相比,低产量产生的液体密度会更高[图8.2(a)],因而会影响由Q/(Δp)定义的生产能力指数PI(见8.2节)。

在生产-注入循环中,由于压力和温度的变化,产出流体中的一些溶解固体可能会沉淀下来。流体对许多矿物的饱和状态有可能从储层含水层中的欠饱和(或)饱和变为冷却和减压后的严重过饱和。如果压力和温度的下降伴随着气体的流失,情况就会特别严重。例如,生产液体中二氧化碳的流失通常会导致管道和地表装置中迅速形成碳酸盐结壳和沉积物(结垢),这可能会极大地降低整个系统的效率(图8.10)。地热系统应在一定的最小超压下运行,并在近地面区域作为封闭系统运行,以防止气体流失和结垢。地热系统的目的是要从产生的液体中提取热能,当液体冷却时,大多数固体的饱和指数就会增加(见第15章)。特别是流体对几种硫酸盐矿物的过饱和。硫酸盐垢很难预防,一旦形成就很难去除,可使用抑制剂或做酸化处理。在注水井中已经观察到硫酸钡和硫酸锶的沉淀物。碳酸盐和铁垢则比较容易处理。铅盐可能是有问题的,因为它们除了积累^{208}Pb之外,还会积累放射ß射线的^{210}Pb。此外,其他硫化物和一些硫酸盐也含有放射性元素(如^{226}Ra),也会形成放射性结垢,因此需要特别对待和处理。其他具有挑战性的结垢将在11.3节和15.3节中作简要介绍。

所生产的地热流体的化学特性也可能使它们对其他材料具有腐蚀性。流体与主要以金属为系统部件之间的化学反应可能会对系统造成严重的腐蚀损害。使用抗腐蚀的昂贵材料可以防止这种损害发生。

图8.8 在法国斯特拉斯堡附近的苏尔茨,对井口取样的热液水进行化学分析。163℃的热流体在压力下通过Spirax Sarco公司的SC20样品冷却器进行冷却。然后深层液体通过一个流通池。这是一个透明的流通池,有一个液体入口和出口,四个插入的电极和传感器测量温度、pH、氧化还原电位和电导率(geie emc提供,Julia Scheiber摄影)。

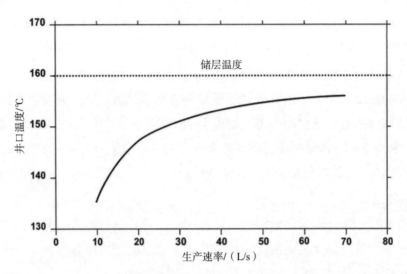

图 8.9　产液温度与产液速度的关系。7in 直径、4km 深井的模型(Ramey,1962)。

图 8.10　由压力损失和脱气造成的管道中的碳酸盐(方解石)结垢。

通过对被损坏的潜水泵的分析,发现造成损坏有多种原因,部分与大规模腐蚀有关,部分与结垢相关。

储层含水层本身也会发生流体-岩石之间的化学反应。冷却的液体从注入井进入含水层,其改变的饱和状态可能会导致矿物在孔隙中沉淀,从而降低储层的渗透性。另外,添加的化学品,如抑制剂和无机酸,也可能导致含水层中的矿物溶解,从而产生次生孔隙,提高渗透性。对于一些在冷却流体中具有高溶解度的矿物,也可能会发生溶解。一些热液系统也会受到微生物腐蚀和变异的损害,因此必须要考虑生物地球化学过程,制定出适当的生物修复计划(Amann et al.,1997;Dingh et al.,2004)。

在任何情况下,每个储层系统的化学性质都具有其独特性,因此要仔细评价和分析其化学特性。有些参数是瞬态的,因此要在井口现场进行测量(图8.8)。这些参数包括温度、pH、氧化还原电位(ORP)和电导率(EC)。电导率可以用来估计溶解固体的总量,但也应在现场进行碱度滴定。

热流体的水化学特性也会影响流体的热含量。热含量取决于流体的密度和比热容。根据压力-温度和流体成分,高矿化度水的热含量可能高于或低于淡水的热含量[式(8.6),图8.2]。随着盐度增加,水的密度会增大,但热容量会减小(图8.11)。因此,与淡水相比,具有高溶解性固体总量流体的热性能会随着温度升高而降低。

水化学分析和微生物检查以及溶解气体的分析应在勘探阶段进行,然后在系统运行期间要定期重复。认识储层条件的变化越早越好。在进行化学-微生物监测的同时,还应该进行水力监测,以测量产量、温度和降水。储层对系统连续运行的反应必须要完整地记录下来。只有在收集到这些数据后,才有可能对储层的变化做出有的放矢的应对(图8.8)。

最近,有人提出,从生产的热液中提取具有战略意义和经济价值的金属,如锂,有可能成为支持地热发电厂有经济利益的业务。还有人提出,用电化学分离或选择性吸附方法,从生产井和注入井之间的大量流体中来提取稀有和有价值的元素(Friedrich et al.,2018)。然而,目前还没有试点安装,项目的可行性还有待验证(2020)。当然,从5.7×10^5L的热水中提取价值5.2万元(2020年5月,兑换为7345美元)1t的电池级 $LiOH \cdot H_2O$ 并从中获利,这将是一个重大的挑战(利用上莱茵河谷地下热水中富集的异常高浓度的锂)。

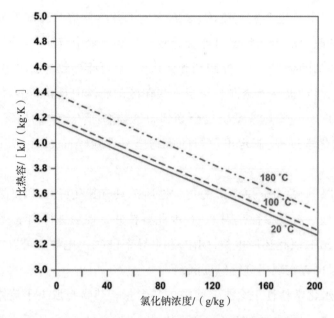

图 8.11　水的比热容与氯化钠浓度的关系(Sun et al.,2008)。

8.5　储层改造、提高效率和促产措施

水热系统的理想位置是具有高导水率和高温的深层含水层,而不是只有温度起作用的岩热系统(增强型地热系统)。如果一个项目的第一口钻井与预测和预期相反,没有开发出具有热液循环所需的水力传导性的含水层,那么仍然有几种可行的措施可以使项目有利可图。

井可以继续加深,钻入更多更深的含水层,从而在更高的温度下生产热水。然而,这必须要有一些可靠的成功证据来证明额外投资的合理性。大多数地热双筒都是以斜井形式进行钻探的,从而能增加与目标含水层的接触,与通过水平地层的垂直井相比,采水率有提高。倾斜的钻孔能增加钻穿渗透性断层和破碎带的机会。这些构造通常是倾斜的,可以作为导水通道,热水井产生的大部分水通常都是由高渗透性断层贡献的。然而,要记住,许多断层区带的导水率比岩石基质低,基本上是不透水的,形成了水力屏障(见8.1节;Stober et al.,1999)。

如果已经钻出了最佳的含水层储层,并且其关键属性、水力传导率和温度都很有希望,那么就可以从钻孔钻出侧钻至目标含水层,以进一步提高井的产量。

地热项目能在经济上获得成功的关键参数,除了储层温度外,还包括生产井的产量。产量是指通过每次水位降而得到的产量,这种水位降须是经济和技术上都允许的。开放的断裂和相连的断裂网络控制着导水率,从而控制着硬岩含水层的

产量。如果所钻含水层的导水率低于预期，则可以通过采取特定的促产措施，在一定程度上改善这种情况。

提高传导性的常用措施是向含水层泵送高压水，来扩大现有的断裂，从而提高含水层的传导性。这种方法也称为储层促产、提高传导性方法和储层改造措施等。

然而，储层改造首先是要通过适度增加注入井的水力压力，以清除断裂和空腔中会降低导水率的细粒物质。快速变化的压力差可能有助于清洁生产井周围的含水层岩石。这两种技术都是近地表水文地质中常用的方法，是获得无砂井和提高地热井产量的标准方法。

用酸进行岩石基质处理也是饮水井、矿泉水和地热水井工程中常见的标准方法。事实证明，这种方法对于处理碳酸盐岩含水层和断裂上的碳酸盐沉积物特别成功。酸化技术在石油工业中也是常规使用的。酸与碳酸盐岩基质的方解石或断裂上的方解石反应会产生二氧化碳气体。酸化也可用于硅酸盐岩含水层的井，如富含黏土的砂岩。常用的酸包括盐酸（通常为15%）、稀释的甲酸、乙酸、盐酸和氢氟酸的混合物以及许多其他的酸（Portier et al.，2007）。氢氟酸与盐酸的混合物可以用来溶解硅酸盐岩石。在钻井现场处理氢氟酸需要采取极端安全的预防措施，因为直接接触氢氟酸是致命的。如果含水层岩石含有大量的膨胀性黏土矿物（如黏土），酸的活化使它们膨胀，从而堵塞流动孔隙，而并非改善它。然而，Portier等（2007）在一项对美国油井的研究中发现，使用酸促产方法，90%井的产量提高了2~4倍。

酸液对近井筒的岩石基质的穿透深度取决于泵送压力，在压力很低的情况下，穿透深度为几厘米至几十厘米，在压力较高的情况下（通常达到30bar），穿透半径会逐渐增大。压力酸化的导水性改善效果也取决于酸的数量、浓度和类型。酸化的类型、强度和程度要根据套管的类型和井的设计进行调整，但必须要有效地保护套管免受腐蚀。

增加泵送压力的同时，加酸的唯一目的是冲洗含水层的导水结构，并增加其渗透能力。与增强型地热系统相比，水热项目中的储层改造措施从不以创建一个新的断裂网络为目的，而是试图通过改造来建立一个从钻孔到现有断裂或岩溶含水层的水力连接。

在开发水热系统时，一般不采取进一步的含水层促产措施，如大规模水力促产。但在开发热干岩的增强型地热系统时，则需要采用这些强力方法来创建地下热交换器（见9.4节）。

大规模水力促产是石油和天然气工业为提高沉积岩中油井的生产能力和产量而经常采用的。通常,在高压下注入大量的水,目的是扩大现有的主要断裂的导水能力。将石英砂或其他支撑剂添加到注入水中,目的是使扩张的那些断裂保持开放(Liang et al.,2016)。

8.6　产量风险、勘探风险和经济效率

　　热液系统在经济上要成功,关键在于大深度(地下数百或数千米)的地质条件。项目开发依于当地以前的、通常是久远的钻孔的数据和资料,以及地球物理勘探数据,如二维和三维地震成像。然而,钻前勘探并不能提供那些决定热液项目经济能否成功的关键参数、温度、产量和注入量的可靠信息。因此,钻探地热双筒系统的第一个钻孔总是存在开孔却打不到合适层位的风险。在热液系统开发中,钻探费用非常昂贵,但钻的却是比勘探数据所预测的水温更低、渗透性更低、更薄的目标地层,这种风险是确实存在的。而且,热液项目的地质风险远超过近地表系统的风险。同样的地质勘探风险在石油和天然气行业也是众所周知的。然而,生产的产品(石油与热水)的价值和相关的回报率在这两个行业中是非常不同的,因此,与不成功的钻探有关的经济风险也是不同的。地质风险可以而且必须要通过广泛的勘探计划和对勘探数据的仔细、规范和严格的分析来降低。

　　钻探前的勘探报告也能作为避免勘探风险的一个基础保障。在过去几年中,各种形式的风险保险已变得越来越流行。这些保险可能涵盖与热液系统开发有关的总体风险的不同方面。经济上的总体风险通常被分为几类风险,如地质、勘探、生产能力、钻探等。对这些风险类型要分别进行分析和评估,保险合同也要以不同的风险类型分别提供。

　　保险公司一般会区分五个不同的风险类别:勘探风险、地质和岩土工程风险、经济风险、环境风险和政治风险,而且各类风险并不总是能明确分开。

　　热液项目的主要风险是勘探风险,是指在热生产能力不足和流体成分不合适的热液含水层中钻一个或几个钻孔的风险。

　　地热井的热功率P(J/s=W)与生产率(Q)和温度(ΔT)成正比,由式(8.6)定义:

$$P = \rho_F c_F Q\,(T_i - T_o) \tag{8.6}$$

其中,ρ_F是流体的密度(kg/m³);c_F是比热容 J/(kg·K);Q是生产率(m³/s);T_i是生

产温度(K);T_o是注入温度(K)。例如,在德国慕尼黑附近莫拉斯盆地的典型的地热双筒井,给定ρ_F为990kg/m³和c_F为4300J/(kg·K),生产井和注入井温度差ΔT为70K的条件下,以生产率约为100L/s(0.1m³/s)的速度生产低溶解性浓度总量的水,其热功率约为30MW(图8.11)。在相同条件下,如果生产速度提高到130L/s或温差为90K,则功率可增加到40MW。相反,由于高溶解性浓度总量流体的比热容下降(c_F为3.8kJ/(kg·K))(图8.11),在相同的生产率和ΔT条件下,生产井温度120℃,溶解性浓度总量约为100g/L的流体产生的热功率则下降到27MW。在120℃时,盐水的密度ρ_F在沸腾曲线上接近1010kg/m³。因此,热液流体的总矿化度(溶解性浓度总量)或盐度对热动力有显著影响。溶解的固体量增加,会大大降低热功率。这种盐度的影响随着温度的升高而增加。尽管流体的密度随着盐度的增加而增加,但这种积极的影响会被降低的比热容所抵消(图8.11)。

此外,从式(8.6)中可以看出,热液储层的生产率Q和与之相关的导水率k_f是控制地热双筒功率输出的关键参数。这是因为ρ_F和c_F在一定范围内变化,而$\Delta T=(T_i - T_o)$最大约为80℃,如果有必要且含水层的几何形状也允许,那么可以通过更深的井来实现。因此,如果从井中抽出热水流速只能达到50L/s而不是100L/s,那么在上面莫拉斯盆地的例子,热功率P将从30MW下降到15MW。

勘探风险还与热液中存在破坏性的不利成分有关。溶解在热液中的固体或气体可能会造成无法利用地热,或使其变得困难和成本过高。由于高盐度和高硫化氢含量,流体可能具有高度腐蚀性。流体还可能会沉淀出放射性或高毒性的结垢。到目前为止,大多数热液井生产的液体都是化学可控的,尽管会有不同程度的额外成本。

因此,如果热液产量能超过项目规定的生产率下限Q_{min},即在水位降上限Δs_{max}时的产量,并且生产的液体温度高于项目规定的下限T_{min},那么热液井就是商业上可行的。项目特定的Q_{min}、Δs_{max}和T_{min}值与运营商的经济考量有关(Stober et al.,2009)。热液系统的预期产品对参数值的设置有控制作用。如果要生产电力,那么T_{min}约为120℃,生产率Q应高于50kg/s(2020年的限制)。在不考虑现场的地质和技术条件的情况下,根据式(8.6),设定生产温度T_i的上限为200℃左右。同样,单井从深层含水层生产热水的最大产率约为150kg/s。从这些限制来看,地热双筒系统的最大地热功率约为50MW。

从热液井中提取的热能E(J)可以通过系统的热功率P(W)和运行时间Δt(s)计算出来[见式(8.7)]:

$$E = P\Delta t \tag{8.7}$$

在热液厂的生产寿命期间,关键参数生产率Q和热液温度T_i不应有明显下降。这方面的前提条件是要有足够大的热液储层。重要的是,还要排除周围地区受其他热液厂损害。

水热发电厂需要非常大的流量流速才能成功运行,其生产率超过石油工业中常见的许多倍。3kg/s的生产率可认为是一个优质的油井。热液储层和生产技术必须满足比油气工业更高的要求(见第12章)。石油和天然气工业的目标特定地质单元的储层特性可能并不适合水热发电系统。

硬岩含水层的导水性和热液井的产量受岩石基质中相互连通的开放断裂的数量、形状、其他导水特征,以及局部断裂、断层带的水力特性的控制。硬岩含水层可根据其主要的孔隙类型分为断裂含水层和岩溶含水层(图8.12和图8.13)。

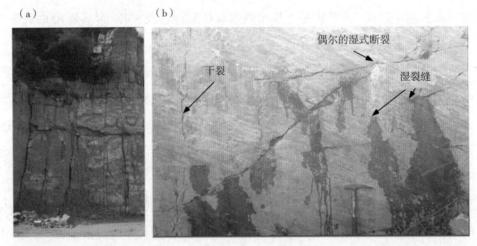

图 8.12 典型的以断裂为主的砂岩和石英岩含水层的表面露头。(a)位于法国阿尔萨斯Voegtlinshofen采石场的下三叠统斑砂岩单元;(b)位于挪威喀里多尼亚Lom附近的具有干断裂隙、湿断裂和有矿物侵染的活跃的导水断裂的文迪亚石英岩表明,导水性取决于详细的断裂属性。

图 8.13 霍尔布附近的 Talmühle 泉的中三叠纪石石灰岩地下产水岩溶通道的例子。(德国西南部)

如果第一口井的含水层测试导水率低于预期,则需要采取促产措施,以改善含水层性质(见 8.5 节)。具体可行的措施包括酸化碳酸盐岩含水层(石灰岩)、水力压裂、酸化技术与水力压裂相结合。在目标含水层中用水平侧钻能进一步提高产量,这是石油行业的普遍做法。

经济成功或成功发现(意外发现)储层的条件是由投资者或开发商在项目开始时就确定好的。预期收益定义的是可实现的生产率的最低值和生产液体的最低温度,以使项目取得经济成功。如果达到或超过限定的标准,那么热液井就是成功的。

一口部分成功的井没有达到完全放弃的标准,如果利用储层改造在技术上是可行的,如果有保险金资助,那么在经济上也是可行的。

在世界范围内,在那些热液项目经验有限或没有经验的地区,勘探风险可能不容易被纳入保险。因此,对采用具有实验性质的新技术或以研究为目的的项目,如增强型地热系统和热干岩项目(见第 9 章),可能根本不会受保。

热液系统的效率和工作寿命主要取决于含水层和储存热水的水力、热力和化学特性。因此应尽早调查清楚这些特性,并仔细记录结果、测试方法和研究工具。经营者和投资方要根据商业指标对热液电厂的经济效益做出最终决定。电力用户的消费结构是决策过程中的核心要素。

勘探风险是所有经济不确定因素的控制因素。第一口井的成功钻探和全面测试,可以大大降低项目的勘探风险。但是,第二口钻井,通常是注入井,必须能够吸收生产的热水,并实现无故障的热液循环(见8.2节)。开发成本(钻探、促产、水力和其他的井测试)约占地热双筒项目总成本的50%~70%(勘探、地面安装和工厂建设是其他成本)。谨慎的项目开发、明确的项目开发阶段议程和阶段性时间进度表,以及严格的终止标准可以将经济风险降到最低。

具有异常高的热梯度(热异常)的区域具有潜在的吸引力,并且由于钻井深度较浅,可以节省投资成本。然而,只有当实现生产,回注率也足够高,使工厂的运营有利可图时,浅层的高温才有益处。

具有正常热梯度的区域甚至很深的钻井(大于4km)产出的流体温度会相对较低。这些低焓的热液系统主要是为供热市场提供热能。为了使地热双筒供热系统的运行有利可图,有必要全年不断地为当地和地区供热网络提供热量。一个成功的项目能为一系列不同的需热客户提供不同温度水平的热量。产生的热能按照梯次利用原则进行分配。例如,一个系统生产90℃的热水。区域供热系统的第一个用户提取热量并将水冷却到60℃,然后由第二个用户用于加热一组温室。离开第二家用户的水为30℃,被第三家用户用于养鱼(图8.14)。养鱼场的温度低于30℃的水再通过地热双筒系统回注到地表下的储层中。热能的使用并不限于所描述的例子,还有更多的创新概念;热能使用的设计和想法有待于有创意的企业家来开发。产生的热量也能用于冷却。

利用适当的技术,可以用超过120℃的热液进行商业化的电力生产。电力生产的效率随着温度的升高而提高。然而,低焓地热双筒系统从含水层中抽取液体,其典型储层温度很少有超过150~170℃的。一个生产电力的系统在经济上成功的要点,是能够对离开发电厂的热能(余热为90℃)进行营利性的销售。必须要能出售这种"废热",购买"废热"的客户也要纳入项目开发。类似的考虑也适用于增强型地热系统和干热岩系统(见第9章)。

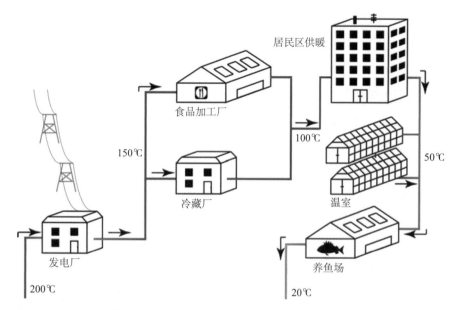

图 8.14 地热双筒系统产生的热能的序列利用。梯次利用系统(根据 Dickson, Fanelli, 2004)

地质和岩土工程风险是指存在于地质预测的一般方法中固有的不确定性。在钻前勘探阶段,地球物理资料对地质构造和地下地层的预测会有固有的模糊性。钻井过程中的地质风险包括可能出现意外的地质地层、未预测到的压力状况或大量可能对井筒造成侵蚀和坍塌的流体。对意外的地质情况处理不当通常也会导致岩土和钻井技术问题。

钻井风险是指那些所有与钻机、钻具和钻井过程有关的技术问题。钻井问题包括工具丢失、套管损坏、固井缺陷、钻杆卡钻、井斜、钻杆故障、泥浆污染、钻孔不稳定、井喷等(见第 12 章)。这些钻井问题几乎总是会造成钻井作业的严重拖延。在最坏的情况下,钻井技术问题可能会导致井筒的损失和到前期的所有投资泡汤。钻井风险是由钻井承包商承担的。钻井风险可以通过保险承保。

运营风险涉及电厂技术、地面安装技术设备和电厂运营。对电厂技术有关的运营风险可以买保险。但与热液储层有关的运营风险,特别是在系统生命周期内的恒温和生产率,不能受保,只能由开发商承担。在地热双筒运行期间,温度、产量及流体的化学成分的所有变化,都是经营者的风险。当然,还包括所有可能直接或间接由流体性质的波动引起的技术装置的改变。另一部分运营风险是不断变化的能源市场,使得在系统 30 多年的运营寿命期间,会受到电力和热能价格不确定性的影响。规划和开发项目时可以通过引入保守的经济参数、限制储层生产率和双井的距离,尽量减少这些风险。

环境风险:热液系统与近地表地热能的利用相类似,可能会受到环境风险的困扰。地热双筒体系可能会对地下水资源和土壤造成危害。大型项目和大规模进入到地下深处需要采取适当的预防措施和安全防范措施,以最大限度地减少危害。在许多国家,钻深井和超深井都需要通过采矿法的批准程序,这也要考虑到当地居民的利益。地热能源装置可能会造成的环境后果和环境风险将在11.2节和11.3节中讨论。

诱发地震。储层促产措施可能会诱发地震事件,特别是在有天然地震的地区。热液厂在运行过程中也可能诱发地震。震动的强度通常较小,但在一些报告的案例中,有些较强的地震也能在地面感觉到。促产能否引发地震取决于地面的地质结构和现有的岩石类型、现有的活动构造应力、施加的注入压力水平、促产期间注入流量的大小和时间长短,以及被压裂的断裂系统的结构和体积。因此,测量震动速度的监测程序应与地热系统的深钻同步。震动速度数据能描述到达地面的诱发地震事件的地震能量。用于描述自然地震事件现场释放的地震能量的震级数据,不适合用来评估地热项目促产诱发的地震。在一定程度上,诱发地震的发生能通过数值模型进行预测、评估和部分控制。控制诱发地震的关键是要持续测量和监测注入压力,以及启用为特定热液项目专门设计的地震监测程序,来测量厂址附近和远处的震动速度。如果数据表明地震发生的风险越来越大,则必须要降低注入压力和泵送速度(见11.1节)。

政治风险:利用低焓水热系统进行电力生产和热能利用也取决于大多数国家的政府补贴,这是需要在项目规划中加以考虑的一种政治风险。例如,补贴包括消费者所缴电费,对具体项目的直接补助,对研究和开发的支持,对实验场所的补助等。然而,目前大多数公众和政界人士都支持扩大非化石能源,即可再生资源的使用。对地热能源利用的政治支持要适应新技术的出现、全球能源市场的发展、国家失业状况和其他宏观经济因素及其长期变化。低焓热能利用是全球能源市场中一个较新的参与者。在改进水热系统方面取得的实质性进展将使该技术在未来更具成本竞争力。相比之下,用化石资源(煤、石油、天然气和其他)生产电力和热能将不可避免地会经历资源减少和环境法规造成的长期成本的上升。能源市场的长期趋势使地热能源更具竞争力,从长远看最终将不会依赖于补贴。

8.7　水热系统的一些现场实例

下面介绍一些基于从深层含水层提取热水和含水层储热系统的低焓水热发电站的现场案例。一般含水层储层温度在150℃以下的,目前很少用于发电。然而,已有的系统能为当地社区提供可靠的基载电力。在系统开发和运行过程中取得的经验和待解决的问题对在其他地方开发水热系统很有价值。

法国北部巴黎盆地:

20世纪60年代末,在巴黎南部的Melun l'Almont附近建造了第一个为巴黎盆地住宅建筑供暖的地热双筒(Ungemach,2001;Ungemach et al.,2005)。随后,由于1980—1987年期间油价的急剧上涨,又补钻了更多的井。在63口深井中,只有2口井完全失败,5口井部分成功。2019年,巴黎盆地有37个地热双筒系统在生产商业热能。产生的热能可直接用于房屋供暖和热水供应。地热能通过热交换器转移到二级环路,并通过独立的分配网络到达终端用户。从2010年年底起,巴黎奥利机场就开始使用地热双筒体系生产的热能,为机场提供了约1/3的供暖。

最早的地热双筒是从两个钻井点钻出的两个垂直井;后来从一个钻井点钻出了几个倾斜井,如今许多地热双筒的建造都是利用水平钻孔到达含水层的。从一开始,就使用了数值模拟来优化地热厂的管理,这有助于避免与邻近系统不必要的干扰,并能最大限度地延长装置的使用寿命(Sauty et al.,1980;Antics et al.,2005)。现在大多数地热系统都是设计成地热双筒,将产生的高矿化度的水回收到储层中来确保可持续性。一些较新的装置也使用3井系统。自2009年起,巴黎盆地的一个资源管理模型已能用来优化地热能源的利用,特别是侧重于绘制冷却羽流图。

巴黎盆地是法国北部的一个大型同心圆地质结构,直径达几百千米。该盆地在三叠纪后因古生代基底的中央沉降而发育。盆地具有从二叠纪到中生代再到第三纪的完整地层序列。第三系地层暴露在巴黎盆地中心。热能是由地热双筒系统从几个不同的热含水层中提取的。所利用的含水层地质时代为下白垩纪、上侏罗纪、中侏罗纪和三叠纪。大多数井的深度为1700m左右,生产率从25~75L/s不等。热水的温度在58~83℃变化。这些水都是高度矿化的,含有10~40g/L的溶解固体,主要是氯化钠,pH为6。热水还含有相当数量溶解的二氧化碳和硫化氢气体。这些水还有蒸发岩中浸出的硫酸盐。硫酸盐还原菌从硫酸盐中产生硫化氢,在第一批建造的系统中,硫化氢对系统部件包括套管造成严重的腐蚀和结垢。硫化物结垢的形成来自于以下(净)过程。

(1)硫酸盐到硫化物的还原：

$$2CHO（有机生物质、细菌）+ SO_4^{2-} + 4H^+ \longrightarrow H_2S + 2H_2O + 2CO_2$$

(2)管道钢材腐蚀：

$$Fe + 2H^+ + 0.5O_2 \longrightarrow Fe^{2+} + H_2O$$

(3)从反应(1)和(2)的产物中形成黄铁矿结垢。

$$Fe^{2+} + H_2S \longrightarrow FeS（黄铁矿）+ 2H^+$$

如今,整个双筒系统、生产井和注入井以及地面装置都要通过在生产井底孔注入特殊的抑制剂来进行常规的腐蚀保护(图8.15),还有一些井在灌浆套管中安装防腐蚀的中心玻璃纤维衬垫。为了防腐蚀,早在1971年就已经开始使用钛合金建造板式热交换器。在巴黎盆地,量身定做的修井程序可用来修复损坏的地热井(Ungemach and Turon,1988)。

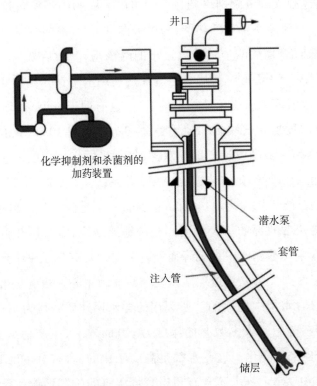

图8.15 巴黎盆地的一口生产井示意图,显示的是用于向井底注入防腐蚀抑制剂的井下注入管(由法国 BRGM 重新绘制)。

法国西南部阿奎坦尼亚(Aquitanian)盆地：

地热能源是利用18口单井系统,而不是利用地热双筒,由中新世、上白垩世和中侏罗纪(Dogger)时代的三个不同的含水层提供热能。法国其他使用深层含水层的地热供暖设施则在朗格多克(Languedoc)、洛林(Lorraine)、布雷斯(Bresse)和利马涅(Limagne)地区运行。

上莱茵裂谷(德国、法国、瑞士)：

德国布鲁赫扎尔研究基地：20世纪80年代初,在德国卡尔斯鲁厄北部20km处的布鲁赫扎尔市钻有两口深井,目的是生产地热能源。由于各种经济问题,该系统在2008年才完成,以相当小的输出功率运行。然而,人们从布鲁赫扎尔基地学到了许多重要的技术和其他经验,该基地一直是一个研究和试验基地,而不是一个商业发电厂。

该地点位于第三纪(渐新世)莱茵河裂谷的南北走向,靠近东部为主边界断层(图8.1中约为26km处)。主边界断层是一条主要的断层带,是由一系列铲形正断层组成的主断裂带,断层向西倾斜。海西期基底的沉积盖层在地堑内部发生断裂,几个具有含水层性质的地质单元处于足够大的深度,能容纳地热应用潜力很大的热水。此外,当地的地热梯度约为50℃/km,明显高于欧洲中部的平均梯度33℃/km。

这两口直井深度分别为1874m和2542m,均取得了斑砂岩储层的热水,该储层为下三叠统砂岩。这两口井的产量几乎相同。含水层的透过率为T=3.6×105m²/s (Bertleff et al.,1988)。井间水平距离为1.4km,采用保温热水管道连接。高盐度的热水从较深的井中开采。其井底温度为134℃,采出水在热提取后会回到浅井中。受2012年泵的容量限制,抽水率适中,为24L/s(图4.11)。更高的速率似乎也可以,但还没有试验过。早期几个具有类似能力的泵,因为出现与布鲁赫扎尔基地情况无关的技术故障而坏掉。

在近30年的时间里,我们定期对布鲁赫扎尔井的水样进行了化学分析。高度矿化和富含二氧化碳的温泉水的化学成分非常稳定,其主要成分是Na^+和Cl^-(表8.1)。水样实际上是由1.6mol/L的NaCl、0.3mol/L的$CaCl_2$和0.1mol/L的$CaCO_3$组成的混合物,碳酸盐碱度非常低。然而,生产过程中的压力下降使得热水中的方解石变得过饱和。为了防止碳酸盐结垢,该系统在地面装置中要一直保持22bar的压力。溶解的二氧化碳气体含量较高,因此需要一个特殊的气体分离器(图8.16)。在热水进入电厂之前,要将大部分的二氧化碳去除。气体在离开温度为60℃的热交换器后,在水中重新溶解。

表8.1   布鲁赫尔 GB2 井的化学成分(pH=5.0,水温 134℃)

组成成分	浓度/(mg/L)
钙	7 140
镁	324
钠	37 400
钾	3 440
铁	47
锰	23
氯	75 200
碳酸氢根	350
四氧化硫	586
二氧化硅	83
二氧化碳气体	约 2 000

图8.16   二氧化碳气体分离器(气桥),用于在进入布鲁赫萨尔卡利纳地热工厂的热交换器之前,将多余溶解的二氧化碳从热水中分离出来(热流体一侧)。收集的二氧化碳气体被重新溶解到离开工厂的冷却水中(冷却流体一侧)。

一个使用水-氨混合物作为传热流体的二元循环卡利纳工厂将产出热水的热能转化为电能。热水的热能通过板式热交换器转移到二次回路的工作液中。该工厂通过湿式冷却塔进行冷却(图4.9)。湿式冷却程序是将空气中要冷却的水雾化,然后滴落在塔填料上。水向空气中释放蒸发热。水滴分离器能补偿水的损失。该系统的热功率约为7MW。该厂的电力功率为550kW。假定该研发工厂的年运行时间约8000h,则其发电量约为4400MW。

法国阿尔萨斯里特斯霍芬(Rittershoffen):

位于斯里特斯霍芬的地热发电站在斯特拉斯堡东北约40km处,也是用地热双筒技术。斯里特斯霍芬发电站为位于阿尔萨斯(Beinheim)以东15km的Roquette淀粉厂提供蒸汽生产和烘干机所需的热能源。

斯里特斯霍芬的地热双筒系统是从两个含水层中提取热能,即下三叠纪的斑砂岩地层和最上层的Variscan结晶基底,后者由强烈改变和断裂的花岗岩组成。这些含水层由一个高渗透性的断层带连接。

第一口井GRT-1于2012年钻成。它是一个2580m深的垂直钻孔,用作注入水。生产井GRT-2是一个3196m长的斜井,深度为2708m。这两口井都钻入同一巨大的南北走向的斯里特斯霍芬断层(倾角为W45°)区的花岗岩中。两个开放孔都是用直径8.5in的钻头钻进。注水井中的裸眼井长度为658m,生产井中的裸眼井长度为1076m(Vidal et al.,2017;Baujard et al.,2017)。在生产井的底孔,热液水的温度为177℃(注水井中水温为163℃)。深层水含有约100g/kg的溶解固体,主要是氯化钠和氯化钙,并富含溶解的二氧化碳气体。

热水储层进行了化学和水力促产,但储层的开发避免了发生大于里氏1.7级的有感地震(见第11.1节)。一个精心设计的大型地震监测站网络可精确定位储层的微地震反应,并根据需要及时修正促产措施。监测系统收集的数据也可以保存,作为潜在冲突情况下的证据。

以注水井为例,化学促产措施是在由封隔器所分离的部分中进行的。在随后的水力促产中,压裂水注入分8个步骤进行,最终达到的最大流量为80L/s。压力释放也是分阶段进行的,从而避免了传统的关井,目的是防止地震余震。尽管在减压阶段,地震活动的震级有所增加,但考虑周到的程序使所有的地震活动均保持在里氏1.7级的临界值以下。促产工作使注入井的生产能力指数PI增加了5倍。对于标称值Q为70L/s,生产能力指数达到了25L/(s·MPa)。生产井的生产能力指数略高于注入井。促产措施的水力分析表明,虽然靠近钻孔的现有断裂的孔径增加了,但没有产生新的断裂(见9.3节)。压裂措施完成后,进行了为期三周流速为28L/s的循环测试,检验了双井的水力特性。两次示踪剂试验的结果显示14s后出现了示踪剂的突破,证明这两口井在水力上是相通的(Sanjuan et al.,2016)。

该地热厂是在2016年投入使用的,热功率为24MW。高矿化度的水由轴向泵以70~75kg/s的速率产出。它到达井口时温度为168℃,流经一系列12个板式热交换器,然后由注入井返回含水层,无需泵送。注入井井口的水温为70℃(Mouchotet al.,2018;Boissavy et al.,2019)。使用$(T_i - T_o) = \Delta T = 98℃$,Q=70~75kg/s和矿化水的$\rho_F$及$c_F$的适当值,由式8.6计算出热功率P为24~26MW,与报告的工厂热容量一致。在水中加入适当的化学抑制剂,能最大限度地减少板式换热器中富含锶的重晶石结垢和方铅矿硫化铅结垢的形成(见8.4节,11.2节,15.3节)。抑制剂会通过整个双管系统。

德国巴伐利亚莫拉斯盆地:

在德国南部的慕尼黑地区,一系列的地热装置成功地生产了热能和电能。2019年有19个工厂在运营,还有几个地热双筒和多井工厂正在建设中,更多的项目会在不久的将来会完成。19个工厂的总装机容量为280MW热能,以及7个热电联产工厂35MW的电能。慕尼黑市政公用事业公司宣布的目标是在2040年前完全使用可再生能源进行区域供热。深层地热资源的利用始于2003年的Unterschleißheim热电厂,为当地的区域供热网生产热能。随后,在慕尼黑附近的翁特哈辛建立了一个热电联产厂。

慕尼黑大都市区的所有地热系统都是从同一个巨大的上侏罗纪石灰岩含水层中抽取热水(图8.17)。该含水层的特点是产量极高,水的成分很好,固体溶解总量很低。石灰岩的高产量与莫拉斯盆地部分地区出现的礁石相关(Birner et al.,2012;Stober,2013)。礁石灰岩含有空洞结构,并且已岩溶化。在莫拉斯盆地的其他地区,上侏罗纪的马尔姆(Malm)石灰岩为块状的滨石灰岩和白云岩,渗透率低或非常低。慕尼黑地区的马尔姆含水层也有强烈的断裂和断层,这进一步促进了其高导水率。礁石灰岩含水层导水率为10^{-6}~10^{-5}m/s,是典型的慕尼黑地区的导水率(Birner et al.,2012)。马尔姆石灰岩在北部的地表出现,在南部的覆盖层增加到几千米厚(图8.17)。石灰岩的厚度不一,最厚为500~600m。华力西基底及其覆盖的沉积物向南缓缓倾斜,形成一个由阿尔卑斯山造山运动形成的强烈不对称的盆地。该盆地在第三纪时被磨砾石沉积所填充(图8.17)。整个岩石序列被慕尼黑以南约40km处的阿尔卑斯山推覆体的前缘部分所覆盖。随着灰岩含水层深度的增加,含水层的温度逐渐升高,孔隙水的总矿化程度也逐渐增加。

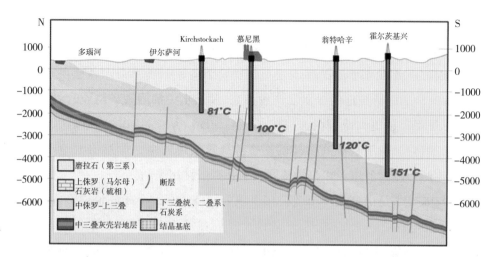

图8.17 穿过巴伐利亚慕尼黑的莫拉斯盆地南北地质断面示意图,显示出基底覆盖层复合体的南倾,主要含水层为上侏罗纪马尔姆石灰岩的高渗透性礁石层,次要含水层为三叠纪壳灰岩地层。文中提到地热厂的示意位置与石灰岩含水层的那些底孔温度。霍尔茨基兴温度指的是泵出的温度。

翁特哈辛:

2004年,两口直井中的第一口井UH-1到达了3350m深的上侏罗纪石灰岩含水层。第一口井的含水层厚度为380m,井底温度约为120℃,生产率为150L/s,第一口井是用作生产井。两年后,第二口井UH-2最终深度达到3864m,由于断层构造,含水层厚度为650m(图8.17)。

该工厂的产能在最后发展阶段,大约为70MW热能。3446m深的生产井的生产率为150L/s。热量提取后,冷却的水通过3864m深的注入井被泵回到同一含水层。由于井深较大,注入井温度高达133℃,两口井由一条3.5km长的热水管道相连。

电力是由一个以卡利纳工艺为基础的发电厂生产的(见4.2节)。2009年,该厂的发电量为3.36MW。同年,卡利纳工厂退役,如今该系统完全用于区域供热。

地区供热网的建设始于2006年,2010年长度达到了35km,2019年建成47km。该工厂在2015年生产热能为58GW,最终热容量的目标是90GW。地热系统每年为7000个家庭提供108GW的热能(2017年)。能量提取后,冷却的水通过第二口井注入井回注到同一含水层。第二口井的温度为133℃。因为井深较大,这两口井是由一条3.5km长的热水管相连。

所生产热水的溶解性固体总量低得惊人,只有600~1000mg/L。主要的溶解成分是Ca^{2+}和HCO_3^-,而不是像大多数其他深度超过3000m的深层水中含有氯化钠。该水还含有相当数量的溶解氮、硫化氢和甲烷。对热水循环不停地施加过剩氮气压力,可防止固体的化学沉淀和大气中氧气的进入。热水管道由玻璃纤维增强塑料制成,以防止腐蚀问题。

翁特哈辛工厂所在地的含水层产量极高,深层水中的溶解矿物质含量较低,因此在慕尼黑都市区更大范围内又完成了一系列的后续项目(Birner et al.,2015;Stober et al.,2014)。位于Unterföhring的一个热电厂使用的是一个双倍的地热双筒系统,两个生产井和两个注入井都是从同一个钻探点钻出来的。

Kirchstockach是由慕尼黑市政公用事业公司(Stadtwerke Münch:swm.de)运营的几个地热发电厂之一。该地热双筒的计划热容量为33MW,目前运行的容量为27MW。生产井深1981m,生产率为90L/s,热水温度为81℃。2002m深的注入井的底孔温度为76℃,冷却的水以100L/s的速率回注。

德国霍尔茨基兴:

霍尔茨基兴地热发电厂位于慕尼黑以南25km处,在巴伐利亚莫拉斯盆地的类似设施中最具有代表性。这是一个热电联产厂,为地区供暖生产热能,并用一个地热双筒生产电能(图8.18),总容量约为30MW。建厂的决策是在2017年做出的,2015开始钻探斜井Th 1a,2016完成了斜井Th 2b的钻探。Th 2b井的钻井长度为6084m,是莫拉斯盆地最长和最深的井。Th 1a的钻井长度为5600m。井底水深为4800m,马尔姆石灰岩含水层的顶部下大约为4500m。2017年,在最后安装了泵、筛管和套管的井中进行了循环测试,泵速为50L/s。用Turboden S. r. l.公司的二元循环设备发电(见4.2节),用异丁烷作为涡轮发电机系统的传热流体。该工厂于2019年7月4日获得了运营许可证。按照2019年最初的计划,其电产能为3.2MW。然而,在2020年3月27日达到了大于4MW的电产量。产出的热液水在井口温度为149℃,在Th 1a钻孔泵的位置温度为151℃。生产率Q在65~80kg/s的范围内变化。水中含有溶解性有机碳(DOC)。该厂的主要产出是21MW的热能,用于区域供暖。

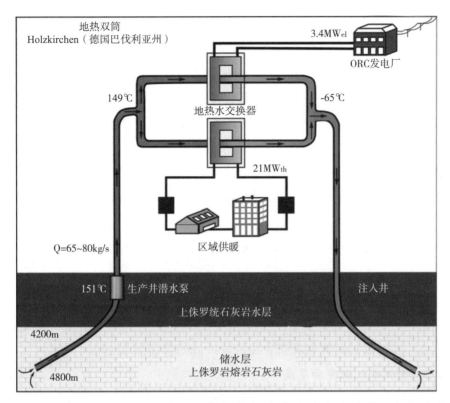

图 8.18 德国巴伐利亚州慕尼黑南部霍尔茨基兴的地热双筒。数据来自 gw-holzkirchen.de（Gemeindewerke Holzkirchen）。

8.8 热液发电系统的项目规划

规划和开发一个热液发电厂是一项复杂的工作,需要来自不同领域有能力的专家密切合作,并需要结构清晰、职责明确的项目管理。关键主题有两个:(1)勘探风险是所有热液系统项目的障碍,必须要通过全面的专家分析和储层系统运行模型预测将其降到最低;(2)必须要为生产的热能找到消费者。如果还没有与所产热能的购买者签订消费合同,就不应该开始建造地热双筒系统。可以转化为电能的热能数量仅占总热能的一小部分。因此,大部分生产的能量必须都要卖给用户。因此,潜在水热厂的选址在很大程度上取决于现有或未来的用户位置,如区域供热网或工业用途(除地质条件外)。如果所生产的热没有消费者,那么所建造的热液厂就基本上是一个能量消耗系统(见8.6节)。

在地热双筒项目中,首先要评估附近已有或可以获得地热客户的类似地点的地热潜力。在低焓地区和发电厂,必须有可能存在2~4km深度的储水层,其储层热水温度为120℃以上。

强烈建议项目开发商和主管部门在项目现场首次运营前,与相关各方进行公开讨论。公共信息和可靠的公民参与可彰显透明度、提高信心和对项目的认可。

地热发电厂的运营许可,不仅仅是获得一般性的运营许可那么简单。在项目开发过程中,需要从许多不同的负责部门获得每个步骤的批准。建议项目开发商向有经验和有能力的咨询公司寻求帮助。深部地热能的安全利用需要从环境保护的角度对所有工程进行详细规划和监督,并始终遵守所有相关法规。

以下是列出的项目纲要,总结并构建出了开发热液系统的关键工作内容。

第1阶段:初步研究

初步研究是要界定和描述项目的目标,由此确定地热利用的类型。

1.1　项目的目标

1.2　地质基础

　　−现有数据(数据汇编;一般地质、地震剖面和井、水力试验;热流数据)

　　−地下地质结构(横跨研究区的断面、地震剖面的解释)

　　−含水层的深度和厚度

　　−对潜在目标含水层温度的初步估计

　　−导水率、可能产量

　　−不同目标层中热水的化学成分

　　−地方采矿法规、采矿特许权、经营许可证

1.3　能源利用概念

　　−计划中的和现有的区域供热(乡镇、社区、当地电力公司,地热装置提供的热量定义)

　　−电能生产(如果需要,可选择)

1.4　地热发电站的粗略技术概念

　　−不同的技术系统(双管、井间距离、侧井)

　　−水井施工设计(需要进行首次成本估算)

　　−地表安装、电厂概念

1.5　成本估算、财务概念、经济责任

第2阶段:可行性研究

2.1−2.4　更详细地介绍初步研究的1.1~1.4,确定计划的备选方案

2.5　成本、投资和融资分析

−勘探

−钻孔、地下装置

−地面设施、工厂

2.6 经济

−运营成本

−成本和支出、收入

−盈利能力分析、成本效益研究

2.7 风险综合分析、量化勘探风险

2.8 生态学分析、生态平衡研究

2.9 项目进度、项目流程

第3阶段：勘探

3.1 委托咨询公司，指派项目管理人员

3.2 向当地矿业管理部门申请勘探权

3.3 与胜任的专业公司一起完成地球物理勘探（如有必要）

3.4 钻探理念（遵循矿业管理部门的法律要求）

3.5 对第一个井筒进行招标，制订作业计划

3.6 钻探和测试第一口井

3.7 如有必要，执行促产措施

3.8 决定是否放弃

第4阶段：开发

4.1 对第二个井筒进行招标，制订作业计划

4.2 钻探和测试第二口井

4.3 如有必要，执行促产措施

4.4 地面装置和发电厂建设（与4.1~4.3同时进行）

4.5 向矿业管理部门承诺确保获得许可证区域的安全

4.6 工厂的运营，生产热水、热能和电能

第1~3.5阶段涉及开发热液储层的所有钻探前工作项目。关键步骤包括从当地矿业管理部门获得勘探权和确定钻探位置。这两项工作的基础是对目标地点的地热潜力进行合理评估，需要以现有的地质数据为中心。同样重要的是，要开发出怎样利用当地和区域供热网生产的地热能源并用于发电。此外，必须要签署保险协议，最重要的是，还必须要找到一个资金支持方。

3.6~3.8阶段是根据项目的目标范围确定钻井走向。如果根据项目条件,该井未能达到成功的标准,仍可用于替代其他地热项目或用途。然而,这种利用不同于最初的概念,因为地质和地热情况与钻探前的勘探预测有差异。也许,井筒撞上了天然气或石油储层!也许,更常见的是,热水的产量或温度低于预期。尽管如此,采出的水仍然能用于温泉浴场或深层地热探针,但这就不能像最初设想的那样用于发电。

如果第一口井成功,项目就要进行第二口井的招标,同时还要做进一步的地球物理、水力和水化学研究(第4阶段)。重要的是,生产井和注入井要严守计划含水层中的最小距离,以便使生产的热水在系统的整个生命周期内都能保持其原始温度。其目的是要创建一个无故障的热水循环(主回路),并有足够高的产量和水温。为此,需要进行生产测试,必要时采取促产措施,并进行广泛的水化学调查。在适当的条件下,要采取有助于防止结垢和腐蚀的特别措施。在项目这个阶段,面对的挑战就是对钻井设备和钻井技术的考验,对井工程材料、泵及泵设备的高要求。要根据热水的水力数据和水化学性质,对发电厂的最佳工艺和工程进行决策。

一个地热项目的多面性工作需要来自不同领域的专家进行高效的团队合作,由工程师、地质学家、律师、保险和融资专家携手来完成。必须要委托分包商,以及协调他们的工作。一个成功的地热项目需要所有相关参与方的协调配合和高效努力。

8.9 含水层热能储存

含水层储热开环系统是利用深层含水层暂时储存多余的热能("废热"),以后再提取出来主要用于加热。含水层储热技术是研究如何合理利用热电联产装置、燃气或蒸汽涡轮机、采矿厂、发电厂的过程热和其他"废热"源。这些系统也像地热双筒一样,至少要有一个生产井和一个注入井(Doughtyet al.,1982)。含水层储热系统是按季节运行的。在暖季,系统通常通过地面热交换器将生产井中抽出的余热输送到含水层进行热加载。然后,热水通过注入井返回到含水层。这个过程会在注入井筛管周围形成一个热球。该过程在寒冷季节则逆转过来,回收的热能通常供给区域供暖系统用于供暖。深层含水层的地下水流速非常小,所以系统的热损失也很小。

含水层储热系统的效率可由热回收率τ(蓄热利用水平)来定义。它是获取的热量与加载到含水层中的热量之比(τ=出热量/入热量)。热回收率通常为0.7左右。

该比值与一个或几个储存周期有关。随着循环次数的增加，τ 也会增加，因为含水层岩石的温度逐渐升高，从而会增加由水和岩石组成的总存储温度。系统也能用于储存冷却水，而且通常具有更高的效率，$\tau=0.8$。

由于含水层储热能将热能同时储存在地下水和含水层岩石中，式(8.6)中的乘积 $\rho_F c_F$ 就变成：

$$\rho c = \{\rho_s c_s\}(1-n)+\{\rho_F c_F\}n \tag{8.8}$$

其中，下标 S 和 F 分别表示岩石和流体的属性，n 代表孔隙度。ρc 的量纲为 J/($m^3 \cdot K$)。如果热回收率 τ 明显低于 1，那么在系统长期运行期间，含水层中就会积累热量。

深层含水层储热需要适当的地质条件：含水层具有均匀的高导水率 k_F、地下水的化学成分没有问题、温度适宜、较低的地下水流速，其导水率为决定性参数。系统的"暖"和"冷"侧之间的热相互作用取决于两口井的距离、水力传导率和生产率(Kim et al.，2010)。它的热特性和水力特性可用 TOUGH2、USGS、HST3D 或 FEFLOW(仅举这几例)等数值模型进行足够精确的建模(如 Lee，2010；Gao et al.，2017)。如果含水层中的温度变化很大，则可能会发生地球化学和生物变化，结果可能会使系统的各个部分都形成结垢。

这种技术也能在温暖的季节用于冷却，这取决于温度和含水层储存的深度。在这种情况下，水流方向每年要改变两次，每口井必须要配备一个生产泵和一个注入管。然而，含水层储热的双向应用是一项有成本效益的技术，在寒冷季节利用夏季的热量取暖，在温暖季节利用冬季的低温冷却。因此，浅层含水层储热可能比深层的更经济，因为钻井成本低，地下水和注入水之间的温差更大，储水量也更大。另外，深层含水层储热可与太阳能热系统及其他产生季节性过剩热量的系统相结合。含水层储热也可用于温室供暖或区域供暖系统，特别是工业热源或来自热电联产厂的"废热"，都可以季节性地转移到系统中来。它还可以与热泵相结合，以更高的和恒定的温度生产水。这对拥有现有热电联产装置或区域供热网的地区特别有吸引力。含水层储热是大型系统，需要对热能有较高需求的用户(大于 10MW)和相应的"废热"来源。

目前，全世界有超过 2800 个含水层储热系统在运行，产生 2.5TW 的热能用于供暖和制冷。这些系统大多是近地表系统，储存温度低于 25℃。85% 的含水层储热系统在荷兰运行(dutch-ates.com)，10% 在瑞典、丹麦和比利时(Fleuchaus et al.，2018)。但高温系统(大于 90℃)迄今尚未得到广泛的测试和使用(见下文的现场例子)，但有很大的潜力,是值得支持和推广的一项可持续和面向未来的技术。德国新勃兰登堡和荷兰乌得勒支的含水层储热系统以90℃的温度向含水层注水,荷兰兹瓦默丹则以88℃的温度注水。对荷兰的深层含水层储热系统的分析表明,其效率是由热需求,而不是由储存装置的特性所控制。

德国新勃兰登堡的含水层储热系统是一个深层高温储存系统的实例(Kabus et al.,2005)。系统将热电站的季节性过剩热量(约20MW)转移到1250m深处的含水层。即将温度为85~90℃的水以28L/s的速率注入砂岩储层(三叠纪上波斯特拉砂岩)。处于砂岩中的原始地下水温度为55℃,固体性溶解总量为135g/kg。卸载温度为70℃,因此系统的运行效率约为$\tau=0.75$。不幸的是,该设施已经退役了。有观点认为其技术是成功的,但由于有关领域存在权利纷争而走向了夭折。

参考文献

Hasnaina, S. M., 1998a. Review on sustainable thermal energy storage technologies, Part I: heat storage materials and techniques. Energy Conversion and Management, 39, 1127–1138.

Hasnaina, S. M., 1998b. Review on sustainable thermal energy storage technologies, Part II: cool thermal storage. Energy Conversion and Management, 39, 1139–1153.

Stober, I., Richter, A., Brost, E. & Bucher, K., 1999. The Ohlsbach Plume: Natural release of Deep Saline Water from the Crystalline Basement of the Black Forest. Hydrogeology Journal,7, 273–283.

Choi, J.H., Edwards, P., Ko, K. & Kim, Y.S., 2016. Definition and classification of fault damage zones: a review and a new methodological approach. Earth Sci. Rev., 152, 70–87.

Kappelmeyer, O. & Haenel, R., 1974. Geothermics with special reference to application, pp. 238, E. Schweizerbart science publishers, Stuttgart.

Cãmara, G., Souza, R. C. M., Freitas, U. M., Garrido, J. & Ii, F. M., 1996. SPRING: Integrating remote sensing and GIS by object-oriented data modelling. Image Processing Division (DPI), National Institute for Space Research (INPE), Computers & Graphics, 20 (3), 395–403, Brasil.

Trefry, M. G. & Muffels, C., 2007. FEFLOW: a finite-element ground water flow and transport modeling tool. Ground Water, 45 (5), 525–528.

Clauser, C., 2003. Numerical simulation of reactive flow in hot aquifers using SHEMAT and Processing SHEMAT. Springer Verlag, Heidelberg/Berlin.

Harbaugh, A. W., 2005. MODFLOW-2005; The U.S. Geological Survey Modular Ground-Water Model—the Ground-Water Flow Process. Techniques and Methods. U.S. Geological Survey, 6-A16.

Mottaghy, D. & Pechnig, R., 2009. Numerical 3-D model and prediction of the temperature evolution of thermal reservoirs (in German). BBR - Fachmagazin für Brunnen- und Leitungsbau, 60-10, 44-51.

Amann, R., Glöckner, F. -O. & Neef, A., 1997. Modern methods in subsurface microbiology: in situ identification of microorganisms with nucleic acid probes. FEMS. Microbiol. Rev., 20 (3/4), 191-200.

Dingh, H. T., Kuever, J., Mussmann, M., Hassel, A. W., Stratmann, M. & Widdel, F., 2004. Iron corrosion by novel anaerobic microorganisms. Nature, 427, 829-832.

Friedrich, H. -J., Zschornack, D., Hielscher, M., Hinrichs, T. & Wolfgramm, M., 2018. Extraction of rare strategic metals from geothermal brines(in German). Geothermische Energie, 88/1, 22-23, Berlin.

Portier, S., André, L. & Vuataz, F. -D., 2007. Review on chemical stimulation techniques in oil industry and applications to geothermal systems. In: Engine, pp. 32, CREGE, Neuchatel, Switzerland.

Liang, F., Sayed, M., Al-Muntasheri, G. A., Chang, F. F. & Li, L., 2016. A comprehensive review on proppant technologies. Petroleum, 2, 26-39.

Ungemach, P., 2001. Insight into geothermal reserhoir management district heating in the Paris Basin, France. GHC Bulletin, 22, 3-13.

Ungemach, P., Antics, M. & Papachristou, M., 2005. Sustainable Geothermal Reservoir Manage- ment. Proceedings World Geothermal Congress 2005, Antalya, Turkey, 24-29 April 2005, 12 pp.

Sauty, J. P., Gringarten, A. C., Landel, P. A. & Menjoz, A., 1980. Lifetime optimization of low enthalpy geothermal doublets. In: In: Strub, A.S. & Ungemach, P. (eds): Advances in European Geothermal Research, pp. 706-719, D. Reidel Publ. Co. Dordrecht, The Netherlands.

Antics, M., Papachristou, M. & Ungemach, P., 2005. Sustainable Heat Mining, a Reservoir Engi- neering Approach. In: Proceedings, thirteenth workshop on geothermal reservoir engineering, pp. 14, Stanford University.

Ungemach, P. & Turon, R., 1988. Geothermal Well Damage in the Paris Basin: A Review of Existing and Suggested Workover Inhibition Procedures. SPE Formation Damage Control Symposium, 8–9 February 1988, Bakersfield, California, 17pp.

Bertleff, B., Joachim, H., Koziorowski, G., Leiber, J., Ohmert, W., Prestel, R., Stober, I., Strayle, G., Villinger, E. & Werner, J., 1988. Data from geothermal well sinBaden–Württemberg(Germany) (in German). Jh. geol. Landesamt Baden–Württemberg, 30,27–116.

Vidal, J., Genter, A. & Chopin, F., 2017. Permeable fracture zones in the hard rocks of the geothermal reservoir at Rittershoffen, France.–AGU, Journal of Geophysical Research: Solid-Earth, 122(7), 4864–4887.

Baujard, C., Genter, A., Dalmais, E., Maurer, V., Hehn, R., Rosillette, R., Vidal, J. & Schmittbuhl, J., 2017. Hydrothermal characterization of wells GRT–1 and GRT–2 in Rittershoffen, France: Implications on the understanding of natural flow systems in the Rhine Graben. Geothermics, 65, 255–268.

Sanjuan, B., Scheiber, J., Gal, F., Touzelet, S., Genter, A. & Villadangos, G., 2016. Inter–well chemical tracer testing at the Rittershoffen geothermal site (Alsace, France).–European Geothermal Congress, 7 p., Strasbourg, France.

Mouchot, J., Genter, A., Cuenot, N., Scheiber, J., Seibel, O., Bosia, C. & Ravier, G., 2018. First year of Operation from EGS geothermal Plants in Alsace, France: Scaling Issues.–Proceedings, 43rd Workshop on Geothermal Reservoir Engineering, Stanford University, SGP–TR–213, 12p., Stanford/California.

Boissavy, Ch., Henry, L., Genter, A., Pomart, A., Rocher, Ph. & Schmidlé–Bloch, V., 2019. Geothermal Energy Use, Country Update for France. European Geothermal Congress, Den-Haag, The Netherlands, 18p.

Birner, J., Fritzer, T., Jodocy, M., Savvatis, A., Schneider, M. & Stober, I., 2012. Hydraulic properties of the Malm aquifer in the S–German Molasse basin and their significance for geothermal energy development (in German). Z. geol. Wiss., 40, 2/3: 133–156, Berlin.

Stober, I., Wolfgramm, M. & Birner, J., 2014. Hydrochemistry of deep fluids in Germany (in German). Z. geol. Wiss., 41/42 (5–6), 339–380.

Doughty, C., Hellström, G., Tsang, C. F. & Claesson, J., 1982. A Dimensionless Parameter Approach to the Thermal Behavior of an Aquifer Thermal Energy Storage System. Water

Resources Research, 18/3,571–589.

Kim, J., Lee, Y., Yoom, W.S., Jeon, J. S., Koo, M.–H. & Keehm, Y., 2010. Numerical modeling of aquifer thermal energy storage systems. Energy, 35/12, 4955–4965.

Lee, K. S. 2010. A Review on Concepts, Applications, and Models of Aquifer Thermal Energy Storage Systems. Energy, 3, 1320–1334.

Gao, L., Zhao, J., An, Q., Wang, J. & Liu, X., 2017. A review on system performance studies of aquifer thermal energy storage. Energy Procedia, 142, 2537–3545.

Fleuchaus,P.,Godschalk,B.,Stober,I.&Blum,P.,2018.Worldwide application of aquifer thermal energy storage. Renewable and Sustainable Energy Reviews, 94, 861–871, (doi.org/https://doi. org/10.1016/j.rser.2018.06.057).

Kabus,F.,Möllmann,G.&Hoffmann,F.,2005.Speicherung von Überschußwärme aus dem Gas- und Dampfturbinen–Heizkraftwerk Neubrandenburg im Aquifer. Fachtagung Geothermische Vereinigung e.V., Landau in derPfalz.

Jodocy, M.&Stober, I., 2008. Development of ageothermic information system for Germany; State of Baden–Württemberg (in German). Erdöl–Erdgas–Kohle, 10,386–393.

Wagner, W.& Kretschmar, H.–J., 2008. International Steam Tables, Properties of Waterand Steam, Springer, Berlin,Heidelberg.

Stober, I., 1986. Strömungsverhalten in Festgesteinsaquiferen mit Hilfe von Pump– und Injek– tionsversuchen (The Flow Behaviour of Groundwater in Hard–Rock Aquifers-Results of Pumping and Injection Tests) (in German). Geologisches Jahrbuch, Reihe C, 204 pp.

Stober, I., 2013. Die thermalen Karbonat–Aquifere Oberjura und Oberer Muschelkalk im Südwest–deutschen Alpenvorland. Grundwasser, 18(4), 259–269, (DOI: https://doi. org/10.1007/s00767–013–0236–2).

Owens,S.R.,1975.Corrosion in disposal wells.Waterand Sewag Works,10–12. RameyJr., H. J.,1962. Wellbore heat transmission. JPT 435 Trans AIME,225.

Sun,H.,Feistel,R.,Koch,M.&Markoe,A.,2008.New equations for density,entropy,heat capacity and potential temperature of a saline thermal fluid.Deep–SeaResearch,55,1304–1310.

Dickson, M. H. & Fanelli, M., 2004. What is Geothermal Energy? Download from International Geothermal Association.

9 增强型地热系统、干热岩系统、深部采热

水力促产的设备

增强型地热系统(Enhanced-Geothermal-Systems,EGS)是利用地下深部作为热源生产电能和热能,而不考虑深层热储层水力特性的地热系统(4.2节)。换句话说,不管是含水层或半隔水层,岩石在地下深部总归是热的。深部微弱断裂花岗岩最适合用来描述为"干热岩"。然而,少数存在的断裂也是相互连接的,并充满着热孔隙水(Ingebritsen and Manning,1999;Stober and Bucher,2007a,b)。术语"干热岩"起源于地热能利用的早期阶段,当时的概念是在"热"但假定为"干"的岩石中钻一口深井,以提取热能。后来人们发现,大陆壳岩石的断裂孔隙总是被热水所饱和,因此,"干热岩"这个词变得相当具有误导性(Bucher and Stober,2007a,b)。大陆上地壳总是有断裂的,但其断裂密度不同。断裂中通常存在盐水,偶尔也有富含气体的液体。对具有低水力传导性的深部地热利用,有时也称为"深层热开采"(DHM)。大陆地壳主要是花岗岩或片麻岩,因此干热岩系统非常关注花岗岩热储层。干热岩系统的典型目标温度要在200℃以上,这意味着必须要在平均地热梯度的大陆地壳中钻出长达6~10km的井筒。

几年前,有人提议将干热岩技术也用于深海盆地(Huenges,2010)。当然,在很深的地方,导水率低的沉积岩也能提供热能。尚待开发的系统也可称为工程地热系统(Engineered-Geothermal-Systems,EGS)。干热岩技术最初是由石油和天然气行业开发的。这是一种成熟的、有几十年历史的低渗透沉积储层工程和开发方法,用来改善生产率,改善油气流入和运移条件。这些概念现已经为地热能所用,首先扩展到大陆壳的结晶基质,最近又返回到深层沉积序列,从而形成了不同行业之间的闭路循环。

通过调整井筒的深度,可以达到干热岩热储层目标的理想温度(通常>200℃)。然而,典型的储层岩石的水力传导率太低,无法满足地热发电厂循环热流体的需要,如5km深度的结晶基底岩的平均导水率只有10^{-9}m/s(Ingebritsen and Manning,1999;Stober,Bucher,2007a,b;Stober and Bucher,2015)。干热岩开发的基本任务是要在井筒周围创造足够大体积的储层体积,并显著提高导水率(大于5×10^{-5}m/s)。此外,需要将工程化形成的具有高导率的体积连通起来,以便达到足够的流体流速,使裂开的岩石体积可以发挥热交换器的作用。储层促产技术是增强型地热系统开发的核心技术。

由于火成岩、变质岩和沉积岩的天然断裂、孔隙模式和变形行为有所不同,用不同类型的岩石来开发增强型地热系统会有很大差别。沉积岩层序断裂模式受沉积期后压实作用、成岩作用和弱变质作用的影响强烈。粗粒花岗岩的断裂模式主要受构造应力和热应力的控制。在促产措施中,高压注入的水在石英长石为主的岩石(如花岗岩)中主要沿断裂运移,而在片状硅酸盐的岩石中,如页岩、板岩、云母片麻岩等,注入的水除了沿断裂运移外,还可能会沿着岩层的层理移动。因此,在片岩中,注入脉冲减弱,可减少地震活动的可能性。在大约200℃的目标温度下,所有储层岩石都定义为变质岩。因此,从严格意义上讲,花岗岩是亚绿片岩相变质岩,黏土和泥岩是低度泥质变质岩,石灰岩是低品位的大理石(Bucher and Grapes,2011)。

为了提高储层岩石的导水率,目前正在利用水力和化学两种促产技术来开发增强型地热系统。这些方法是由石油和天然气工业派生出来的,几十年来一直用于提高油气藏的产量。在增强型地热系统背景下的促产,是系统开发阶段一个有时间限制的过程。一旦地下热交换器按计划开始工作,在工厂的正常运行期间就不再需要实施进一步的促产措施。典型的水力促产措施持续时间短,在高压下以高注入速率向井中泵入液体。

美国能源部(DOE)将增强型地热系统定义为工程型地热储层(engineered eothermal reservoirs),用低传导性或(和)低孔隙率的地热资源生产具有经济效益产量的热能。无论储层岩石的类型如何,增强型地热系统储层都需要用提高效率的方法进行促产(MIT,2007)。

9.1 技术、程序、战略、目标

增强型地热系统从微断裂的热岩中产生地热能。热流体,通常是盐水,填充着花岗岩和片麻岩等结晶基底岩石中相互连通的断裂。大陆上地壳基底岩石的导水断裂是控制基底导水率的复杂结构(Mazurek,2000;Cain and Tomusiak,2003;Stober and Bucher,2007a,b,Stober and Bucher,2015)。促产措施通常会增加现有断裂的孔径,从而提高储层岩石的导水率。高压注水可不可逆转地扩大现有断裂,但很少会有新的断裂产生,除非是在致密非片理化变质沉积岩中(Huenges,2010)。

创建好增强型地热系统地下热交换器以后,要像用热液系统那样来使用这个系统。水通过注入井注入到储层中,流过热交换器,从深处的热岩中提取热能。在通过地下热交换器后,被加热的水从生产井抽到地面。流体平流是由注入井和生产井之间的势位差驱动的。两口井之间在地下的距离可从几百米到几千米。

增强型地热系统主要是为了将地热转换为电能而建造的。因此,如上所述,温度应达到200℃或更高,这意味着在大陆地热梯度适中的地区(38K/km),储层深度应为5km或更深。然而,在具有典型的平均大陆地热(27K/km)的地区,就必须要钻出两个7km深的井筒。增强型地热系统不会受深处是否有高导水率含水层存在的影响,因此几乎能适用于任何地方。因此,它具有巨大的能源潜力,可视为未来地热能的最重要应用(MIT,2007;Lund,2007;Brown et al.,2012)。增强型地热系统可能会成为未来获取能源的主要技术。

提高热储层水力传导性的方法也被称为“水力压裂”,这一术语容易引起误导。该技术是通过水力扩张岩石基质中的断裂,使岩石的传导能力增强。在非常高的压力下,通过向井筒注水来刺激岩石,总是会引起地震噪声。地震噪声的存在证明压裂正在打开现有的断裂,从而增强岩石储层的水力传导性。这种由促产措施造成的地震噪声可能在人口稠密地区,让那些不知情的人们感到厌烦,甚至害怕;但是,它从未对地面设施如住宅和其他建筑物真正造成过损害(这与采矿活动等形成鲜明对比)。这里的关键点是,应该让当地居民了解水力压裂作业可能带来的“副作用”。

当采用水力压裂法时,在地面将水以几百巴(bar)的井口压力注入热储层中。其目的是要打开和拓宽开放的断裂,并重新压裂已被后来沉积的矿物封住的旧断裂。压裂会影响未装套管的井、裸眼井或封隔器隔离井段周围的那部分储层岩石。人们希望这些努力能永久地提高基岩的导流能力。通常情况下,用附近河流或湖泊(或类似)的水作为注入液。然而,水中能加入一系列如碳酸钠、氯化氢、氢氧化钠、氟化氢等以及许多其他的添加剂,通过这些添加剂与基岩和断裂矿物的化学作用来撑开这些断裂(如Portier et al.,2007)。

根据促产的力度、持续时间、频率、化学添加剂以及要促产部位的数量和尺寸不同,促产技术可分为几种类型,包括大规模水力压裂、脉冲压裂、多断裂压裂、凝胶促产、水压裂、酸压裂和其他许多类型。如果在基岩矿物学的基础上尝试进行酸压裂,必须要决定使用哪种酸以及在何种浓度下才足以获得预期的结果。选择"温和"还是"强烈"的酸化技术,取决于目标地层的矿物学特征。除此之外,还必须考虑保护套管不受化学侵蚀的问题。热交换器岩石的最小体积取决于所在储层的温度和传导性。然而,根据经验估计,经济上有利可图的热交换器体积从 10^8m^3(MIT,2007)到 $2×10^8m^3$ 不等(Rybach,2004)。用于商业上的热交换器的最小表面积约为 $2×10^6m^3$(Rybach,2004)。如果裸孔约为300m,那么,对于一个地热双筒系统,钻孔在深部的距离应该是约1000m。

如果期望增强型地热系统能成为一种广泛分布的可再生能源来源,成熟的储层工程是首要条件。目前许多问题仍未得到解决,但在不久的将来会有挑战性的研究。这些问题包括:如何利用水力和化学技术尽可能温和地大幅提高储层的导水率;如何控制和设计井间流体的流动路径;热流体如何与岩石反应,热流体循环引起的化学反应会产生怎样的后果;系统随时间的演变和与之相关的冷却模式是什么?

9.2　水力压裂技术的发展历史——早期热干岩开发点

石油和天然气工业传统上使用的"热干岩"技术,是通过压裂低导水率的岩石来提高沉积岩的导流率。从很早开始,该行业就使用化学促产法来改善储层。这种技术现已从石油和天然气行业移植到了深层地热技术中。早期从地下深处提取热能的尝试可以追溯到20世纪70年代初。美国新墨西哥州洛斯阿拉莫斯国家实验室在芬顿山(Fenton Hill)进行的实验确实是开拓性和创新性的研究和努力。研究地点的热储层是黑云母闪长岩(Brown et al.,2012)。在具有突破性的芬顿山项目的启发下,在世界范围内启动了几个后续项目。具有挑战性的先驱项目包括:德国的乌拉赫(Urach)深井(UDW)(20世纪70年代);英国康沃尔的Rosemanowes(20世纪80年代);法国的Le Mayet;日本的Hijiori;日本的Ohachi;法国的苏尔茨。后来,在澳大利亚猎人谷和库珀盆地,以及美国内华达州的沙漠峰和洛杉矶附近的科索火山场等地进一步发展了增强型地热系统技术。

作为欧洲增强型地热系统研究合作项目,位于莱茵河裂谷上游苏尔茨的开创性项目于1988年正式启动。它遵循了法国和德国的地质勘探研究方法。经过全面的可行性研究,有两个钻孔钻到了3500m(GPK 1和GPK 2),并在1993—1997年通过水力促产,建立了一个地质热交换器。然后以25L/s的生产率和142℃的温度泵送热水。后来第二个钻孔加深到5000m,并在2001—2005年期间,在海西期花岗岩基底钻了两个新的钻孔(GPK 3和GPK 4),深度为5000m。这一深度的温度为203℃。泵送的高矿化度流体(96g/kg的钠–钙–氯)在第二口井井口的温度为150℃。在工厂取热后,含盐液体冷却至70℃,然后返回储层,无须使用回注泵(Mouchot et al.,2018)。自2008年以来,这个使用有机郎肯循环技术的试验发电厂向电网生产1.7MW的电力,并一直处于无故障连续运行状态。它主要是一个工业研究系统,为增强型地热系统技术的开发提供了宝贵的经验(Dezayes et al.,2005;Gérard et al.,2006;Genter et al.,2010,2012)。

在参照温度和压力条件下(273.15K,1.01325hPa),苏尔茨的高度矿化深层流体的气液比为$1.03N \cdot m^3/m^3$。91%的气体是二氧化碳。地面装置的压力保持在2.3Pa,以避免二氧化碳脱气。液体25℃时的pH为4.9~5.3(Pauwels et al.,1993)。影响地面装置的腐蚀和结垢现象是由深层流体的压力和温度变化造成的。主要的结垢物质是富含锶的重晶石,同时还有一些方铅矿(硫化铅)和少量其他硫化物(铁、锑、砷的硫化物)。重晶石含有放射性的铅和镭同位素(如^{210}Pb、^{226}Ra)。出于操作和环境的考虑,可将化学抑制剂添加到产出的液体中。抑制剂能防止或最大限度地减少地面装置和注入井中的结垢(见8.4节,8.7.1节,11.2节,15.3节)。产出的流体和结垢物质的化学成分要做定期监测(Scheiber et al.,2015;Mouchot et al.,2018)。

所有这些项目都有一个共同概念,即在结晶基底中开发出能用于发电的地热储层。这一概念的基本可行性已由20世纪80年代在美国新墨西哥州具有突破性的芬顿山项目所证明。在芬顿山,热交换器是通过对两口3500m深的井进行水力压裂而产生的。深部的温度为234℃,在11个月的流体测试中,系统的温度没有下降。在为期一年的测试中,连续运行时的输出功率为4MW热能,满功率运行15天的输出功率为10MW热能。然而,该系统在商业上却没能创造效益(MIT,007;Duchane and Brown,2002;Brown,2009),主要是因为在低抽水压力下流量不足。此外,水力实验表明,断裂并没有不可逆地打开。尽管如此,芬顿山项目为未来的增强型地热系统项目提供了独特而宝贵的数据和经验。布朗等(2012)对芬顿山项目的冒险经历已做了详细的记录和描述。对增强型地热系统感兴趣的读者可以查阅丰富的有关其开发的各方面信息。

　　20世纪70年代和80年代初,参加增强型地热系统早期开发的研究者当时认为大陆的结晶基底在很深的地方基本是干的,岩石基本上是不能破裂的。因此,他们将开发技术命名为"干热岩","水力压裂"一词也是从石油和天然气行业移植到地热系统中来的。"水力压裂"这一术语是基于这样一个概念而产生的:压裂时,巨大的岩石中一定会新产生许多垂直的硬币状的断裂(Smith et al.,1975;Duffield et al.,1981;Ernst,1977;Schädel and Dietrich,1979;Kappelmeyer and Rummel,1980;Dash et al.,1981)。如今,众所周知,大陆地壳断裂,在大约12km深处形成脆性和韧性过渡带,断裂系统是相互连通和水饱和的(Stober and Bucher,2005;Stober and Bucher,2007a,b,Stober and Bucher,2015)。不过,结晶基质的导水率通常不足以完成增强型地热系统的开发,必须通过促产方法来制造深部的地质热交换器。

9.3　促产工艺

　　在20世纪的70年代至80年代,水压裂实验已经表明,结晶基底通常有天然断裂网络。在实验过程中,现有的断裂网络已经被液压激活。注入的高压水并没能打开新的人工裂缝和断裂(Batchelor,1977;Stober,1986;Armstead and Tester,1987)。花岗岩和片麻岩对压裂的主要反应是只会改变断裂的几何形状,首先是增加断裂的孔径,然后剪切应力使岩石位移。这个过程会造成两个原始断裂面的永久性不可逆错位,增加了平均孔径和导水率(Pearson,1981;Pine and Batchelor,1984;Baria and Green,1989;MIT,2007)。这种机械行为与非变质沉积物的行为不同,在非变质沉积物中,压裂确实会导致产生新的裂缝和断裂。

　　图9.1显示的是(a)产生新断裂的过程和(b)扩大现有断裂过程的压力与时间关系图。在这两个实验中,压力水平和压力-时间曲线的形状有明显的差异。产生新断裂需要巨大的压力,当断裂形成时,压力会突然下降。压力-时间数据能够区分促产措施是产生新断裂还是扩大现有断裂网络。

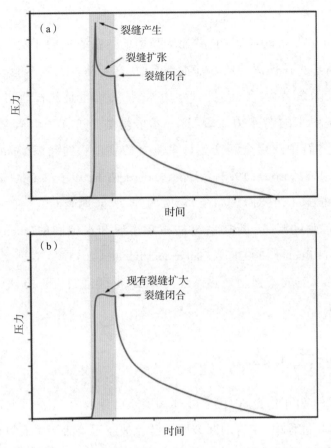

图9.1 促产实验的压力-时间曲线:(a)新裂缝形成,曲线显示明显的压力峰值;(b)扩大现有断裂。

断裂的水力扩张通过降低断裂面剪切强度,使锁定的非均匀断裂面发生侧向位移。侧向位移需要一个平行于断裂面的应力分量(图9.2)。没有剪切应力分量的断口表面能够弹性地打开和关闭,但不会发生侧向位移(Stober,2011)。利用钻孔崩落(Zobak el al.,2003)和微地震事件的数据进行地应力分析,可以得到储层深度的主应力方向和大小。与法向应力分量成高角度的断裂不会或几乎不会打开,也不会因为极小的剪应力而发生侧向位移。因此,水力压裂只能激活断裂系统的一部分。在水力压裂过程中剪切断裂才会提高导水率。这也意味着,在标准的井水力测试中,如抽水或注水测试时,流体的流动模式可能完全不同于水力压裂时引起的流体流动模式。压裂会产生定向的流体流动。

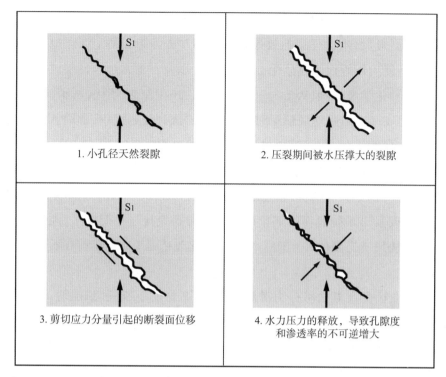

图 9.2　水力压裂的结果是渗透性增加（自撑）。

当孔径随着水压的逐步降低而减小时，两个粗糙而凸凹不齐的断裂表面的剪切力会造成小的错位和空隙。错位又会导致断裂孔隙率的增加和渗透率的永久提高。这种效应称为"自撑"。

注入水的作用是减少由于孔隙压力增加而产生的断裂剪切阻力，使断裂表面发生位移。在释放水压后，水力传导性将得到不可逆转的永久性改善。然而，在地下没有各向异性应力作用的情况下，岩石只会发生弹性变形，水力压裂并不能永久地提高导水率（Stober，2011），因为水力压裂的扩张并不能产生所需的不可逆的错位。此外，即使存在构造应力，也只有那些相对于应力椭圆体具有适当方位的断裂才可能发生剪切。

岩体的微小位移和剪切运动在地下会产生机械振动。由于与地震震动相似，这种小的机械振动也被称为微地震。增强型地热发电厂的开发不可避免地需要对储层进行促产改造，这与微地震有着根本的联系。微地震总是与成功的促产措施相关。地下的自然应力状态，特别是构造剪切应力的大小，控制着一个地区的地震。水力促产使地下自然应力得以逐步缓解和衰减，微震会随着注入水的压力前沿的推进而缓慢传播。

增强型地热系统开发的目标是要使地表微震尽可能小,同时使储层的微观结构效应发挥到最大,水力压裂的效果好。化学方法可能有助于深层地热系统的顺利开发,包括使用新的化学成分配方的注入液,以及在通常适合储层改造的地表淡水中使用各种化学添加剂(Portier et al.,2007)。20世纪70年代,所谓的支撑剂(通常是石英砂)在改造结晶基底储层时偶尔也会添加到注入液中,那时人们认为坚硬的固体颗粒有助于保持断裂开放(Smith et al.,1975;Schädel and Diet-rich et al.,1979)。今天,使用无机酸(盐酸或盐酸和氢氟酸的混合物)、络合物(硝酰三乙酸)或有机酸(有机黏土酸)也成功地进行了改造试验(Genter et al.,2010)。化学促产的目的是去除或浸出断裂表面的细粒矿物粉尘和碳酸盐。长期以来,油气行业已成功地将此方法用于提高油井产能。第一次酸化改造是100多年前在石灰岩地层中完成的。

　　油气行业区促产方法可分为滑溜水促产、高黏度压裂液(添加剂:聚合物或张力剂)促产和酸化促产(Williams et al.,1979;Kalfayan,2008)。滑溜水促产是将大量的低黏度流体(约1500m³)与约100t的悬浮物(石英砂、铝土砂)一同注入储层。井口压力可能达到约700bar。悬浮物有助于保持促产后的渗透性改善。支撑剂可以改善在改造过程中没经历过剪切的断裂的水力特性,主要用于板岩。用高黏度流体进行压裂,需要注入的流体体积要少得多(约400m³),通常会有100t左右的支撑物悬浮在注入的液体中。该技术主要用于砂岩。酸性压裂法也适用于高达700bar的井口压力,但流体的注入速度会很迅速且变化强烈。该方法旨在使断裂表面粗糙化,主要用于石灰岩和其他碳酸盐岩。油气行业仅在沉积岩储层中使用促产技术,这与增强型地热系统开发完全不同。

　　对地热储层的改造也可在井筒的部分区域和独立的隔离区进行。这种相对较新的方法有助于避免水力短路,还能大大减少不必要的地震事件。

　　在过去几年里,水力压裂技术发生了很大的变化。目前,流体注入速率是在一段较长的时间内逐步增加的,注入压力也随之相应地逐步增加。与过去相比,这种过程注入的液体量大大增加。随后的关闭则是逐渐降低注入速度,而不是突然完全停止泵送,因而能极大地减少和控制与水力储层压裂有关的微震。

　　水力促产措施必须同时有监测程序,以便记录地表或近地表的微地震信号。通常情况下,在深层促产井周围的浅层监测井中,检波器记录的是地面运动(图9.3)。由增产引起的地震信号可以做三维解析,将其分解为x－y－z分量。地震检波器能定量记录地面运动,通过对数据的解释,就能得到激活的断裂体积的三维图像。

　　然而,这种地震噪声信号的三维图像仅包括经历了剪切运动的断裂。没有剪切应力分量的开放断裂和其他不受剪切位移影响的空隙因不会产生地震信号而保持安静。因此,监测井的检波器只会记录全体裂隙的地震活动的可测部分。得出的三维图像有可能与真实的裂隙体积相对应,但也可能不对应。这种情况在那些反复压裂过的井上表现得特别明显。由此,检波器接收的地震信号主要来自先前压裂过的断裂体积周围的外部区域。

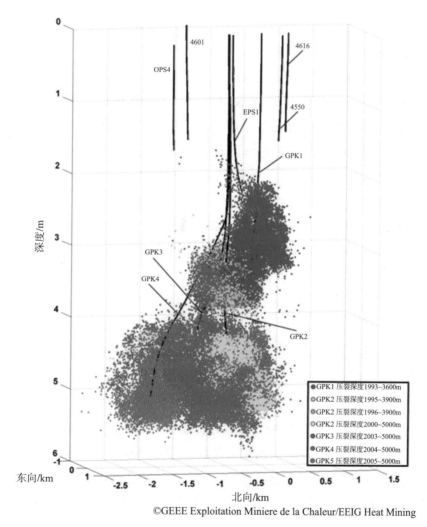

©GEEE Exploitation Miniere de la Chaleur/EEIG Heat Mining

图9.3　苏尔茨油井水力压裂产生的地震噪声的检波器记录。注意四个约1500m深的监测井的位置(由 Nicolas Cuenot 绘制, A. Genter 审核)。

　　所生成的已激活的断裂网络三维图像通常不是球形的,而是各向异性或椭球形的。所形成的拉长型断裂体积的方向将决定第二个井筒的目标点。为了实现最佳的水力连接,第二口井也要进行压裂(图9.3)。增强型地热系统开发就是要努力在被低传导率围岩所包围的地下创造出一个水力传导率更高的区域,即热交换器。热交换器的纵向范围可超过几百米,具体长度取决于岩石性质、应力场和注入过程的细节。

在上莱茵裂谷苏尔茨的增强型地热系统项目中,花岗岩储层岩石的天然断裂和断层系统与主应力方向平行(约170°)。地球物理钻孔测量记录的受压断裂的方向与区域应力场的方向非常吻合。水力压裂的成功,极大地提高了两口井的注入率和生产率。结果显示初始导水率最高的井对压裂的响应最小。这种高初始导水率很可能与相对较少的高渗透性断裂和断层有关(Baria et al.,2004;Tischner et al.,2007)。在这种情况下,主要的压裂机制,即断裂增宽后的断裂位移并不奏效。

为开发地下热交换器而拓宽自然断裂系统需要非常高的压力,必须克服所谓的开启压力。其大小取决于岩石的静压力和控制断裂系统的方向。在超过开启压力之前,流体流速不会明显增加。在乌拉赫的增强型地热系统现场,4.4km深处的片麻岩中,需要有达到井口压力170bar的开启压力。在苏尔茨增强型地热系统现场,在5km深处的花岗岩所需的开启压力则略低。

在苏尔茨现场,最大井口压力为180bar,注入流量约为50L/s。该促产措施的地震响应最大达到2.9级。在同样位于莱茵河裂谷上游的瑞士巴塞尔的增强型地热系统基地,以高达63L/s的注入流速进行压裂,井口压力达300bar,地震响应的震级高达3.4级。在澳大利亚库珀盆地的增强型地热系统现场对Habanero 1号井进行压裂,井口压力为350bar,导致注入流速高达40L/s,监测到的地震响应最高达到3.7级。

已有的经验表明,在进行深部低温基底的储层改造时,如果注入的流速为每秒几十升,并且井口压力为200~300bar,就有可能会引起超过3级以上的地震响应。压裂地震反应的大小取决于许多因素和参数,包括注入流速、注入液体(水)的总体积、初始天然断裂系统的特性、最大的井口压力、压裂的持续时间、注入液体(水)的化学成分、温度,以及关键的压力变化率(压力的增加率)等(Nicholson,Wesson,1990;Bommer et al.,2006;Giardini,2009;Shapiro and Dinske,2009)。然而,地下的构造条件和应力状态是控制微地震的关键属性。在任何特定的微地震事件中,这些相关属性和参数是如何相互作用的,目前尚不完全清楚。但是,致震渗透率k_s的概念定义了一个重要的衍生参数,可以将储层的水力特性与通过水力压裂诱发地震的机会联系起来(Talwani et al.,2007)。

据报道,在一些地方,压裂诱发了相对较高的地震震级,导致一些项目不得不被放弃。最近有研究为水力和化学促裂开发了一些程序,使用这些程序大大提升了对增强型地热系统项目诱发地震的可预测性和可控制性(见11.1.6节)。

9.4　应对地震的经验和方法

苏尔茨的压裂作业需要约180bar的井口压力才能显著提高花岗岩储层岩石的导水率。在苏尔茨以南150km,莱茵河地堑的巴塞尔增强型地热系统项目中,同样是以300bar的井口压力进行压裂却诱发了地震,项目最后只能放弃(11.1.3节)。在巴塞尔以东约170km处的乌拉赫地区增强型地热系统项目,其压裂实验使用了高达660bar的井口压力,但没有引起可感知的地震(Stober,2011)。在同一地区,对储层改造所产生的地震响应的三个截然不同的例子表明,当地应力场对触发地震的规模具有重要的控制性作用。在巴塞尔地区,应力差很大,在乌拉赫地区,应力差很小。因此,巴塞尔地区的微地震、自然地震比乌拉赫地区或苏尔茨地区发生得更频繁,震级也更高。这些在地震频率图上都能看到,如欧洲-地中海地震危害图。

如图9.3所示,早期(1993年)苏尔茨站点的压裂工作在3600m处引发了地震(Cornet et al.,1997)。岩石的初始渗透率非常低,为$10^{-17}m^{-2}$(Evans et al.,2005)。渗透性随着注入压力的增加而迅速增加,当压差超过5MPa时,引发了第一次微地震。当注入速度超过6L/s时,微地震强度急剧增加,因为渗透性达到了致震渗透率k_s的临界值(Talwani et al.,2007)。进一步提高注入速率后,微地震强度下降。最后,压差稳定在9MPa,压力并没有随着注入速率的增加而进一步增加。成功的促产措施提高了注入速率,即单位压差的流量,从0.6L/s提高到9.0L/s(Evans et al.,2005)。高注入速率促进了非达西流体的流动(Kohl et al.,1997)。

巴塞尔和苏尔茨地区的储层位于花岗岩基底,而乌拉赫地区则位于变质片麻岩基底。花岗岩的流变学由石英和长石控制,对应力的反应主要是脆性变形。在乌拉赫的富含云母的片麻岩对应力的反应,即使在200℃或更低的温度下也有很强的韧性成分。

水力储层改造对地热和油气行业来说是一种成熟的方法,已经在全球应用了几十年(Bencic,2005)。在2006年的巴塞尔事件发生后,对储层改造工作的地震监测,便成为增强型地热系统开发的常规标准。这也成为在潜在的热能用户和消费者附近建增强型地热发电厂的一个必然结果(相比较,油气行业则主要在无人居住的地区生产石油和天然气)。因此,增强型地热系统项目不得不在城市和其他人口稠密地区附近钻井。如果在地表能感觉到压裂措施带来的短暂地震,公众就会感到震惊和恐慌。

在有天然地震的地区,必要的促产工程可能与天然应力释放过程相互作用。诱发地震是储存的应力逐步减少的结果,这些应力在没有注入高压流体的情况下可能不会释放(或至少在此时不会释放)。在某种程度上,我们必须要能够评估、预测和部分控制诱发地震的可能性及其在特定地点的潜在规模。有效的地震控制需要对注入压力进行全面和持续的读取和监督,也要对场地附近甚至更远的地方进行地震监测。如果观察到的地震强度增加超过特定地点的阈值,就必须分别降低注入压力和流速。然而,对水力压裂引发地震的相互作用机制的细节尚未完全明了,还需要进一步的基础研究(见11.1节)。

9.5 建议、说明

如果在对选定地点进行普查时,就将一个勘探井钻到以后需要压裂的结晶基底,这将是一个很大的优势。在基底的储层岩石被一系列沉积岩覆盖的地区,地球物理勘探方法,如重力、磁力和电磁技术,都不能探测到基底的断裂和断层系统的存在、结构和方向。即使是最先进的地震勘探,也只能模糊不确定地分辨出地下与流动相关的结构。非常突出的、厚而平直的断层带可能只会给出微弱的信号,只在有利的条件下才能成像(Schuck et al.,2012)。

钻好的勘探井可以在后来增强型地热系统深井的压裂工程中作为地震信号的监测井,在随后的工厂运行中进一步记录和观察地震。此外,勘探井还能用于结晶基底的水力测试,在压裂前获得可靠的导水率和基底储存特性的数据。在勘探孔中收集的水(流体)样本能提供关于深层流体成分的宝贵信息(Bucher and Stober,2010)。来自未受污染的基底流体的化验数据可用来预测可能形成的结垢和腐蚀,有助于项目开始时制定预防策略。遗憾的是,大多数项目出于经济的原因,都是将第一口井作为未来的生产井来钻,而放弃了勘探井。不幸的是,在生产井完成后,水力储层的改造往往是议程的下一项工作。储层的天然水力和水化学条件都还没有调查了解。这些关键数据的缺失可能会在以后威胁到整个项目,或造成不必要的额外高额费用。而放弃勘探井的虚假节约可能会突然变为经济灾难。

因此,强烈建议在增强型地热系统项目开发的早期阶段建立一个地震监测网络,用来持续记录计划中的电厂周围10km范围内的所有1.0震级(里氏震级)以上的地震信号。在钻井、促产措施以及后来的电厂运行期间,监测工作必须还要继续进行。地震事件的震源机制和主要应力的方向和大小可以从地球物理剖面解释中得到。这些数据有助于设计一个最佳的储层几何形状。诱发地震的增加通常与水力注入和压裂有关,而不是在工厂后期的连续运行中发生。然而,工厂停工维修或随后的恢复运行又可能会诱发地震。

在计划进行促产措施的范围内,需要稳定的地下结构,尽量避开主要的断层带。在天然地震较多的地区,突出的断层带可能对压裂措施有优先反应。它们通常含有大量的破碎岩石细粒、碎片和碎裂作用(脆性断裂和剪切)产生的黏土带。其中一些物质可能会在促产过程中膨胀,从而封闭导水结构,导致导水率下降。

了解岩石的岩相学和矿物组成对钻井工程和未来的促产措施有很大的帮助。岩石的变形特性取决于岩石类型和造岩矿物的类型和模态数量。花岗岩的脆性变形模式主要受矿物石英和长石性质的影响。花岗岩比变质基底(主要是片麻岩)更规则,断裂更强烈。片麻岩除富含石英和长石外,还富含云母和角闪石。片麻岩的变形模式受云母及其相关片麻岩结构的力学性质的强烈影响。片麻岩倾向于在平行于片理(片麻结构)的地方形成较少但更为明显的断层带。

对地下静水压力、静岩压力和各向异性压力的深入了解,对钻井作业和即将实施的储层水力压裂大有裨益。这需要大量的压力测量、地应力指标(钻孔变形、钻孔崩落、水力压裂)的调查以及自然孔隙压力的记录。在开始系统的促产作业之前,必须要确定这些数据和信息。这些数据对于已完成的储层改造的严格评估及观测到的地震活动的良好评价都是必不可少的。

在第一个增强型地热系统钻孔中,应从规划的储层岩石中取出定向钻井岩心,通过岩心了解微断裂的方位、导水构造以及宏观断裂网络和断裂带性质。岩心可以用来测定岩石的力学和物理参数(杨氏模量、泊松数、密度、声阻抗数据、热导率)和进行矿物学检查。另外,有些数据还可以通过使用钻孔千斤顶进行光学或声学钻孔变形能力测试来获得。同样重要的是对井筒进行合格的地球物理测井(如伽马测井、温度测井、电导率测井、井径测井)(见13.2节)。

温度当然是增强型地热系统的一个核心参数,因此对其做出可靠的评估至关重要。通常测得的大深度温度数据非常少,因此,有必要将现有的温度数据从浅层地面推算到增强型地热系统储层的深度。深度的温度能从岩石的导热性和已知的垂直热流中计算出来,前提是岩石的水力导热性足够低,可以忽略地下水流动产生的平流热传输。当然,也可通过考虑岩石的内部产热来改进温度估算[式(1.5b)]。

在开始进行水力压裂和注入大量液体之前,必须要收集用于水化学分析的水样(必要时使用井下采样器)。了解储层断裂孔隙空间中原始流体的化学成分是制定有效防垢和防腐蚀计划的先决条件(见15.1节)。如果在一开始就注入流体,会浪费了储层,且原始流体状态未知,对系统开发而言,这种损害一旦发生,以后再了解流体成分就很困难。在储层的典型深度约几千米处,结晶基底中的水通常含盐量很高,溶解性固体总量从几十克每升到几百克每升不等,主要的溶质是钠、钙和氯(Bucher and Stober,2000,2010)。有些流体含有相当数量的溶解气体(如二氧化碳、氮气、甲烷、硫化氢)。地面设备的规划和施工也需要了解生产出的热流体的化学组成和性质,以有效地应对结垢和腐蚀,并有效地处理腐蚀性强、含盐和可能富含气体的热流体。

最初的水力试验持续时间要短,并以低流量运行,不应引起实质性的压力变化。因此,微水试验是理想的首选试验方法(见14.2节)。在接下来的步骤中,根据水力传导率的不同,恒定速率的抽水或注水试验能够提供关于自然流动状态和自然水力传导率量化的必要信息(见14.2节)。在这些试验中要保持相对较小的压力变化,随后可以进行短暂的阶梯式降水试验(阶梯试验),并由此首次给出关于井效率的数据。然后利用这些得出的试验数据来设计预模拟试验,为地下流体注入所产生的反应提供广泛的信息和经验。通过这些水力试验,系统开发者能够谨慎地接近实际现场优化促产方法的概念,并将其付诸实践。

有关自然应力场和该应力场中的断层面方向的知识,对钻井现场的许多活动来说是必不可少的(见11.1.6节)。目前主应力的区域方向能从世界应力图网站(world-stress-map.org)中获取。然而,必须牢记,增强型地热系统现场的情况可能与地图上的信息不同。另外,应力场是随深度变化的,其与深度的相关性不一定会反映在世界应力图的数据中。由于应力场的深度依赖性,开放断裂的方向可能会随深度而变化。随着深度的增加,断裂往往是垂直方向的,因为在水平应力分量不变或减少的情况下,围压会不断增加(Brown and Hoek,1978;Stober and Bucher,2015)(图9.4)。斯里特斯霍芬(见8.7.1节)和苏尔茨(见9.2节)的应力场在2000m深度以下已经发生了显著变化(Valley and Evans,2003;Hehn et al.,2016)。

压裂措施的成功与否取决于是否存在合适的天然断裂网络和适当的应力场。如果在无应力储层中不能压裂任何东西,增强型地热系统项目就会破产。如果压裂是可能的,那么储层的水力特征将最终决定项目的经济效益。

对储层先做分段隔离再逐段压裂,能够防止水力短路和对单个断裂或断层区的极端压裂,至少能将危险降到最低。

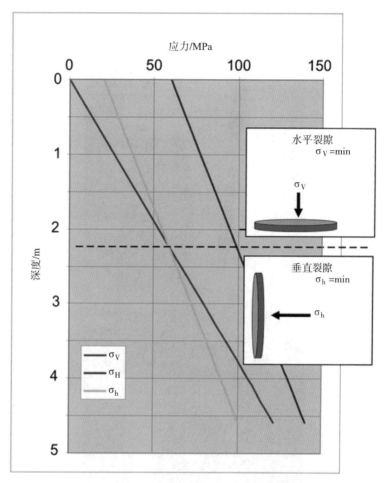

图 9.4　根据 Brown 和 Hoek 的数据(1978),开放断裂的方向因应力场随深度变化而调整。σ_V 为最小主应力(压应力)水平断裂,σ_h 为最小主应力垂直断裂,σ_H 为最大主应力(拉应力)。在大约 2.2km 的深度,断裂方向从原来的优先水平方向转变为垂直方向。

　　封隔器和水泥桥(混凝土塞)也能用于固定岩石体的水力隔离(图9.5,图14.2)。各种尺寸的封隔器系统可满足不同井径、特殊应用以及不同的需求。

　　钻井井位是根据储层深处的自然应力场来选择的。可以预见,受压裂的岩石体,即未来的热岩热交换器,会沿着应力椭圆体的方向延伸。定义两口井底孔的最佳距离、量化热范围、预测系统的生命周期和老化,都需要了解岩石的热物理参数(热导率、密度、热容量、产热率)。

如果增强型地热系统项目只使用直井,则地面安装将分散到数百米的范围,这就必须要考虑空间上的要求。一个不太重要的提示:垂直井的优点是在生产热水时对热套管膨胀问题的处理比较简单。

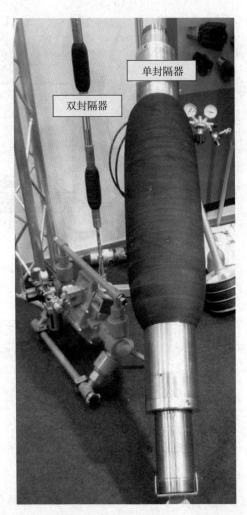

图9.5　单封隔器和双封隔器的例子。一个封隔器由一个中心管和一个橡胶套组成。橡胶封隔器在井筒中定位后,可通过膨胀或压缩将其压在井筒壁上。

参考文献

Armstead, H. C. H. & Tester, J. W., 1987. Heat Mining, E. & F. N. Spon, London.

Baria, R. A. & Green, S. P., 1989. Microseismics: A Key to Understanding Reservoir Growth.In: Baria, E. R. (ed.): Hot Dry Rock Geothermal Energy, Proc. Camborne School of Mines International Hot Dry Rock Conference, 363−377, Robertson Scientific Publications, London.

Baria, R., Michelet, S., Baumgärtner, J., Dyer, B., Gerard, A., Nicholls, J., Hettkamp, T., Teza, D.,Soma, N. & Asanuma, H., 2004. Microseismic monitoring of the world largest potential HDR reservoir. In: Proceedings of the 29th Workshop on Geothermal Reservoir Engineering, Stanford University, California.

Batchelor, A. S., 1977. Brief summary of some geothermal related studies in the United Kingdom.In: 2nd NATO/CCMS Geothermal Conf. 22 24 Jun., Section 1.21, pp. 27–29, Los Alamos.

Bencic,A., 2005. Hydraulic Fracturing of the Rotliegend Sst. in N–Germany –Technology, CompanyHistory and Strategic Impotance. In: SPE Technology Transfer Workshop, Suco, Zeit Bay Field.

Bommer, J. J., Oates, S., Cepeda, J. M., Lindholm, C., Bird, J., Torres, R., Marroquin, G. & Rivas, J., 2006. Control of hazard due to seismicity induced by a hot fractured rock geo-thermal project.

Engineering Geology, 83 (4), 287–306.

Brown, D. W., 2009. Hot Dry Rock geothermal energy: Important lessons from Fenton Hill. Proc. Thirty–Fourth Workshop on Geothermal Reservoir Engineering, Stanford Univer-sity, Stanford,Cal, USA, 4.

Brown, E. T. & Hoek, E., 1978. Trends in relationships between measured rock in situ stresses anddepth. Int. J. Rock Mech. Min. Sci. Geomech. Abstr., 15, 211–215.

Brown, D. W., Duchane, D. V., Heiken, G. & Hriscu, V. T., 2012. Mining the Earth Heat: Hot DryRock Geothermal Energy. Springer Verlag, Heidelberg, 657 p.

Bucher, K. & Grapes, R., 2011. Petrogenesis of Metamorphic Rocks, 8th edition. Springer Verlag,Berlin Heidelberg. 428 pp.

Bucher,K.&Stober, I., 2000. The composition of groundwater in the continental crystalline crust. In: Stober, I. &Bucher, K. (eds.). Hydrogeology in crystalline rocks, 141–176, KLUWER AcademicPublishers.

Bucher, K. & Stober, I., 2010. Fluids in the upper continental crust. Geofluids, 10, 241–253.

Caine, J. S. & Tomusiak, S. R. A., 2003. Brittle structures and their role in controlling po-rosity andpermeability in a complex Precambrian crystalline–rock aquifer system in the

Colorado Rocky Mountain Front Range. GSA Bulletin, 115(11), 1410–1424.

Cornet, F., Helm, J., Poitrenaud, H. & Etchecopar, A., 1997. Seismic and aseismic slips induced bylarge–scale fluid injections. Pure and Applied Geophysics, 150, 563–583.

Dash, Z. V., Murphy, H. D. & Cremer, G. M., 1981. Hot Dry Rock Geothermal Reservoir Testing:1978 to 1980. Los Alamos National Laboratory Report LA–9080–SR.

Dezayes, C., Gentier, S. & Genter, A., 2005. Deep Geothermal Energy in Western Europe: TheSoultz Project (Final Report). BRGM/RP–54227–FR, 51 pp.

Duchane, D. V. & Brown, D. W., 2002. Hot Dry Rock (HDR) Geothermal Energy Research andDevelopment at Fenton Hill, New Mexico. GHC Bulletin, 32, 13–19.

Duffield, R. B., Nunz, G. J., Smith, M. C. & Wilson, M. G., 1981. Hot Dry Rock, GeothermalEnergy Development Program, pp. 211, Los Alamos National Laboratory Report.

Ernst, P. L., 1977. A Hydraulic Fracturing Technique for Dry Hot Rock Experiments in a SingleBorehole, pp. 7, Soc. Petrol. Engineers of AIME, Dallas, Texas.

Evans, K., Genter, A. & Sausse, J., 2005. Permeability creation and damage due to massive fluidinjections into granite et 3.5 km at Soultz: 1– Borehole observations. J. Geophys. Res., 110, 1–19.

Genter, A., Keith, E., Cuenot, N., Fritsch, D.&Sanjuan, B., 2010. Contribution to the exploration ofdeep crystalline fractured reservoir of Soultz of the knowledge of enhanced geothermal systems(EGS). C. R. Geoscience, 342, 502–516.

Genter, A., Cuenot, N., Goerke, X., Melchert, B., Sanjuan, B. & Scheiber, J., 2012. Status ofthe Soultz geothermal project during explotation between 2010 and 2012. Proc. Thirty–FourthWorkshop on Geothermal Reservoir Engineering, Stanford University, Stanford, Cal, USA, 11.

Gérard, A., Genter, A., Kohl, T., Lutz, P., Rose, P. & Rummel, F., 2006. The deep EGS (EnhancedGeothermal System) project at Soultz–sous–Forêts (Alsace, France).– Geothermics, pp. 473–483.

Giardini, D., 2009. Geothermal quake risks must be faced. Nature, 462, 848–849.

Hehn, R., Genter, A., Vidal, J. & Baujard, C., 2016. Stress field rotation in the EGS well GRT–1(Rittershoffen, France). European Geothermal Congress, 10 p., Strasbourg, France.

Huenges, E., 2010. Geothermal Energy Systems: Exploration, Development, and Utilization, pp. 486, Wiley–VCH Verlag Gmb H & Co. KGaA, Berlin.

Ingebritsen, S. E. & Manning, C. E., 1999. Geological implications of a permeability–depth curvefor the continental crust. Geology, 27, 1107–1110.

Kalfayan, L., 2008. Production enhancement with Acid Stimulation, 2nd Edition. PennWell Corp.,270 pp.

Kappelmeyer, O. & Rummel, F., 1980. Investigations on an artificially created frac in a shallow andlow permeable environment.– Proc. 2nd. International Seminar on the Results of EC Geothermal Energy Research, pp. 1048–1053, Strasbourg.

Kohl, T., Evans, K. F., Hopkirk, R. J., Jung, R. & Rybach, L., 1997. Observation and simulation ofnon–Darcian flow transients in fractured rock. Water Resources Research, 33, 407–418.

Lund, J.W., 2007. Characteristics, Development and utilization of geothermal resources. Geo–HeatCentre Quarterly Bulletin, 28, 1–9.

Mazurek, M., 2000. Geological and Hydraulic Properties of Water–Conducting Features in CrystallineRocks. In: Stober, I. & Bucher, K. (eds.). Hydrogeology of Crystalline Rocks. KluwerAcad. Publ, 3–26.

MIT, 2007. The Future of Geothermal Energy, Impact of Enhanced Geothermal Systems (EGS) onthe United States in the 21st Century, Massachusetts Institute of Technology, U. S.A.

Mouchot, J., Genter, A., Cuenot, N., Scheiber, J., Seibel, O., Bosia, C. & Ravier, G., 2018. Firstyear of Operation from EGS geothermal Plants in Alsace, France: Scaling Issues.– Proceedings,43rdWorkshop on Geothermal Reservoir Engineering, Stanford University, SGP–TR–213, 12 p.,Stanford/California.

Nicholson, C. & Wesson, R. L., 1990. Earthquake Hazard associated with deep well injection – areport to the U.S. Environmental Protection Agency, pp. 74, U.S. Geological Survey Bulletin.

Pauwels, H., Fouillac, C.&Fouillac, A. M., 1993. Chemistry and isotopes of deep geothermal salinefluids in the Upper Rhine Graben: Origin of compounds and water–rock interactions. Geochimicaet Cosmochimica Acta, 57, 2737–2749.

Pearson, C., 1981. The Relationship Between Microseismicity and High Pore Pressures DuringHydraulic Stimulation Experiments in Low Permeability Granitic Rocks. Journal of GeophysicalResearch, 86(B9), 7855–7864.

Pine, R. J. & Batchelor, B. A., 1984. Downward migration of shearing in jointed rock durin-ghydraulic injections. Int. J. of Rock Mechanics Mining Sciences and Geomechanical Abstracts,21(5), 249–263.

Portier, S., André, L. & Vuataz, F.-D., 2007. Review on chemical stimulation techniques inoil industry and applications to geothermal systems. In: Engine, pp. 32, CREGE, Neu-chatel, Switzerland.

Rybach, L., 2004. EGS – State of the Art. In: Tagungsband der 15. Fachtagung der Sch-weizerischen Vereinigung für Geothermie, Basel.

Schädel, K. & Dietrich, H.-G., 1979. Results of the Fracture Experiments at the Geotherm-alResearch Borehole Urach 3. In: In: Haenel, R. (ed): The Urach Geothermal Projekt (SwabianAlb, Germany), pp. 323–344, Schweizerbart'sche Verlagsbuchhandlung, Stutt-gart.

Scheiber, J., Seibt, A., Birner, J., Genter, A., Cuenot, N., Moeckes, W., 2015. Scale Inhibi-tion atthe Soultz–sous–Forêts (France) EGS Site: Laboratory and On–Site Studies.– Pro-ceedings WorldGeothermal Congress, 12 p., Melbourne, Australia.

Schuck, A., Vormbaum, M., Gratzl, S., Stober, I. 2012. Seismische Modellierung zur Detek-tierbarkeitvon Störungen im Kristallin.– Erdöl, Erdas, Kohle, 128 (1), S. 14–20, Urban-Verlag,Hamburg/Wien.

Shapiro, S. A. & Dinske, C., 2009. Fluid–induced seismicity: Pressure diffusion and hy-draulicfracturing. Geophysical Prospecting, 57, 301–310.

Smith, M. C., Aamodt, R. L., Potter, R. M. & W., B. D., 1975. Man–made geothermal reser-voirs.Proc. UN Geothermal Symp., 3, 1781–1787.

Stober, I., 1986. Strömungsverhalten in Festgesteinsaquiferen mit Hilfe von Pump– und In-jektionsversuchen(The Flow Behaviour of Groundwater in Hard–Rock Aquifers – Re-sults ofPumping and Injection Tests) (in German). Geologisches Jahrbuch, Reihe C, 204 pp.

Stober, I., 2011. Depth– and pressure–dependent permeability in the upper continental crust: datafrom the Urach 3 geothermal borehole, southwest Germany. Hydrogeology Journal, 19, 685–699.

Stober, I. & Bucher, K., 2005a. The upper continental crust, an aquifer and its fluid: hydraulicand chemical data from 4 km depth in fractured crystalline basement rocks at the KTB test site.Geofluids, 5, 8−19.

Stober, I. & Bucher, K., 2007b. Erratum to: Hydraulic properties of the crystalline basement.Hydrogeology Journal, 15, 1643. (See further correction in Stober & Bucher 2015).

Stober, I. & Bucher, K., 2007a. Hydraulic properties of the crystalline basement. HydrogeologyJournal, 15, 213−224.

Stober, I. & Bucher, K., 2015. Hydraulic conductivity of fractured upper crust: insights fromhydraulic tests in boreholes and fluid−rock interaction in crystalline basement rocks. Geofluids,15, 161−178.

Talwani, P., Chen, L. & Gahalaut, K., 2007. Seismogenic permeability, ks. Journal of GeophysicalResearch, 112, B07309. https://doi.org/10.1029/2006JB004665.

Tischner, T., Schindler,M., Jung, R. & Nami, P., 2007. HDR Project Soultz: Hydraulic and seismicobservations during stimulation of the 3 deep wells by massiv water injections. In: Proceedings,thirty−second workshop on geothermal engineering, Stanford University, pp. 7, Stanford,California.

Valley, B. & Evans, K., 2003. Strength and elastic properties of the Soultz granite. − In: Zürich, E. (Hg.): Synthetic 2nd year report, Zürich, Switzerland: 6 S., Zürich (Eidgenöss. Techn. Hochsch.).

Williams, B. B., Gidley, J. L. & Schechter, R. S., 1979. Acidizing Fundamentals. Society ofPetroleum, 273 pp.

Zobak, M. D., Barton, C. A., Brudy, M., Castillo, D. A., Finkbeiner, T., Grollimund, B. R., Moos,D. B., Peska, P., Ward, C. D. & Wipurt, D. J., 2003. Determination of stress orientation andmagnitude in deep wells. International Journal of Rock Mechanics and Mining Sciences, 40,1049−1076.

10 高焓地区地热系统

冰岛克拉夫拉闪蒸汽发电站

地热资源生产的大部分电力来自具有极端地热梯度和高地表热流的地区(见1.3节,3.4节)。这些地区在浅层即可达到很高的地温,通常存在于活火山地区、年轻的裂谷系统和类似的地质环境中。这些地热源也被称为高焓储层或高焓系统,是指作为传热介质的高热含量的储层流体。高焓系统直接用干蒸汽或闪蒸装置中的高温两相流体来生产电力(见4.2节,4.4节)。

10.1 高焓区的地质特征

高焓区通常与特定的板块构造环境和板块边界的岩浆活动有关。在几百米深或更深的地方,流体温度可能超过200℃。高焓地热区通常与活跃的火山活动或近期活跃的火山活动有关(见1.2节)。地热发电的显著高焓地区包括:

●破坏性的板块边界,与俯冲有关的火山活动。太平洋(火环):日本、菲律宾、美国加利福尼亚州、新西兰。印度洋:马来西亚。其他:意大利。

●构造板块边界,伸展裂谷。大洋:冰岛。大陆:肯尼亚,埃塞俄比亚。

然而,并不是每一个高焓地区都适合于地热利用。高焓区的典型特征是存在活火山或新近活火山、年轻的熔岩流和地面露头,包括温泉、火山喷气孔和泥浆盆,在一些地方还有间歇泉(图10.1)。地热在地表的活动涉及热能从熔融的岩石或已凝固但仍然很热的熔岩向渗入的大气降水转移(如Henley and Ellis,1983;Clynne et al.,2013;Pope et al.,2016)。由于地下条件非常不均匀,在地表排出的流体、气体和液体经常会在短距离内改变成分。

地表排出的大部分热水是已加热的大气降水。在安山岩型火山系统中,可能有部分岩浆水,而玄武岩型火山释放的岩浆水蒸汽并不多。浅层火山流体主要是各种气体,包括二氧化碳、硫化氢、氯化氢、氟化氢等。在地热系统近地表区域,火山气体与大气中的水蒸气和氧气混合,会产生大量的化学反应,从而改变流体的成分,也会改变岩石基质。在更深的地方,200~300℃的液态热水充满着火山岩的孔隙。液态水通常具有较低的pH(5或更低),并且主要含有溶解的氯化钠。热水中溶解了非常丰富的二氧化硅,在地表冷却时,往往会形成二氧化硅烧结物。热水在上升过程中可能会冷却,并在不同的温度下以液体状态到达地表,形成温泉。如果液态水迅速上升到地表,为释放热能,在某个深度的液态–蒸汽过渡区开始沸腾(图10.1)。蒸汽和火山气体占据着沸腾区以上的主导地位。在沸腾区的残余液相中,溶解性固体总量呈被动增加的趋势。大部分的蒸汽在冷的地表附近的凝结区凝结成液态水。一些蒸汽和气体可到达地表,从火山喷气孔排出。如果喷出的气体主要含有硫化氢,这种排放口则称为硫质喷气孔。

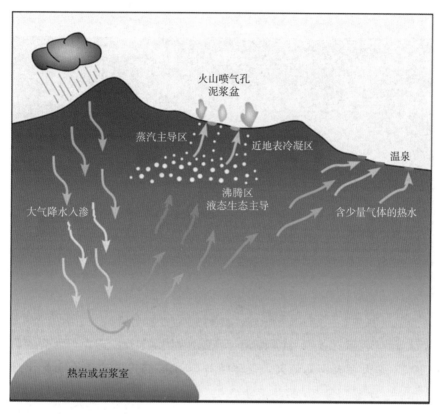

图10.1　高焓区示意图,显示从火山热源到渗入大气降水的热传导,形成典型的地表现象的过程(Clynne et al.,2013)。

在与大气中的氧气接触时,硫化氢气体会被氧化成硫元素,并形成具有硫黄结壳和针状物的黄色气孔(图10.2)。这个过程能用化学反应方程式(10.1)来描述。

$$2H_2S + O_2 \!=\!=\!= 2H_2O + S_2 \tag{10.1}$$

硫的进一步氧化产生二氧化硫,溶解在液态水中,首先产生亚硫酸,最终从净反应 $H_2S + 2O_2 \!=\!=\!= H_2SO_4$ 产生硫酸。这种强酸通常与火山气体中的氯化氢和氟化氢一起形成一种非常有侵略性的可与原生火成岩矿物进行反应的低pH液体。冷凝液的pH通常低于2,也可能低至0(mol/L)。由此产生的富含铝的固体反应产物(主要是各种黏土矿物)形成泥浆盆中的泥浆,且具备泥浆盆的特点(图10.3)。地表的溪流和池塘中的这种热水的pH非常低,往往含有极高的铝和铁。火山区的各种脱气过程通常在有大量排放口(火山喷气孔、硫质喷气孔、泥浆盆、温泉)的排放区域一起发生。在这些区域,岩石和土壤表面通常因为热液而变为五颜六色的泥状斑块,有红色、橙色、灰色、黄色和蓝色(图10.4)。

图 10.2　意大利火山岛的火山气体喷口(solfatara)周围结晶的硫黄针,针头 2~3cm。

碳酸喷气口(Moffettes)是一种亚类火山喷气孔,其排放口产生的二氧化碳气体温度低于100℃,排放发生在地热高温场的边缘地区,排放的二氧化碳可能伴有其他火山气体(如硫化氢、甲烷、氢气)。根据水含量的不同,碳酸喷气口排放的气体的范围包括干燥的气体喷口到富含二氧化碳的温暖矿泉,其中还有 pH 约为 7 的(钙)–钠–碳酸氢根水。在温泉的释放点,石灰华是典型的由碳酸钙组成的沉积。

来自液态区的贫气热水可能要经过相当长的距离才能迁移到地表,以温泉的形式排放。矿化的 pH 为中性的水仍然可能在地表达到100℃,一些泉眼的上升路径可能来自更深的地方。泉水中有几种矿物质是过饱和的,通常会在泉水中或在其边缘形成烧结沉积(图10.5)。

图 10.3　冰岛纳马夫加（Námafjall）的沸腾泥浆盆。泥浆盆是由极酸的冷凝液、火山灰及岩石中的矿物反应形成的,由此产生的典型的灰色泥浆包含固体反应产物,主要是黏土。

图 10.4　冰岛慧拉达利尔（Hveradalir）高温地热田的岩石和火山灰的表面色彩变化。

图10.5　美国怀俄明州黄石国家公园有硅质烧结物沉积的温泉。连接到热源的上升管道清晰可见。

硅质烧结矿床可能包含无定形硅石、蛋白石或玉髓。烧结矿除了硅酸盐和氧化物矿物外，还可能会有碳酸盐矿物。

在以液体为主的区域也经常会出现碱性热水（pH为8~10）。它的形成是硅酸盐矿物和活性火山玻璃持续水解的结果。含氯化钠盐的水的钙和镁含量通常会极低，而氟化物则经常会很高，如果pH在9或以上，铝含量可能会异常高。形成这种高pH水的过程可用钠长石的水解反应来描述：

$$NaAlSi_3O_8 + H^+ + H_2O \rightleftharpoons Al_2Si_2O_5(OH)_4 + Na^+ \qquad (10.2)$$

该反应能分解原始火成岩中的斜长石和钠长石成分，形成高岭石或一般的黏土矿物。它消耗H^+，从而增加残余液体的pH，并产生Na^+，从而提高溶解性固体总量。

间歇泉是火山高温区的温泉，地下水储层的蒸汽和沸水间歇性地喷出。这种现象在高温地热田中出现得相对较少，因为地球上只有少数几个地方具备该现象所需的水文地质条件和地下结构。间歇泉需要一个20~30m深的火山喷气孔，其上部变窄，连接一个地下水室，其中充满了冷的地下水，然后冷水由深处的热岩加热。气孔中的水会保持在低于沸腾的温度，因为靠近地表的岩石是冷的。一段时间后，地下水室的水开始沸腾，产生的蒸汽迅速增加压力。在压力达到临界阈值后，沸腾的水通过气孔从室中喷出地面。间歇泉向空中喷发出水柱和蒸汽。冰岛的斯特罗库尔间歇泉通常每5~10min喷出一股20m高的热水柱。美国黄石国家公园的蒸汽船间歇泉产生的喷发量是全世界最高的。频繁喷出的沸腾矿化水通常会在喷口周围形成富含二氧化硅的沉积物(间歇泉石),有可能演变成烧结锥(图10.6)。

图10.6 美国怀俄明州黄石国家公园带有突起的烧结锥的城堡间歇泉。

热的侵蚀性流体与熔岩和灰烬的相互作用会产生大量的蚀变矿物,矿物类型取决于被侵蚀火山岩的成分。玄武岩中有大量的沸石,包括辉锑矿、铀矿、中沸石、侧闪石等。沸石会填充熔岩的孔隙,从而减少孔隙空间。黏土是典型的热液蚀变产物,出现在所有类型的火山岩中。黏土矿物的类型取决于蚀变火山岩的类型、蚀变温度和液体的成分。在200℃左右的温度下,玄武岩可能会含有沸石、水晶石等蚀变产物,而在250~350℃的高温蚀变中则会形成绿帘石、水晶石和角闪石(Henley and Ellis,1983;Bucher and Grapes,2011)。

由于高焓区地下的非均质结构,地热利用的热水成分会有很大的差异。然而,流体也可因与场地位置有关的外部因素而有所不同。地热流体可以来自大气降水(图10.1),然而,在靠近海洋的地方,这种流体可能与海水渗入有关(表10.1)。

表.10.1　冰岛两个发电厂的地热流体的组成

单位:mg/L

组成	赫利舍迪	雷克雅那
二氧化硅	659	613
钠	201	9 172
钾	33	1 294
钙	0.4	1 516
氯	199	17 402
四氧化硫	8	14

注:赫利舍迪位于内陆,流体来自大气降水;雷克雅那在海上,流体来自于海水(数据来自Remoroza,2010;Giroud,2008)

10.2　电厂的开发、安装和初步调试

在火山地热地区,地下的温度分布、岩石类型和结构、渗透性、孔隙结构、孔隙中的液体或气体、孔隙中的流体组成及其他地层性质都可能是极其不均匀的。这使得在高焓地区开发地热装置面临挑战。

如何应用地热取决于地下热流体的温度和类型。在高焓地区,高温流体的温度在250℃或更高,这些高温流体通常可用于电力生产和区域供暖。中等温度流体的温度范围为150~250℃。100~150℃范围内的液体一般认为是沸腾的低温液体,主要用于区域供暖。50~100℃的液体则是低温应用,如温室加热。

高焓区的地热发电厂从多个地点的几十个钻井中生产热流体,即传热介质。每口井通常可提供大约5MW的电能。在大型高温区,如美国加州的间歇泉,电力是由几个发电厂生产的,每个发电厂由许多井提供热源(Brophy et al.,2010)。

一些地热田的经验表明,连续从地下抽取热流体会使流体储层中的蒸汽压力逐渐下降。这种压力损失使电力生产逐渐降低。如今,采出来的地热流体与一些地点的远端水源(如工业废水)一起回注入储层,从而能用雨水补给水储层(见4.4节,10.3节)。火山岩地层的导水率通常很高(见10.1节),回注井的数量比生产井的数量少得多。注入井一般钻得相对较浅,只要能维持发电所需的蒸汽压力即可。

高焓场热能的利用通常会遵循梯次利用原理(见8.6节,图8.14)。从地下提取热能的主要目的是发电。然而,热能也可通过区域供热网为较大的居住区或城市街区服务。生产出的热能能直接用于工业用途。低温型水的剩余热量则用于农业或温室供暖。温室也可使用地热生产的电能为人工照明提供能源,以延长日照时

间(见4.4节,图10.7)。

在开发高热田之前,在勘探阶段必须要对拟开发点的所有相关材料和地质数据进行汇编,进行广泛的勘探研究,包括地质、结构、水化学、热学和地球物理调查。例如,水化学研究可用水地温计来获取储层温度数据(见15.2节)。地热调查能提供地面温度和热流密度数据,从所收集的数据可以获取热储层结构、深度和范围的信息。同时,温度分布、孔隙度结构和流体流动结构也可从收集的数据中得出。通过利用热储层开发的重要地球物理勘查技术(见13.1节),包括电阻率测量(如瞬态电磁法)和大地磁电法(Björnsson et al.,2005;Christensen et al.,2006;Rosenkjær,2011),了解地下电阻率的分布情况,以获得储层的结构和范围。应用重力和航磁数据能进一步完善储层的详细结构。定期记录局部和区域地震活动,以提供持续的构造和岩浆活动所必需的知识。地球物理勘探技术是提供地下地质属性基本数据的不可或缺的手段(Barkaoui,2011;Árnason et al.,2000)。

图10.7　冰岛弗卢希尔(Flúðir)附近用地热水加热的温室。

在现场勘探过程中,可以通过一些浅层(<350m)勘探井来掌握并确认地下储层

的特性和潜力。如果勘探成功,这些勘探井则可以在场地开发过程中纳入工厂系统,作为生产井用于区域供暖,或作为注入井改善深层流体储层。

地热站点的进一步开发取决于勘探阶段的成果,通常以10~30MW电能为单位,每2~3年增加一次安装功率。生产井通常要钻到1500~2500m的深度,在某些地方也可以钻到3500m深,这需根据热流体储层的结构决定。在每个开发步骤都完成后,工厂以新增的容量重新启动运行。许多地方从一开始就根据梯次利用原则使用所生产的热能(电力、区域供暖等)。

调试好之后就是运行阶段。通常情况下,在常规作业过程中必须还要进一步钻更多的井。由于储层结垢和矿物沉积等原因,新井的产量会下降。此外,腐蚀严重的井也必须更换。替换井通常在储层中要钻得比原井更深。在运行期间,对储层结构了解越多,对新井位的目标点认识就会越不同。在工厂运行期间,由于储层中的蒸汽压力下降,也需要更深的井。

高温井除了用旋转钻进安装立管外,通常要分四开来进行钻探(见第12章)。最初的50~100m是用大直径(20~24in)和水泥固定套管(18in或20in)进行钻探。然后用较小的直径($17\frac{1}{2}$in或20in)继续钻到200~600m,至少在较深的部分要用水泥固定套管($13\frac{1}{2}$in或18in)。第三开要钻到600~1200m深,通常用$12\frac{1}{2}$in或$17\frac{1}{2}$in的直径钻进。最后一段,即所谓的生产套管,直径为$9\frac{5}{8}$in或$13\frac{3}{8}$in,这时必须要用水泥固管。最后的生产段($8\frac{1}{2}$in或$12\frac{1}{2}$in)要钻入储层的目标层。在生产套管中安装带孔衬管(7in或$9\frac{5}{8}$in)(图12.1)可以稳定钻井。带眼衬管安装要在底孔上方的20~30m处结束,留出下面的空间以补偿作业期间的热膨胀。生产流体穿过带眼衬管,从那里通过套管到达地面。根据当地的地质条件和储层中目标层的深度,也可以增加钻井段的开数(段数)。定向钻井通常用于高焓区,使生产井处于热流体储层中(见第12章)。在垂直钻孔达到一定深度后,要继续向侧边钻进到热流体储层。定向钻井通常在生产段每隔30m增加偏转角度2°~3°,直到最后偏转到20°~40°(如Sveinbjörnsson,2014)。在地面上,需将井密封并用井口设备固定,并且将井口覆盖,并用一个井室将设备保护起来[图10.8(a)、(b)]。

（a）

（b）

图 10.8　冰岛奈斯亚威里尔高热田的井口：(a)井室；(b)井室内的井口与井口
设备。

新井完井后需进行大量的测试以评估其产量。在测试过程中，压力急剧下降
会产生大量的热蒸汽，这些蒸汽从井筒中高速逸出，伴随有巨大的噪声，离井几千

米外都能听到。为了减少这些噪声,需将离开井口的热蒸汽引导到消声器(消音器)内[图10.9(a)、(b)]。在较长的停工期后,清洁井时也需要用到消声器。剧烈爆发的蒸汽可以用来清除烧结物,从而有助于保持产量。工厂的蒸汽分离器也要配备消声器(Thorolfsson,2010)。

高焓区的井可能需要采用促产措施来提高产量。如果导流结构因钻井作业而堵塞,那么促产措施就更有必要。促产也可能只会有助于改善与储层的水力连接。所采用的工艺与8.5节中所介绍的类似。另一种技术是向井中反复注入冷水。偶尔也会使用封隔器对井的某一段进行促产作业。

10.3 高焓区发电厂的主要类型

10.3.1 干蒸汽发电站

如果高焓区的井主要是用来产生干热蒸汽,可以直接将不含液态水的地热流体引导到蒸汽涡轮机。涡轮机驱动发电机,将机械能转换为电能[图4.14(b)]。由于沸点依赖于压力,水可能存在于储层深处,而不在井口处。例如,纯水在100bar压力下(约1000m深度)的沸腾温度接近300℃,在地表则为100℃。对于富含盐分的水或盐水,沸腾温度甚至更高。因此,在高温流体储层(180~350℃)减压的情况下,热干蒸汽就会从井中高速喷出,因此流体的生产不需要泵。将到达井口的热蒸汽引至涡轮机,涡轮机由一组井的蒸汽驱动。干蒸汽厂是最简单高效的地热发电装置。然而,在全球范围内,适合这种利用方式的地热区块并不多。这类系统的例子包含美国加州北部的高热田"间歇泉"(见4.4节)、意大利拉德莱罗或印度尼西亚Ulubelo等地热田。

（a）

（b）

图 10.9 安装在地热井井口的消声器(消音器):(a)冰岛奈斯亚威里尔工厂正在使用的井房和消声器;(b)冰岛克拉夫拉工厂井房旁边的工作消声器。

10.3.2　闪蒸发电站

大多数地热厂都是闪蒸厂(DiPippo,2012)。如果储层温度和压力稍低,井口产生的蒸汽是湿的而不是干的,就可以使用这种类型的工厂。这是在高焓热田中最常见的一种情况。在这些装置中,生产井中的湿热蒸汽经过分离装置(图10.10),在分离装置中,将热蒸汽从液相、热水或盐水中分离出来。几个生产井的两相热流体流向同一个分离器。从分离器出来的蒸汽能直接进入涡轮机[图10.11(a)]。通常情况下,蒸汽在到达涡轮机房之前会经过一个额外的水汽分离器。连接的发电机将涡轮机产生的机械能转换成电能[图10.11(b)],如冰岛北部克拉夫拉(Krafla)地热发电厂使用30MW的涡轮机和37.5MW的发电机。在高压变电站,将11kV的电转换为132kV并送入输电线路。

分离出来的液相通常是高固体性溶解总量的盐水,局部含有高浓度的溶解固体,对环境有潜在的危害(如有毒或有放射性)。但是,这些液体一般会被回注入储层,从而防止压力随时间逐渐下降,以及防止地热储层地上区域沉降。

图10.10　冰岛赫利舍迪闪蒸汽厂的蒸汽分离器。

（a）

（b）

图 10.11　在冰岛赫利舍迪工厂产房里的涡轮机：（a）三菱汽轮机 45MW，转速 3000r，输入 7.5bar 蒸汽（输出 0.1bar），蒸汽温度为 168℃；（b）前景是冰岛赫利舍迪工厂产房中的发电机组，背景是涡轮机（在左边）-发电机（黄色）系统，一个工厂产房能容纳 4 个这样的单元。

图 10.12　冰岛奈斯亚威里尔的蒸汽冷凝器和喷射塔。

在离开涡轮机后,热蒸汽通过一个冷凝器被转化为液态(图 10.12)。凝结后的静止热水由泵送到冷却塔(图 10.13)。冷凝器中未凝结的蒸汽则通过喷射器逸出到大气中(图 10.12)。在许多工厂,从冷凝器出来的热水在调整到理想的恒定温度后可以用于区域供暖。蒸汽冷凝水的溶解性固体总量很低,但在一些地方可能会含有硫化氢等气体。用于区域供暖的热水需要用来自冷水井的冷水与来自冷凝器的蒸汽水混和使用。

4.4 节所述的闪蒸汽发电厂[图 4.14(a)]使用的是仅离开分离器一次的蒸汽,可将这些电厂描述为单闪蒸汽电厂。现代发电厂从离开初级分离器的液相中还会产生额外的蒸汽。如果电厂还能用离开二次分离器的液相来产生蒸汽,则可称为双闪蒸汽厂,甚至是三闪蒸汽厂。这种装置比单闪蒸汽厂的效率要高出 15%~25%。然而,它们需要额外的投资和昂贵的维护。一个双闪蒸汽发电厂的实例是冰岛的赫利舍迪地热发电厂,可以提供 303MW 电能和 400MW 热能,这是世界上第二大地热发电厂,由雷克雅未克的 ON 电力公司拥有和经营。该厂 6 个 45MW 的涡轮机和一个 33MW 的涡轮机生产 303MW 的电力。对于雷克雅未克地区的供热网,该厂生产 133MW 的热能。

图 10.13 冰岛赫利舍迪工厂的冷却塔，前景是蒸汽分离器。

赫利舍迪电厂使用的储层在亨吉尔火山中部，一共建造了 30 口 2~3km 深的地热井，工厂利用从这些地热井产出的流速为 500kg/L、温度为 180℃的热蒸汽进行发电。在电厂周围，已经在崎岖的火山洞穴和火山塌陷地带钻了 60 多口井。大多数井都钻成了倾斜孔。生产的液体含有低浓度的氯化钠-碳酸氢钠（氯小于 200mg/kg）。溶解性固体总量从 1000mg/kg 到 1500mg/kg 不等（表 10.1）。根据井的位置及流体储层的不同，流体中硫化氢和二氧化碳含量也不同（Ármannsson，2016）。

冰岛赫利舍迪或冰岛南部的奈斯亚威里尔热电厂（图 10.14）需要冷水井生产冷水，并储存在水罐中。蒸汽离开汽轮机，进入与涡轮机相关联的冷凝器单元（图 10.11），冷水从蒸汽中接收热能。冷水加热到 85~90℃，随后引到低压气体提取器，在那里沸腾并释放出溶解的氧气气体。这个过程可以保护区域供热网的管道不受腐蚀。经过调节的热水以 83℃的温度离开发电厂，27h 后到达工厂以西约 20km 的雷克雅未克家庭和工业用户时，温度仅会下降 1.8℃。预先绝缘的地下管道从赫利舍迪工厂的热水储罐以 2250L/s 的速度向城市输送热水。从地热田产生的井水含有溶解的固体和气体，不能直接用于区域供热网。因此可知这些液体很容易形成结垢和腐蚀［Gunnlaugsson，2008（a）、（b）］。从产出的地热流体中脱出的硫化氢需要进行精心的特殊处理，并需将有毒气体回注入热储层中（Gunnarsson et al.，2011）。

图 10.14　冰岛奈斯亚威里尔地热厂概览。注意额外的管道弯曲,以补偿与温度有关的长度变化。管子柔韧地放置在卷轴或滑轨上。插图:向雷克雅未克输送能源的电力线和热水管线。

10.4　出现的弊端,潜在的对策

在地热发电站的运行过程中,可能会出现的典型故障包括储层中的蒸汽压力损失、地面下沉、地震活动增加、工厂部件中形成烧结物和结垢、排放有毒和令人讨厌的恶臭气体、破坏植被等。上述弊端不一定总是会发生,不一定同时并发,也不一定在每个地点都会发生。高熔区的地热能源装置通常不在居民区附近。然而,这些弊端可能会通过增加能源消耗的成本而间接给居民带来损害。在大多数火山地区,居民们都很熟悉大地震的活动背景。下面我们将介绍在特定地点的弊端的真实案例、采取的措施,以及这些地热地点所产生的各种弊端之间的相互作用。

蒸汽压力损失:从 1987 年开始,"间歇泉"地热田的生产因储层蒸汽压力显著降低而受到阻碍。压力损失是因为生产电力过多,工厂不断加大蒸汽的提取,因此造成一些地热电厂退役(Brophy et al., 2010)。详细的研究表明,早在 1966 年,储层的蒸汽压力就已经以每年约 1bar 的速度下降。1991 年的对策计划建议从外部向储层注水,以稳定储层蒸汽压力,并确保热田的可持续性。从 1997 年开始,这些计划得到了实施,将地表水体的水和经过处理的废水引入了储层。目前,来自圣罗莎和克莱尔湖的经过处理的城市废水以大约800kg/s的速度注入储层。储层的整治延缓了工厂能源生产的下降。最终,产量增加,退役的工厂恢复了运行(Brophy et al., 2010)。

地震活动:从1975年开始,在地热田"间歇泉"就观察到了活跃的微地震。在地热厂运行的最初几年,即在开始向储层注入外部水之前,地震活动与蒸汽提取率相关,因此与发电量相关,尽管此时部分冷却和冷凝的蒸汽已经回注入储层中。观测到的地震活动(见11.1节)主要是高温流体采出率导致储层流体压力降低而引起的沉降,也有一小部分是冷流体回注引起的冷凝蒸汽。在20世纪90年代末,随着外部注水量的不断增加,地震活动逐渐增强,记录的地震事件的数量和测得的最大震级都持续上升。2016年12月首次记录了里氏5.0级的地震事件。地震及震级的增加与储层因高速注入外部废水而导致的热收缩有关(Nicholson and Wesson, 1990; Brophy et al., 2010)。

地表沉降:据报道,一些发电的地热田因常年从地下储层开采地热流体而地表下沉,造成危害。除"间歇泉"外,意大利北部拉德莱罗的高热田和附近的Traval-Radicondoli也受到了地表下沉的影响。在拉德莱罗的中心区域,已经记录到了170cm的沉降(ENEL, 1995)。然而,观察到的地震与注水速率并不相关(Batini et al., 1985)。

新西兰北岛地震活跃的陶波火山带的五个地热田均用于地热发电(Rowlan and Sibson, 2004)。靠近高热田怀拉基的地热怀拉基电站是1958年世界上第一个投入运行的闪蒸发电厂(Thain, 1998)。目前,怀拉基热田有55口生产井、6口注入井和50个监测点。所有的井深都小于700m。目前,该厂的总电力输出为181MW。从20世纪80年代初开始,该厂的运行导致浅层储层的蒸汽压力大幅下降,对商业产生了巨大的负面影响。同时,生产液体的温度也略有下降。不过,观察到的与压力损失有关的地表沉降并没有造成重大损失。随后,一些成功营利的地热井开发出了干蒸汽储层,补偿了闪蒸热田的电力损失(Thain, 1998)。然而,所生产的液体含有影响环境的成分。在地表,新的蒸汽和气体排放口打开了,近地表的地面温度有所上升(Allis, 1981)。与其他高焓热田一样,增加流体的回注应该能阻止或减缓负面影响。然而,流体注入导致了微地震的增加。人们吸取了在怀拉基热田取得的各种经验,用来制定新的流体回注战略,周密地考虑了热田的当地属性和所有的技术参数,包括注入深度、位置、深度温度、注入压力、注入速度等(Mizuno, 2013; Sherburn et al.，2015)。

在冰岛西部雷克雅那半岛的地热厂运行期间,通过监测测量发现近地表的地温上升,地表的二氧化碳气体排放也在增加。目前,尚未确定这些现象是由工厂运行后储层中的流体压力损失造成的,还是自然界的原因(Óladóttir and Friðriksson, 2015)。

位于冰岛西南部的赫利舍迪地热发电厂(见10.2节)从一开始就以可持续发展为宗旨进行规划和运营。将凝结的蒸汽回注,从而避免储层中的流体压力损失是其首要目标。工厂逐步发展和调试期间,钻了60多口井。17口注水井用于维持储层的流体压力和防止地表沉降。在钻井过程中,一些地方发生了里氏2~3级地震。其他地热井在钻井期间没有出现地震活动。在开发阶段观察到的地震通常与钻井泥浆流失有关,这些泥浆流失与钻探大空洞或开放断裂有关,或与完成钻井后的试井期间的高压流体注入有关。这种诱发的地震很弱,只限于开发阶段。后来,在工厂运营期间,生产和回注液体的增加使得整个地区的地震普遍增加,最高达到了2011年的里氏4.4级(Hjörleifsdóttir et al.，2019)。随后,赫利舍迪厂制定了详细的流体注入策略,并成功地减少了地震。

气体排放:高热田用于发电的蒸汽总是含有一些不凝结的火山气体,如二氧化碳和硫化氢(见10.1节)。这些气体通常对技术设施的零部件金属有腐蚀作用,促使材料疲劳和断裂,或加剧储层中导水断裂的结垢和封闭(15.3节)。同时,气体排放还有环境问题,它们释放到大气中会降低地热发电的环保意义。

2006年,CarbFix项目在冰岛西南部的赫利舍迪地热田启动,目的是减少二氧化碳气体排放。此后不久,以减少硫化氢排放为目的的SulFix项目也在赫利舍迪启动。这两个项目的基本概念都是为了分离有问题的气体,并将其重新注入流体储层,使其与岩石发生反应并沉淀为碳酸盐和硫化物矿物。二氧化碳和硫化氢隔离项目始于一种开创性的气体分离装置的安装(Gunnarsson et al.，2015)。一个特殊的无氧过程将这两种气体溶解在液态水中。该过程的效率取决于压力、温度和水的盐度(Aradóttir et al.，2015)。两个基本的溶解反应在水溶液中能产生不带电的复合物(aq)。

$$CO_{2(g)} + H_2O_{(f)} \Longrightarrow H_2CO_{3(aq)} \qquad [10.3(a)]$$

$$H_2S_{(g)} \Longrightarrow H_2S_{(aq)} \qquad [10.4(a)]$$

碳和硫对带电物质的最终分布取决于水溶液在其压力和温度下的pH。

$$H_2CO_{3(aq)} \Longrightarrow HCO_3^- + H^+ \qquad [10.4(b)]$$

$$HCO_3^- \Longrightarrow CO^{2-} + H^+ \qquad [10.4(c)]$$

$$H_2S_{(aq)} \Longrightarrow HS^- + H^+ \qquad [10.5(b)]$$

$$HS \Longrightarrow S^{2-} + H^+ \qquad [10.5(c)]$$

该工艺高效地将两种气体溶解在水溶液中[式(10.4),式(10.5)],因而能大大减少气体的泄漏。这两种气体被捕获在两种不同的液体中。碳液体和硫液体要分别泵送到储层,最好是在密封岩石下。二氧化碳和硫化氢在水中的溶解会降低溶液的pH[式10.4(b)、(c)],式[10.5(b)、(c)],从而增加其与储层中玄武岩矿物质的反应。从2014年开始,富含二氧化碳的液体以30~80℃的温度从400~800m深的井中泵送到玄武岩中。来自附近监测站的数据显示,在装置运行的第一年,固定在碳酸盐矿物中的80%~90%的碳已经被封存。钻孔的岩石样本显示,在很短的反应时间后即可形成碳酸盐矿物(含铁的方解石、白云石和菱镁矿)(Clarket al.,2020)。CarbFix计划表明,将流体中的二氧化碳气体迅速和永久地封存在活性玄武岩矿物质中是可行的。

从2015年开始,在SulFix计划的背景下,工厂以式(10.5)处理的富含硫化氢的水溶液在270℃的温度下泵入储层(>800m)的深处。实验室的实验和地球化学模型表明,在玄武岩储层中,硫化物矿物(如磁黄铁矿和黄铁矿)通过流体与岩石之间的相互作用从溶解的硫化氢中生成,其生成速度比从二氧化碳中生成碳酸盐矿物要快得多(Aradóttir et al.,2015;Clark et al.,2020)。

在冰岛西南部雷克雅那半岛的格林达维克试验了一个减少地热发电厂二氧化碳排放的替代方法:将施瓦森吉(Svartsengi)地热发电厂与蒸汽一起产生的二氧化碳转移到附近的George-Olah工厂。这是全球最大的二氧化碳-甲醇工厂。自2011年以来,该工厂每年生产200万L甲醇,并计划将产量扩大到每年500万L。除了甲醇之外,还生产氢气。这两种产品都是可再生燃料。甲醇是通过催化控制反应生产的,化学反应方程式为

$$2H_2 + CO_2 \Longrightarrow CH_3OH + 0.5O_2 \uparrow \qquad [10.6(a)]$$

需要的氢气可从电解水中得到

$$2H_2O \Longrightarrow O_2 \uparrow + 2H_2 \qquad [10.6(b)]$$

电解水需要的大量电能由施瓦森吉地热发电厂提供。两个反应产生的氧气释放到大气中。这两个过程表明,地热能可以储存在燃料中,即甲醇和氢气,供以后使用(Garrow,2015)。施瓦森吉地热厂能源的创新利用表明,高热田有可能将能源转化为可再生燃料,从而产生商业效益。

矿物结垢:在高焓场中形成结垢的最常见矿物是各种形式的二氧化硅和碳酸钙,偶尔可见重金属(铜、锌、铅)硫化物沉积的存在(见15.3节)。

一个令人印象深刻的例子是从地热水中析出无定形二氧化硅的冰岛西南部雷克雅内斯半岛上的地热温泉"蓝湖"(图10.15)。"蓝湖"最初是施瓦森吉地热发电厂附近的一个衍生湖。该电厂向一个高渗透的熔岩区排放温暖、含盐的残余水进行渗流。离开工厂的废水,就几种固相矿物质而言是高度过饱和的,其中包括无定形硅石、玉髓和石英。从水中析出的固体堵塞了孔隙,大大降低了地面的渗透性,其结果是形成了一个永久性的湖泊,湖水浑浊呈白色。现在,排水量受到严格限制,从而控制住湖的规模。从残余水中析出的主要成分是无定形二氧化硅,在岸边形成白色结壳,在湖底形成白色泥浆。湖水漂浮着大量极细的白色无定形二氧化硅颗粒,使湖水呈现出特有的浑浊的白蓝色(图10.15)。

图10.15　冰岛西南部雷克雅内斯半岛的蓝湖。背景是施瓦森吉地热发电站

从工厂的储层流体中提取热量,剩余水被冷却,使无定形二氧化硅的过饱和急剧增加($SI_{as} \gg 0$)。此外,在闪蒸装置的分离器中(见10.2节),从生产的深层流体中除去蒸汽会进一步增加流体的二氧化硅浓度,并增加无定形二氧化硅的饱和度。例如,从高热储层分离出来的蒸汽可能含有5mg/L的溶解性固体总量,而残余液体中则可能会超过45g/L。液体的主要溶解成分是钠、氯、钙和钾(Giroud,2008)。溶解的二氧化硅则可高达800~900mg/L(比较:25℃饱和水中含有6mg/L的石英)。地

热流体的液相通常也富含硼、氟和汞。因此,出于水处理方面的考虑,剩余的液体最好还是回注到储层中。

硅垢是高焓区的一个普遍而严重的问题。对于许多地热厂来说,无定形二氧化硅的过饱和度代表着电力生产的限制性参数。如果地热流体在生产过程中被冷却到一个临界阈值以下,二氧化硅的规模就会变得无法控制,除非做出不计后果的努力。具有讽刺意味的是,无定形二氧化硅的烧结材料却是一种稀缺资源。

无定形二氧化硅的过饱和程度可用饱和指数(SI_{as})来表示。饱和指数是指在给定的压力和温度条件下,液体中的实际二氧化硅浓度与无定形二氧化硅达到(亚稳态)平衡时浓度之差的对数(单位:mol/kg)。因此,如果饱和指数为零,流体没有形成垢的驱动力;饱和指数等于0.3意味着溶液2倍于无定形二氧化硅过饱和度。在250℃和100bar气压下,相应的二氧化硅浓度为$SI_{as}=0$,SiO_2含量为1174mg/kg。如果在250℃时$SI_{as}=0$的液体含有1174mg/kg的溶解二氧化硅,将液体冷却到100℃时,$SI_{as}=0.45$。二氧化硅的过饱和度为2.8倍。如果将液体冷却到80℃,达到平衡的二氧化硅液体($SI_{as}=0$)二氧化硅浓度只有322mg/kg。因此,当储层中250℃的液体冷却到80℃时,将会形成852mg/kg的硅垢。

然而,许多因素控制着工厂中硅垢的有效生成量,其中包括流体的pH。在呈碱性的高pH液体中,二氧化硅的溶解度会急剧增加(见15.2节)。除了受二氧化硅溶解度的热力学限制外,二氧化硅结垢沉淀也是一个受动力学控制,同时还受运动学控制的不可逆过程。如果流体中的无定形二氧化硅过饱和($SI_{as}>0$),硅相也不会立即自发形成。首先,二氧化硅胶体必须要先成核,最初的非常小的胶体会累积成具有较大活性表面和表面电荷的较大颗粒。熟化和聚合可进一步增加颗粒尺寸,最终形成二氧化硅垢。请注意,稳定的固体二氧化硅相是结晶石英,无定形二氧化硅则是比石英更容易溶解的亚稳相。250℃的热流体与无定形二氧化硅在亚稳态平衡时的$SI_{qz}=0.51$,这是石英过饱和的3.24倍。然而,石英稳定相通常不会形成,因为石英形成过程的动力学比无定形硅要慢得多。地热水中的二氧化硅含量也受低于110℃时生物群存在的影响(Tobler et al.,2008)。

避免或减少二氧化硅沉淀通常要遵循以下原则(Brown,2011):

·添加酸到液体中(如盐酸、硫酸)来延缓硅胶的聚合。

·添加有机抑制剂来稳定早期形成的胶体。

·增加液体的pH,从而提高二氧化硅的溶解度。

·降低管道中的流体流速,也能减少二氧化硅的沉淀速度。

在低固体溶解总量流体中,可以通过降低流体流速来延缓二氧化硅的沉淀(Gunnlaugsson,2012a,b)。优化蒸汽分离,最大限度地回收气体(如二氧化碳),增加废水的pH,均可减少二氧化硅结垢(Henley,1983)。与硅垢形成有关的过程在化学上很复杂,在不同的地方可能有很大的不同。防止结垢的策略通常要在完成广泛的现场测试之后才能制定。特别是使用有机抑制剂来预防硅垢,更需要进行全面的测试,以找到解决问题最有效的配方(Gallup,2009;Ikeda and Ueda,2017)。

10.5　在超临界值条件下利用储层液体

高焓地热田的地热发电与水的液态–蒸汽转变有很大关系。地下地热层中液体沸腾的压力和温度条件以及工厂的技术设施,特别是在蒸汽分离器中,代表着基本的操作参数。随着压力的增加,液态水会在越来越高的温度下转化为蒸汽。相变的条件由沸腾曲线给出(图10.16)。在1bar压力下,水的沸点约为100℃。在1bar的沸点,液相的密度为959kg/m³,蒸汽的密度为0.6kg/m³。随着沸腾曲线上压力的增加,液体和蒸汽相之间较大的密度差会逐渐减小。这是因为液态水几乎是不可压缩的,而蒸汽则是高度可压缩的。沿着沸腾曲线,在200℃和15.55bar交汇点处,蒸汽的密度达到7.862kg/m³,液态水的密度为863kg/m³;在300℃和85.92bar点处,蒸汽的密度为46.21kg/m³,液态水的密度为712kg/m³(数据来自:https://www.pipeflowcalculations.com/tables/ steam.xhtml)。密度比$\Delta\rho$(液态/气态)沿着沸腾曲线从100℃的1600到200℃的110,最后到300℃的15.4。在374℃和221bar时,两相的密度相等($\Delta\rho = 1$)。这一点即是所谓的水的临界点,液态水和蒸汽的区别变得不再重要。因此,压力大于221bar和温度大于374℃的流体被称为超临界流体。在超临界区域,水的可压缩性比液态水的可压缩性要高(见8.2节)(Suárez and Samaniego,2012)。超临界水的表面张力和蒸发热均为零。

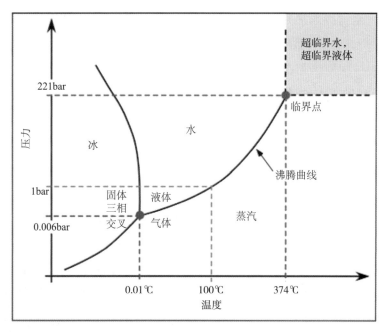

图 10.16 水的压力-温度相图。沸腾曲线在水的临界点(374℃和221bar)的高温端终止

超临界水的密度与液相相似,但黏度却类似于气体。超临界水相对较高的密度导致相应的高比焓。在压力为250bar的超临界压力下,370℃的水比焓为1790kJ/kg,在400℃时急剧增加到2580kJ/kg。这些特性表明,超临界水是一种能量非常丰富的流体物质,因此对地热应用有潜在的意义。在超临界条件下将深井钻入流体储层,压力高于221bar,导致井内的质量流量非常大。因此,超临界流体储层中的产量比常规条件下的产量高出10~20倍。这些积极的前景促使一些国家开始尝试开发超临界地热田,包括日本、新西兰和冰岛(IDDP-冰岛深钻项目)。

超临界水流体具有固体溶解总量高、气体含量高、悬浮性固体颗粒多的特点,其温度和压力值高,因而生产和处理成本也高。相关设备和工具也需要特殊的设计并应用耐腐蚀材料。超临界流体储层对于钻井是一个巨大的挑战。即使是用特殊合金钢制成的坚固的钻头,也要依靠大量注入冷却水才能抵御严酷的条件。

20世纪80年代,在意大利北部拉德莱罗首次开发了超临界流体储层。Sasso22井的温度在3970m深时达到380℃(Bertini et al.,1980)。San Pompeo 2井显示,2930m深的温度大于400℃,压力约为240bar(Batini et al.,1983)。日本、美国、墨西哥、肯尼亚和冰岛也都曾报告过井下温度明显高于400℃的数据(Reinsch et al.,2017)。高热田 Kakkonda(日本北部)的 WD-1A 井在3710m深处达到500~510℃的温度,这可能是全世界地热井所达到的最高温度(Ikeuchi et al.,1998)。这口井是在深海地热资源调查项目中钻探的。

在冰岛,一些地热井在2200m深即可达到360℃,温度接近临界温度374℃,而压力明显低于临界压力值(P_{crt})。这些液体在生态和经济上都很难处理,在技术上也很难控制。此外,曾在钻井过程中出现过严重的困难,包括几乎整个钻井段的钻井泥浆全部流失,套管塌陷,钻杆也被迅速腐蚀。

正在进行的冰岛深层钻探项目(见iddp.is)涉及几个冰岛机构和一些国际合作伙伴(Elders and Friðleifsson,2010),其目的是要开发超临界流体储层来利用地热。2009年,第一口深井IDDP-1在冰岛北部年轻的火山断裂系统克拉夫拉附近钻进2104m深的玄武岩浆。克拉夫拉火山在1975—1984年产生了最后一次大规模喷发的玄武岩流(图1.4)。这些喷发称为克拉夫拉大火,形成了一个36km²的熔岩场。当钻杆碰到岩浆室时就被卡住了。然而,冷水循环运行良好,并进行了一些水力测试。该井产生的蒸汽流量为10~12kg/s,温度约为450℃,井口压力为140bar。当时,IDDP-1井以其36MW电能功率成为有史以来钻探出的最强大的井。然而,排放的气体(氯化氢、氟化氢、硫化氢)呈酸性,井和地面设施都被迅速腐蚀,并受到悬浮固体颗粒造成的硅垢和硅质侵蚀的进一步破坏。蒸汽中含有90mg/kg的氯化氢、7mg/kg的氟化氢和92mg/kg的二氧化硅,蒸汽冷凝产生了一种酸性液体,沉淀出无定形二氧化硅。为了最大限度地减少酸的形成、腐蚀和二氧化硅结垢,有研究开发并测试了几个湿式洗涤器的概念(Hauksson et al.,2014;Markusson and Hauksson,2015)。IDDP-1井只是作为研究井使用,从未为电网生产过电力,由于技术原因,最终被其封存(图10.17)。第二口深层钻探项目井(IDDP-2)位于冰岛西南部的雷克雅那半岛上,2016年8月开始钻探,2017年1月成功完成钻探,深度为4659m。孔内有套管并加固到3000m深。井底温度为427℃,流体压力为340bar。但是,在测量时,该井还没有达到热平衡。蚀变矿物的存在和用霍纳方法推断的温度梯度(Horner,1951)表明,温度高达535℃(Friðleifsson et al.,2018)。因此,在井底,压力和温度条件显然是在超临界水的范围。该井已经进行了广泛的测试(见iddp.is),预计将于2020年投入使用,电力生产功率预计为30~50MW。

图10.17　IDDP-1的钻探地点位于冰岛克拉夫拉火山区,远处是1984年克拉夫拉大火的黑色熔岩区。IDDP-1井在2200m深处钻进了一个小型活性岩浆室。

现在,用超临界流体生产电力是全世界许多高焓地热田的一个高度热门的研发课题,如日本的Beyond Brittle项目(JBBP)、欧洲在拉德莱罗油田开发新钻井技术的DESCRAMBLE项目、新西兰的更热更深项目、墨西哥的GEMex项目和美国的Newberry深钻项目(NDDP)。目前,由于尚未解决的技术难题,超临界水流体深层储层的功能开发还没能实现。例如,工具、设备和钻井泥浆的高温稳定性必须要得到显著改善。传统钻机的吊钩载荷被限制在500t左右,满足不了钻井新技术的需求。生产的液体具有极强的侵蚀性和腐蚀性,这对技术设备的稳定性也是一个挑战(Reinsch et al.,2017)。

参考文献

Allis, R. G., 1981. Changes in heat flow associated with exploitation of the Wairakei geothermal field, New Zealand. NZ Journal of Geology & Geophysics, 24, 1–19.

Aradóttir, E., Gunnarsson, I., Sigfússon, B., Gíslason, S. R., Oelkers, E. H., Stute, M., Matter, J. M., Snaebjörnsdottir, S. Ó., Mesfin, K. G., Alfredsson, H. A., Hall, J., Arnarsson, M. Th., Dideriksen, K., Júliusson, B. M., Broecker, W. S. & Gunnlaugsson, E., 2015. Towards Cleaner Geothermal Energy: Subsurface Sequestration of Sour Gas Emissions from Geothermal Power Plants. ProceedingsWorld Geothermal Congress 2015, Melbourne, Australia, 19–25 April 2015.

Ármannsson, H., 2016. The fluid geochemistry of Islandic high temperature geothermal areas. Applied Geochemistry, 66, 14–64.

Árnason, K., Karlsdóttir, R., Eysteinsson, H., Flóvenz, Ó. G. & Gudlaugsson, S. Th., 2000. The resistivity structure of high–temperature geothermal systems in Iceland. Proceedings of theWorld Geothermal Congress, Kyushu–Tohoku, Japan, 923–928.

Barkaoui, A.-E., 2011. Joint 1D inversion of TEM and MT resistivity data with an example from the area around the Eyjafjallajökull glacier, S–Iceland. Geothermal training program, report no. 9, Reykjavik, Iceland, 30 p.

Batini, F., Bertini, G., Bottai, A., Burgassi, P., Cappetti, G., Gianelli, G. & Puxeddu, M., 1983. San Pompeo 2 deep well: a high temperature and high pressure geothermal system. In: Strub A, Ungemach P. (eds.): European geothermal update.– Proceedings of the 3rd international seminar on the results of EC geothermal energy research, p. 341–353.

Batini, F., Console, R.&Luongo, G., 1985. Seismological study of Larderello – Travale geothermal area. Geothermics, 14/2–3, 255–272.

Bertini, G., Giovannoni, A., Stefani, G. C., Gianelli, G., Puxeddu, M. & Squarci, P., 1980. Deep exploration in Larderello field: Sasso 22 drilling venture. Dordrecht: Springer, p. 303–311. https://doi.org/10.1007/978–94–009–9059–3_26.

Björnsson, A., Eysteinsson, H. & Beblo, M., 2005. Crustal formation and magma genesis beneath Iceland: magnetotelluric constraints. In: Foulger, G. R.,Natland, J. H., Presnall, D. C.&Anderson, D.L. (eds): Plates, plumes and paradigms. Geological Society of America, Spec. Pap., 388,665–686.

Brophy, P., Lippmann, M. J.,Dobson, P. F.&Poux, B., 2010, TheGeysers Geothermal Field – update 1990–2010.– Geothermal Resources Council, Spec. rep. no. 20.

Brown, K., 2011. Thermodynamics and kinetics of silica scaling. Proceedings International Workshop on Mineral Scaling 2011, Manila, Philippines, 25–27 May 2011.

Bucher, K. & Grapes, R., 2011. Petrogenesis of Metamorphic Rocks, 8th edition. Springer Verlag, Berlin Heidelberg. 428 pp.

Christensen, A., Auken, E. & Sorensen, K., 2006. The transient electromagnetic method. Groundwater Geophysics, 71, 179–225.

Clark, D. E., Oelkers, E. H., Gunnarsson, I., Sigfússon, B., Snæbjörnsdóttir, S. Ó., Aradóttir, E. A. & Gíslason, S. R., 2020. CarbFix2: N and H2S mineralization during 3.5 years of continuous injection into basaltic rocks at more than 250 °C. Geochimica et Cosmochimica Acta, Vol 279, 45-66.

Clynne, M. A., Janik, C. J. & Muffler, L. J. P., 2013. "HotWater" in Lassen Volcanic National Park - Fumaroles, Steaming Ground, and Boiling Mudpots. USGS Fact Sheet 173 - 98, 4 p.

DiPippo, R., 2012. Geothermal Power Plants: Principles, Applications, Case Studies and Environmental Impact (3rd edition). Butterworth Heinemann, 600 pp.

Elders, W. A. & Friðleifsson, G., 2010. The science program of the Iceland Deep Drilling project (IDDP): a study of supercritical geothermal resources. - Proceedings, World Geothermal Congress, 9 p., Bali, Indonesia.

ENEL 1995. Geothermal energy in Tuscany and Northern Latium. ENEL Generation and Transmission, Relations and Communication Department, 50 p., Bagni di Tivoli, Roma.

Friðleifsson, G. Ó., Elders, W. A., Zierenberg, R. A., Fowler, A. P. G., Weisenberger, T. B., Mesfin, K. G., Sigurðsson, Ó., Níelsson, S., Einarsson, G., Óskarsson, F., Guðnason, E. Á., Tulinius, H., Hokstad, K., Benoit, G., Frank Nono, F., Loggia, D., Parat, F., Cichy, S. B., Escobedo, D. & Mainprice, D., 2018. The Iceland Deep Drilling Project at Reykjanes: Drilling into the root zone of a black smoker analog. Journal of Volcanology and Geothermal Research, VOLGEO-06435; p. 19.

Gallup, D. L., 2009. Production engineering in geothermal technology: a review. Geothermics, 38, 326-334.

Garrow, T., 2015. AMethanol Economy based on Renewable Resources. - McGill Green Chemistry Journal, 1, 87-90.

Giroud, N., 2008. AChemical Study of Arsenic, Boron and Gases inHigh-Temperature Geothermal Fluids in Iceland. Dissertation at the Faculty of Science, University of Iceland, 110 p.

Gunnarsson, I, Sigfússon, B., Stefánsson, A., Arnórsson, St., Scott, S.W. & Gunnlaugsson, E., 2011.

Injection of H2S from Hellisheiði power plant, Iceland. Proceedings, Thirty-Sixth Workshop on Geothermal Reservoir Engineering Stanford University, Stanford, California, January 31-February 2, 2011. SGP-TR-191.

Gunnarsson, I., Júlíusson, B. M., Aradóttir, E. S. P. and Arnarson, M. Th., 2015. Pilot scale geothermal gas separation, Hellisheiði Power Plant, Iceland, Proceedings, Proceedings World Geothermal Congress, 19 - 25 April 2015, Melbourne, Australia.

Gunnlaugsson, E., 2008a. District Heating in Reykjavik, past - present - future. - United Nations University, Geothermal Training Programme, 12 p., Reykjavik, Iceland.

Gunnlaugsson, E., 2008b. EnvironmentalManagement and Monitoring in Iceland: Reinjection and Gas Sequestration at the Hellisheiði Power Plant. - SDG Short Course I on Sustainability and Environmental Management of Geothermal Resource Utilization and the Role of Geothermal in Combating Climate Change, 8 p., Santa Tecla, El Salvador.

Gunnlaugsson, E., 2012a Scaling in geothermal installation in Iceland. Short Course on Geothermal Development and Geothermal Wells, 6 p., Santa Tecla, El Salvador.

Gunnlaugsson, E., 2012b. Scaling predictionmodelling. Short Course on Geothermal Development and Geothermal Wells, 5 p., Santa Tecla, El Salvador.

Hauksson, T., Markusson, S., Einarsson, K., Karlsdóttir, S. A., Einarsson, Á., Möller, A. & Sigmarsson, Þ., 2014. Pilot testing of handling the fluids from the IDDP−1 exploratory geothermal well, Krafla, N.E. Iceland. Geothermics, 49, 76−82.

Henley, R. W., 1983. pH and silica scaling control in geothermal field development. Geothermics, 12/4, 307 – 321.

Henley, R. W. & Ellis, A. J., 1983. Geothermal Systems Ancient and Modern: A geochemical Review.− Earth−Science Reviews, 19, 1−50.

Hjörleifsdóttir, V., Snæbjörnsdóttir, S., Vogfjord, K., Ågústsson, K., Gunnarsson, G. & Hjaltadóttir, S., 2019. Induced earthquakes in the Hellisheiði geothermal field, Iceland. Schatzalp, 3rd Induced Seismicity Workshop, p. 5, Davos.

Horner, D. R., 1951. Pressure Build−up inWells. In: Bull, E. J. (ed.): Proc. 3rdWorld Petrol. Congr., pp. 503 – 521, Leiden, Netherlands.

Ikeda, R. &Ueda, A., 2017. Experimental field investigations of inhibitors for controlling silica scale in geothermal brine at the Sumikawa geothermal plant, Akita Prefecture, Japan. Geothermics, 70, 305 – 313.

Ikeuchi, K., Doi, N., Sakagawa, Y., Kamenosono, H. &Uchida, T., 1998. High−temperaturemeasurements in well WD−1A and the thermal structure of the Kakkonda geothermal system, Japan. Geothermics, 27, 5/6, 591−607.

Markusson, S. H. & Hauksson, T., 2015. Utilization of the Hottest Well in the World, IDDP−1 in Krafla. Proceedings World Geothermal Congress, 6 p., Melbourne, Australia.

Mizuno, E., 2013. Geothermal Power Development in New Zealand Lessons for Japan. Research Report, Japan Renewable Energy Foundation, 74 p., Tokyo, Japan.

Nicholson, C. & Wesson, R. L., 1990. Earthquake Hazard associated with deep well injection − a report to the U.S. Environmental Protection Agency, pp. 74, U.S. Geological Survey Bulletin.

Óladóttir, A. & Friðriksson, P., 2015. The Evolution of CO2 Emissions and Heat Flow through Soil since 2004 in the Utilized Reykjanes Geothermal Area, SW Iceland: Ten Years of Observations on Changes in Geothermal Surface Activity. World Geothermal Congress, 10 p., Melbourne, Australia.

Pope, E.C., Bird, D. K.,Arnórsson, S. andGiroud, N., 2016. Hydrogeology of the Krafla geothermal system, northeast Iceland. Geofluids, 16, 175−197.

Reinsch, T., Dobson, P., Asanuma, H., Huenges, E., Poletto, F.&Sanjuan, B., 2017. Utilizing supercritical geothermal systems: a reviewof past ventures and ongoing research activities. Geothermal Energy, 5:16, 26 p. https://doi.org/10.1186/s40517−017−0075−y.

Remoroza, A. I., 2010. Cacite Mineral Scaling Potentials of High-Temperature Geothermal Wells. Thesis at the Faculty of Science School of Engineering and Natural Sciences, 97 p., Univ. of Iceland, Reykjavik.

Rosenkjær, G. K., 2011. Electromagnetic methods in geothermal exploration. 1D and 3D inversion of TEM and MT data from a synthetic geothermal area and the Hengill geothermal area, SW Iceland. University of Iceland, MSc thesis, 137 pp.

Rowland, J. V. & Sibson, R. H., 2004. Structural controls on hydrothermal flow in a segmented rift system, Taupo Volcanic Zone, New Zealand. Geofluids, 4, 259-283.

Sherburn, S., Bromley, C., Bannister, S., Sewell, S. & Bourguignon, S., 2015. New Zealand Geothermal Induced Seismicity: an overview. Proceedings World Geothermal Congress, 9 p., Melbourne, Australia.

Suárez, M.-C. A. & Samaniego, F., 2012. Deep geothermal reservoirs with water at supercritical conditions. Proceedings 37th workshop on Geothermal Reservoir Engineering, Stanford University, SGP-TR-194, 9 p., Stanford, CA/USA.

Sveinbjörnsson, B. M., 2014. Success of High Temperature Geothermal Wells in Iceland. ISOR Iceland Geosurvey, ISOR-2014/053, project-no. 13-0445, 42 p., Reykjavik, Iceland.

Thain, I. A., 1998. A brief history oft he Wairakei geothermal power project. GHC Bulletin, 4 p.

Thorolfsson, G., 2010. Silencers for Flashing Geothermal Brine, Thirty Years of Experimenting. Proceedings World Geothermal Congress, 4 p., Bali, Indonesia.

Tobler, D. J., Stefánsson, A. & Benning, L. G., 2008. In-situ grown silica sinters in Icelandic geothermal areas. Geobiology, 6, 481-502.

11 与深层地热系统相关的环境问题

深孔钻机

将地热能转化为电能或有用的热能不会产生二氧化碳,也不会产生烟气排放,如烟尘颗粒、二氧化硫和氮氧化物。地热发电站的运行是非常环保的,在正常运行期间,甚至在事故期间,对环境造成危害的风险都非常低。应用高质量的结构材料、成熟的技术与大量的安全预防装置使得系统的风险大大降低。

地热系统和发电厂的建设与其他类型的发电厂的建设没有区别,会造成与建筑材料制造、材料和设备运输及服务交通有关的二氧化碳排放,因此要认真地组织规划,以最大限度地减少这些排放。

开发增强型地热系统的地下热交换器(见第9章)通常要采取水力压裂措施,会引起轻微的地震。但地表很少体验到震感。与地震有关的问题将在11.1节中讨论。

地热流体在一个封闭的系统中循环,不会对环境造成任何的破坏。如果地面装置发生泄漏,可以立即停止流体循环并更换泄漏部分。电力生产的二次回路中的工作液体也是在一个封闭的系统中循环,如果此部位发生泄漏,在施工和技术方面的预防措施有助于最大限度地减少环境污染。

然而,在系统开发阶段,当主环路在地表尚未完全封闭时,有必要对热流体循环进行测试。只有在这些测试中,才能从上升的白色蒸汽羽流中直观地看到整个工作努力的成功(图11.1)。

在二元地热发电站中,二次回路的工作液体在离开涡轮机后必须要冷却到冷凝态以下,多余的热量会释放到大气环境中(见11.3节),就像其他热电厂一样。然而,地热发电厂的热排放比大型燃煤和燃气发电厂以及核电站的热排放低几个数量级。即使按照机组的输出功率进行归一化处理,其排放量也要低得多。

一些国家建议采用热电联产的概念,甚至可能会强制性要求采用这种技术。热电联产可以减少与流体冷却过程有关的能量损失,优化地热能的使用。地热低焓资源的综合利用和梯次利用也是利用生产出的热能,而不是让其在流体冷却过程中白白浪费(见8.6节)。

本书并没有涵盖所有可能与低焓地热电站的建设和运行相关的潜在环境危害。下面的章节将介绍几个选择性的环境问题,一是因为这些问题具有现实意义,二是人们有时不合理地忽略这些危害。另外,地热项目在系统开发过程中以及后续的运行过程中都可能会遇到非常多的故障和麻烦。仔细的规划、管理、监测,高素质有经验的人员,以及使用合适的材料和设备,不但能有助于减少这些潜在的问题,同时也可将环境影响降到最小。最后,一个开放和直接的沟通理念——要使项目参与各方团结一致、相互信任共同努力,是防止麻烦和危险发生的可靠保障。

图11.1   在成功开发一次环路后,兰道电厂测试期间的蒸汽云层。

11.1   与增强型地热系统项目相关的地震活动

在瑞士巴塞尔市,计划中的增强型地热系统花岗岩储层深度为5km,大规模水力压裂促产造成的岩石变形产生了身体能感知、耳可识别的声音。地面震动和雷鸣般的声音吓坏了当地的居民(Kraft et al.,2009)。该事件对公众接受深层地热项目产生了灾难性的影响,不仅是对增强型地热项目,也包括地热双筒项目。巴塞尔事件对增强型地热系统的进一步实施产生了极其负面的影响。任何对地热能源开发感兴趣的人都必须要问这样的问题:为什么会发生这种情况?如何避免此类事件的发生?

第9章解释过,增强型地热系统的地下热交换器的开发需要对储层进行大量的水力(和化学)压裂。压裂过程成功与否是以地下的微震活动来表征的,这可以通过地震监测程序进行监测和记录。这些数据可以提供被压裂的岩石体积的三维视图,与压裂前的情况进行对比,预计导水率能得到明显的提高。从观察到的微震中得到的数据对于第二个钻孔的位置和详细路径也是十分重要的。

在增强型地热和热干岩项目的开发中,与压裂有关的地震活动是不可避免的。但是,要绝对避免在地面上可以感觉到或听到的任何效应(见第9章)。我们坚信,通过审慎的规划和保守的储层开发战略,这是能做到的。还应该要记住,在几个有记载的地热项目中,大规模的水力压裂不但没有或几乎没有产生可识别和可记录的微震,而且还使得储层开发变得更困难。

地震事件并不是深部热力(增强型地热和热干岩)系统所独有的。从断层系统生产热水或将液体注入断层的深层地热系统也都同样暴露出地震的问题。还有一些已知的热液系统的事件。表11.1列出的是一些选出的事件。

表11.1　选自地热项目的地震报告

地热系统	类型	震级(里氏)
德国翁特哈辛	水热	2.2
德国兰道	断层系统	2.7
德国因斯海姆	断层系统	2.3
瑞士里恩	水热	低于检测极限
法国巴黎盆地	水热	低于检测极限
德国格罗斯舍内贝克	深层热	低于检测极限
德国霍斯特伯格	深层热	最小的
瑞士圣加仑	断层系统	3.5
法国苏尔茨(3.5km深)	深层热	2.2
法国苏尔茨(5km深)	深层热	2.9
瑞士巴塞尔	深层热	3.4
德国乌拉赫	深层热	1.8
美国芬顿山	深层热	<1.0
美国加州间歇泉	干蒸汽	4.0
澳大利亚库珀盆地	深层热	3.7
韩国浦项	深层热,断层系统	5.4

表达地震事件强度的方式有几种,一个广泛使用的常规参数是对数里氏震级,它表示地震事件所释放的能量。根据定义,任何低于2级的地震都是微震。震级为2~4级的是小地震。影响极坏的"巴塞尔事件"的震级达到了3.6级(表11.1)。根据里氏震级的定义,3.6级的特点是大多数人能在地表感受到地震事件,但很少会造成

结构性破坏。表11.1列出的与地热项目有关的地震事件的震级指的是那些对地热储层进行大规模水力压裂所引起的事件。在这些项目中,没有预先规定可接受的最大震级,而在其他项目中,包括巴塞尔,特许权合同中就已经规定了上限。所列项目利用断层区对断层系统进行了大规模的压裂,或在高压下将一次回路的冷却流体注入断层系统中。

与增强型地热系统有关的地震事件引发了人们的大量议论。之所以探讨这些2级以上可怕地震的产生原因,以及可能引起更强地震的潜在风险,是因为它们可能会在地表造成重大的结构性破坏。此外,地震事件造成的一些社会问题也引发了激烈的讨论,包括在项目现场与当地居民的沟通。公众对增强型地热系统项目的接受程度的差异,取决于项目及其所有开发阶段是否完全透明。公众对项目的看法在很大程度上取决于术语的使用。仪器监测的微震绝对不应该作为"地震"传达给公众。对于普通人来说,"地震"这个词充满了破坏和死亡的景象,让人产生恐惧,而产生这种恐惧是由于公众对与压裂相关的微震的物理性质不够了解。

在德国,地震事件给相关政府部门带来了严重的不安全感,导致审批的方式和程序大相径庭。在这种情况下,一个主要的困难是,由于缺乏数据,无法对诱发地震的活动进行合理的钻前风险评估。

很多国际研究项目分析了诱发地震的原因,并建立了地震背后的地质过程模型。GEISER(地热工程整体缓解储层诱发地震:geiser-fp7.fr)、PHASE(地震发射的物理学和应用)等项目的研究结果澄清了技术上的不确定性,消除了人们的担忧。现场压裂和其他岩石力学实验也在地下岩石实验室中积极开展,瑞士的Grimsel岩石实验室(Grimsel Test-Site:grimsel.com)、瑞典的Äspö硬岩实验室和美国的桑福德地下研究设施(SURF:sanfordlab.org)等提供了急需的数据。这些结果澄清了地震背后的详细地质力学过程,迅速地采取了尽量减少诱发地震的措施。

11.1.1 诱发地震

诱发地震是指人类活动直接或间接的后果引发的地震。地下施工造成的地下应力积聚可以直接引发地震。另外,地下可能存在极高的次破坏应力,与建筑相关的任何行为都会使应力得到释放而产生地震。两者的区别在于预先存在的自然应力("自生")和增加的人为应力("诱发")的不同。这种区别往往很难量化,而且存在一系列连续的直接和间接的原因。

地震是由沿已存在的断层面摩擦滑动而自发释放所储存的弹性变形能量而引

起的。地震是一种由于岩体的位移而释放储存应力的事件。然而,该术语严格依赖于规模。地壳岩石块的位移一般与现有的断层系统平行发生,并可能在整个断层系统中以从厘米到米的规模活动。

地震震源的形变过程会在地球表面产生地面运动。地表感受到的地震强度取决于震源释放的总应变能(震级)、震中以下的震源深度以及当地坚硬地面和土壤的性质。地震事件的地表影响能通过地震强度、振动速度和振动加速度等参数进行预测和描述(见11.1.2节)。这些参数表征的是地表的地震特征,震级表征的是震源深处地震的参数。

当应力超过某个阈值时,地震就会突然释放出深层岩体中所储存的弹性变形能量并发生破坏(Nicholson and Wesson,1990)。储层压裂过程中的高压注液并不会明显增加储存的变形能量。然而,流体的注入会减小加载在处于临界应力断层面上的有效摩擦阻力,从而能降低地震发生的阈值。

储层注入区及其周围的水文地质特性以及储层周围存在的应力控制着对流体注入的反应,在某些情况下可能会触发地震,而在其他情况下,即使高压流体注入也可能不会导致地震。触发地震的水文条件可能与孕震渗透性有关(Talwani et al.,2007)。因此,要区分使地震发生的因素和释放地震的事实。当然,现在还不能定量预测向深井注入流体导致孔隙压力增加而引发地震的概率(Nicholson and Wesson,1990)。

地震的震级与激活的断层长度的对数成正比(Wyss,1979;Wells and Coppersmith,1994)。一次8级地震能激活一个几百千米长的断层系统,使断块位移达几米;一次3级地震则只能激活大约几十米长的断层,使断块位移几厘米。

人为地震并非地热项目开发所独有。石油和天然气工业、作为水力发电系统水库的堰塞湖、气体和压缩空气的地下储存、深井中液体废物的高压注入,以及地下和露天采矿都能诱发地震(Nicholso and Wesson,1990;Shapiro et al.,2007;McGarr,1991;Rutledge et al.,2004;Segall,1989:Cook,1976)。在特殊情况下,暴雨事件也可能诱发地震活动(Husen et al.,2007)。

石油和天然气储层的生产可能会因流体提取导致孔隙流体压力下降和负载增加,从而引起地震。油气储层大规模开采后的均衡补偿甚至会引起远距离地震(Grasso,1992)。例如,美国加州洛杉矶盆地威尔明顿油田的石油高产量导致当地下沉8.8m,沉降率高达0.71m/年。由于这些地面运动,从20世纪40年代到60年代,该地发生了几次破坏性地震,最大震级约为里氏5.1级(Kovach,1974)。20世纪50

年代末,开始大规模注水,目的是使地层停止下沉,同时提高油田的石油采收率。实践证明,这些措施都是成功的。然而,注水引发了一系列低于里氏3.2级的小地震(Nicholson and Wesson,1990)。这个例子表明,向油藏注水会减少有效载荷,并可能引发地震。在其他油气田发生的人为的与沉降有关的地震,还包括1925年得克萨斯州的 Goose Creek 油田地震(Davis and Pennington,1989)、法国西南部 Lacq 附近 Pau 盆地的采气沉降(Segall et al.,1994)。后者造成大于1000次的地震事件,其中44次达到3.0级以上,两次达到4级。当然还可以找到更多的例子,如1992年在格拉索发生的地震。

据报道,与储层回填有关的最大地震可能是规模为6.5级的印度 Koyna 地震(Gupta and Rastogi,1976)。泰万尼(Talwani)等总结和分析了许多来自堰塞湖的地震报告(2007)。

将液体或气体从深井注入地下的原因非常多样,包括从蒸发岩中浸出盐、处理液体有毒废物、提高老化油气田的产量或压裂储层岩石,目的是提高导水率。在有些地方,注入的液体量非常大,以至诱发地震。一个影响极坏的诱发地震的案例发生在美国科罗拉多州丹佛市附近的洛基山兵工厂注水井。在1962年左右,这口3671m深的井用来处理数亿升的有毒废物。在井口压力大约72bar的情况下,将液体注入了一个被几个近平行断层切割的储层,由此产生了几百次地震,最高震级达到5.5级(Hsieh and Bredehoeft,1981;Nicholson and Wesson,1990)。

实际上,2008年以前,世界范围内与地热能源项目有关的地震汇编并没有报告在钻井期间或储层压裂期间发生过任何造成损失的破坏性地震(Majer et al.,2008)。但最近有报道在韩国浦项发生了里氏5.4级地震(Kim et al.,2018,2019)。在地热系统运行过程中,流体注入是通过流体开采来平衡的,这与上述那些注入诱发地震的案例有着本质上的区别。

11.1.2　地震事件的量化

地震事件可以由两个完全不同的参数来描述,即震级和烈度。震级与地震发生的源头,即深部的震源所释放的应变能量有关。地震事件的烈度则描述该事件在地表特定位置的影响和后果。经验性的对数震级表(里氏震级)根据地震仪记录的振动振幅释放能量的大小。振幅与地面破裂过程所释放的地震能量有关。2级以下的地震事件称为微震,在地表感觉不到。2~3级事件是极轻的地震,只有在非常特殊的条件下才能在地表上感觉到。3~4级事件是一种非常轻的地震,许多人能感觉到这样的地震,然而,结构性破坏是非常罕见的。里氏震级是开放式的,每一个后继的震级单位所释放的地震能量都比前一级高十倍以上。自1990年以来,地球经历了五次震级大于9级的地震,但10级的地震还没有记录。

里氏震级的符号是M_L,其中L代表当地。其他经常使用的震级还包括体波震级M_b、面波震级M_s和矩震级M_w。矩震级表示地震事件中释放的总能量。因此,它与沿断层和断裂的岩石位移以及发生位移的总表面积直接相关。经验关系$M_w \sim 0.85M_L$表明,矩震级比里氏震级小一些(Ottemöller and Sargeant, 2013)。

地震的震级不是衡量地表震中(即震源的正上方)破坏程度和后果的标准。地表的破坏程度受上述所说的震中以下的震源深度、地表岩石和土壤的类型及建筑物的结构和类型的影响。

古腾堡-里希特(Gutenberg-Richter)法则将某一特定时间段内地震的震级和数量联系起来[式(11.1)]。

$$log_{10}N = a - bM \tag{11.1}$$

式中,N是至少震级为M的事件的数量,参数a和b是区域特定常数。参数a与所考虑地区的一般地震活动性有关。构造地震的参数b接近于1。流体注入可能增加b,导致更多但更弱的地震发生。古腾堡-里氏定律可以用于探索迄今尚未发生的高震级事件的可能性。

强震的烈度是地震对居民及地表自然和人工结构的局部影响的经验分类。岩石和土壤的局部近地表构造对地面运动有很大影响,从而影响到强震烈度。松散土壤的地面运动比坚实的地下室基岩要高得多。因此,同样震级和震源深度的地震,在松散土壤上强震的烈度可能比在坚硬岩石上强震的烈度高得多。麦氏震级用罗马数字来表示强震烈度,从I(最低)到XII(最高)。最高值定义在震中(震源区域上方),随着与震中距离的增加而下降。

在与地热项目相关的诱发地震方面,对储层促产措施导致的局部地面运动做出可靠的定量预测将大有帮助。地面振动、地面运动和加速度可以用岩石物理学和土壤物理学的方法进行定量描述。振动速度与结构效应直接相关。超过5mm/s的振动可能会导致较小的损坏,如灰泥产生裂缝。只有当振动速度超过较大值时,结构才会发生严重的损坏。

5km的震源深度感知地震事件的下限约为里氏2~2.5级。在特殊情况下,3.5~4.5级的地震可能会对震中的建筑物造成轻度破坏。美国地质调查局认为,4.5级以上和地面振动速度明显高于34mm/s时,就会造成明显的破坏。5级地震可能会对建筑物造成分散性的严重结构破坏。因此,在大规模水力压裂或地热系统的作业中,不应超过最大里氏2~2.5的震级。为了安全并避免任何程度的可感知震动,在最近的项目中通常要求最高可接受的里氏震级为1.7级。

11.1.3 巴塞尔事件

瑞士城市巴塞尔位于欧洲中部莱茵河上游裂谷的南端。当地的高地热梯度和裂谷的地质结构,以及当地购买生产热能的潜力,使巴塞尔成为增强型地热系统项目的最佳地点。其山谷内有厚厚的中生代和第三纪沉积物,上面覆盖着第四纪沉积物(图11.2)。沉积物下的结晶基底的顶部在地表以下2750~2640m。在项目开始之前,对地质结构的了解仅限于相对较浅的深度。巴塞尔1井的井筒深度达到5009m,钻穿了2300m厚的基底岩石,其中大部分是花岗岩。基底和覆盖层上部被许多陡峭的倾斜断层切割,形成了复杂的断块模式。钻探地点距离莱茵河裂谷东部主要边界断层的地表露头约4.5km。边界断层系统在5km深处的确切位置尚不清楚。然而,它无疑是向西倾斜的,可能在巴塞尔1号井附近的5km深处。莱茵河裂谷的自然地震活动从巴塞尔向北递减。

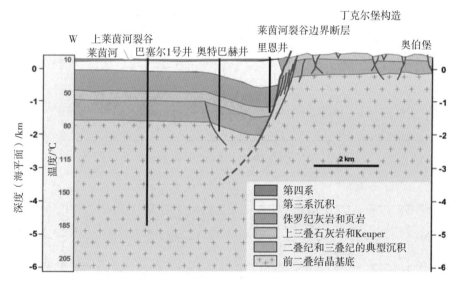

图11.2 横跨上莱茵裂谷的东西向剖面示意图,显示的是瑞士巴塞尔增强型地热系统项目中5km深的巴塞尔1号井的地质情况。改编自Häring等(2008)。

2006年12月2日,开始对5km深处的花岗岩进行大规模水力压裂,将高压河水注入深处的断裂花岗岩中。巴塞尔1号钻井地点位于巴塞尔市区内。六天后(12月8日)发生了地震事件,震级为3.4,震中位于地热项目的钻井现场。实测的地面振动速度为9.3mm/s。2007年1月6日、1月16日和2月2日,又发生了三次震级大于3级的地震事件。地面的震动伴随着噪声(砰砰的声音),城市中许多能感觉到和听到的人都受到惊吓。

这些地震是由地热项目的水力压裂工程引起的,按照地震学术语,称为诱发地震。大多数监测到的地震事件都在微地震的范围内(图11.3)。为了创建地下热交换器,微震活动是断裂岩体对正在扩大的节理和断裂的预期响应。一些地震事件(图11.3)超出了可容忍的微震范围,代表意外地诱发了部分较强的明显地震。这两种类型的地震之间的过渡是连续的。

在压裂工程的准备阶段,2006年11月25日进行了一次预压裂试验。在测试期间,水以越来越快的速度注入井筒,开始是3L/s,然后是6L/s,最后是10L/s。在这个过程中,井口压力从最初的15bar增加到33bar、52bar和最后的74bar。该试验反映的是花岗岩基岩在低于打开压力的条件下的自然水力反应,导水率约为10^{-10}m/s。与类似深度的结晶基底中的其他位置相比,导水率相对较低(Ingebritsen and Manning,1999;Stober and Bucher,2007a,b;Ladner et al.,2008)。

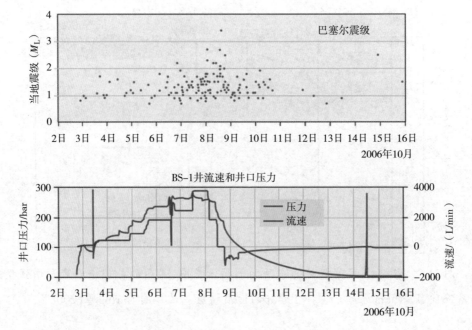

图11.3 瑞士巴塞尔增强型地热系统项目5km深处的花岗岩水力模拟诱发的地震事件记录。Kraft等(2009)。

根据预压裂试验的结果，在2006年12月2日开始对花岗岩进行水力压裂。准备过程中，对程序细节的讨论一直很激烈。压裂工程于2006年12月8日结束。总共注入了11 566m³的水。注入速率分5个步骤增加，最高达到3750L/min。在注入过程接近尾声时，井口压力达到最高296bar。直到当地时间12月6日2点左右，还没有超出1800L/min的注入速度和250bar的井口压力。在此之前，监测到的地震事件都低于2级（图11.3）。在将注入速度提高到3000L/min和相应的井口压力为275bar后，出现了第一个震级大于2的微震事件。进一步提高注入速度至3750L/min，提高压力至接近300bar，导致震级大于2.5的微震越来越多（图11.3）。

随后注入量逐渐减少，直到在12月8日停止。打开的钻孔喷出了大量的水，几个小时后，地震的震级大大降低，低于2.0以下。12月14日，在井关闭后不久，又发生了一次超过2.0级的地震，井口压力再次上升到285bar。

这些数据（图11.3）表明，注水速率或注入压力与地震事件的规模之间存在关联性。这一观察结果反过来又意味着，适当调整水力参数就能控制诱发地震。要回答水力学对地震可控性的问题，关键是要了解2007年1月和2月在巴塞尔所发生的3级及以上地震。

在巴塞尔增强型地热系统项目观察到的较强的地震（震级大于3级）估计是通过水力压裂释放储存在现有剪切带中的构造剪切应力造成的。在钻前勘探或进行水力试验时，都很难探测到这样的负载剪切带。然而，压裂工程期也许是及时发现存在潜在危险的致震剪切带并对威胁作出明智反应的最佳机会。

有人认为，诱发的巴塞尔地震可能会有稳定作用，从而可能防止未来发生更强的自然地震。然而，注入的大量水仍然停留在地下，也可能有相反的破坏稳定的作用。流体沿着压力梯度的迁移可能会在未来诱发更多的地震，尽管震级可能会降低。巴塞尔事件的水力和地震细节表明，残留的注入液体具有破坏稳定的作用（Langenbruch and Shapiro，2010）。观察到的压裂之后的晚期地震都是余震，符合大森（Omori）（1894）地震余震的规律，即余震的频率随着主要事件后的时间流逝而减少。

巴塞尔增强型地热系统现场的地震诱发事件并没有在地表造成特殊或不寻常的影响。记录的地震振动和感知的宏观地震是这些震级和震源深度的地震特征。另外，如果涉及高频地震信号，能感知到的声学信号（砰声）也是一种典型的近场地震现象。然而，巴塞尔事件的独特之处在于，震中位于一个广大的城市聚集区，地震是人为的，人们对地震措手不及，完全没有防备。

2006年12月开始出现可察觉的地震后,该项目被叫停,后来也没有再继续,但井口仍然开放,微震活动如预期发展。2011年钻孔被密封,随后井口的压力持续稳定地增加。2016年,观察到的地震活动明显增加。2016年10月,地震达到里氏1.9级。封井后,地震主要发生在"储层"的北缘和南缘。对最初促产措施产生的压裂区进行测量时,发现其前端又恢复了扩张状态。为了应对不断增加的微地震,井口的压力从最初的8.5bar逐级降低到0.5bar。现计划将这口井再保持开放几年,以避免压力进一步增加(seismo.ethz.ch)。

11.1.4 圣加仑事件(瑞士东部)

圣加仑事件与另一个命运多舛的地热项目有关,由于遇到了地下意想不到的困难,该项目最终被放弃了。阻碍该项目的问题与巴塞尔的问题有很大的不同(见11.1.3节)。因此,我们必须要对这一事件做个简要总结,希望地热界能从该井的问题和错误中吸取教训。

圣加仑事件是对阿尔卑斯型冲断带前缘存在流体超压的强烈警告(Müller et al.,1988)。圣加仑地下的地质情况与落基山脉的阿尔伯塔山麓相似(Jones,1982)。

2013年夏天,在瑞士东部圣加仑市附近的Sittertobel地区,增强型地热系统项目在那里钻了一口4450m深的地热井。该井下套管到4002m,从这个深度到孔底又装了一个带孔衬管。按照计划,钻孔在钻过致密的上侏罗纪石灰岩(马尔姆石灰岩)后,会到达一个有空洞和断裂的区域。然而,2013年7月21日的清晨,一个意外的大规模瓦斯爆炸与里氏3.5级(矩震3.3级)的地震同时发生。在事件发生的前几天(7月14—19日),实施的盐酸压裂在钻孔底部附近产生了预期的微震(小于里氏0.9级)。2013年7月20日,由于深部的甲烷气体涌入,井内水位突然上升。因此,将井筒密封,但井口的压力稳步上升,达到50bar。为了防止不受控制的井喷发生,使用高密度的泥浆井形成了高达约90bar的反压力,尽管人们知道这一措施会加剧地震的风险。事实上,的确也导致了一些微地震的增加(高达里氏1.4级),但井口的压力慢慢下降。然而,第二天发生了令人惊讶的地震事件(里氏3.5级),并伴随有噪声(隆隆声)。同时,井口的压力迅速下降。气体被成功地推回了岩层中,没有发生任何地表损害。

该项目被叫停,井也被保护了起来。2013年秋季,又进行了一次井的水力试验、两次酸化试验和四次生产试验,目的是想要澄清已打开的岩层是否还能用于地热目的。生产率达到了5.9L/s,峰值达到了12L/s。圣加仑市的媒体称天然气侵入的速度多次达到了5Nm³/h。该地热项目最终在2014年被放弃,因为井位所固有的地震风险一直困扰着生产利用,而且产量明显低于成本效益。

圣加仑井筒钻到了第三纪下马林莫拉塞统(3992m)下面的马尔姆致密石灰岩,从4404m到4450m的底孔(真垂向井深4253m),钻入了中侏罗系道格统岩层。在4000m处测得的温度为145℃。钻探前已经进行了广泛的三维地震调查。在地震剖面上可以看到一个巨大的北东北—南西南走向的陡峭断层带,即圣加仑断层带。该构造在中生代和古生代地层中可见,但在上盘不可见,可能与二叠纪–石炭纪地槽有关(Moeck et al.,2015)。由于希望获得高产量和足够高的流速,宣布了马尔姆石灰岩中的断层区为地热项目的主要目标。未受破坏的致密的马尔姆石灰岩导水率较低(k_f约为$1×10^{-10}$~$5×10^{-10}$m/s),这并不符合增强型地热系统的要求。该走滑断层系统在北西北—南东南方向上有最大水平应力(S_H)(Moeck et al.,2015)。预计该地热井在水力上与上述的圣加仑断层带相连,特别是地震事件位于距离地热井开孔部位仅几百米的地方,而且明显低于地热井(Diehl et al.,2017)。THOUGH2数值模型表明,如果一个高传导性的断层带将裸井段与结晶基底或预测的二叠纪–石炭纪地槽(PCT)中更深的断层带连接起来,那么压力波就会迅速传播(Zbinden et al.,2019)。据推测,进入的气体来自二叠纪–石炭纪地槽。为防止危害性井喷而采取的液压程序重新激活了隐藏的非活动深断层带。

11.1.5　观察到的增强型地热系统其他项目的地震活动

高水压是扩大天然断裂网络以建立地下热交换器的必要条件。所谓的开启压力取决于静岩压力以及控制断裂和断层系统的方向,必须要超过这一压力才能达到压裂效果。流速要从高于开启压力起大幅增加。如果天然断裂网络不存在,则必须要通过水力方法来创建,这样就需要更高的压力。在2000年之前,增强型地热系统项目都是在没有地震监测的情况下通过压裂来创建地下热交换器的。

压裂工作可以激活延伸几百米的断裂,由地热系统开发引起的最强诱发地震达到了里氏3.7级。任何地震事件都没有造成人身或重大财产损害(Majer et al.,2008)。但韩国浦项的地热项目是一个例外,里氏5.4级的诱发地震事件在地表造成了损害(见下文)。

在德国西南部乌拉赫的增强型地热系统项目中,20世纪70年代末在3300m深的钻孔中进行了第一次压裂试验。井口压力达到640bar,注入速度为1200L/min。几年后,在持续的压裂试验中,最大井口压力甚至达到660bar。当时没有对地震进行监测。因此,也没有关于感觉到的震颤、声音或地震的报告。

巴德乌拉赫温泉区位于增强型地热系统钻孔附近,其热水产自三叠系上部壳灰岩统石灰岩地层,深度为650~700m。水疗中心没有发现任何损伤、损害或不正常的迹象。在进一步的促产试验中(2002年),井口压力约为350bar,注入速率为600L/min。那时已经建立了一个地震监测网络,观察到了作为压裂反应的微震响应。微震的震级较低,单次活动最高震级达1.8级。在乌拉赫的增强型地热系统项目中,片麻岩基底的开启压力为176bar(Stober,2011)。在德国北部平原的霍斯特伯格(Horstberg)钻孔,以420bar的井口压力为4900m深井做注入试验,没有造成任何损害,也没有引发可测震级的地震。

2003年还在澳大利亚库珀盆地4421米深的井筒Habanero 1进行了促产试验。以40L/s的流速,350bar的超压注入了超过20 000m³的水。由此产生强烈的微震活动可解释为起源于一个2.0×1.5m²、厚度为150~200m的近水平构造。地震监测共记录了12个大地震事件,震级在2.5~3.7。地震事件的空间分布表明,现有断层上的剪切滑移机制已被流体减少的法向应力所释放(Baisch et al.,2006)。该解释也由一个新的深层钻孔所证实,其目标点距离Habanero 1井500m,Habanero 2钻穿了4325m深处的高导断裂带。

2005年,再次对Habanero1进行压裂,以高达31L/s的速度注入22 500m³的水,产生的超压为270bar(Baisch et al.,2009)。这次试验以较低的注入速度进行,因此井口的超压也较低。只发生了三次较强的地震事件,震级分别为2.5、2.9和3.0。2005年压裂的早期事件发生在以前压裂体积的边缘,而靠近钻孔的体积没有被地震重新激活,仍然保持着非活动状态(见9.3节)。

韩国浦项的增强型地热系统项目在二叠纪花岗岩中钻了两个约4350m深的井筒(PX1、PX2)。两口井的大规模水力压裂在2017年11月引发了里氏5.4级的强震事件。地震发生在PX2的最后一次压裂工程后约两周。在两周的时间里,反复压裂共注入了1970m³的水,流速为47L/s。随后,在井口测得高达900bar的压力(Kim et al.,2019;Alcolea et al.,2019)。因此,静线压力高于垂直应力和最小水平应力(后者在走滑应力体系中小于垂直应力)。地震事件的焦点集中在距离注水井井口位置约100m的断层面上。这个地震活跃面可能属于一个更大的断层系统(Alcolea et al.,2019)。根据金姆(Kim)等的研究(2018),大量的水被直接注入到了临界张力负荷断层区。从2016年1月开始的第一次压裂工程开始,观察到的地震活动逐渐增加,并在2017年4月达到里氏3.1级。2017年11月的主要地震事件位于4.5km深处。主震及其前震和余震的震源位于PX1的开孔附近。地震在空间和时间上的分布表明,该断层带由两部分组成,即西南部的主要部分和东北部的次要部分。在所有的压裂工程中,两口井共注入了12 800m³的水(Kim et al.,2018)。浦项地震是目前已知的与增强型地热系统项目有关的最大的诱发地震事件。

在莱茵河裂谷苏尔茨的压裂过程中,注入速度接近50L/s时达到了最大井口压力180bar(Baria et al.,2006)。液体注入导致了地震反应,其最大震级为2.9级(与巴塞尔相比:流速63L/s,压力300bar,震级3.4)。2005年,在对井筒GPK4进行的促产试验中,注入速度逐渐增加,但仅引起了约200次地震事件。

在苏尔茨地区的增强型地热系统项目中,有2个勘探钻孔(GPK1、EPS1),3个地震监测钻孔(4550、4601、OPS4),3个5000m深的地热井(GPK2、GPK3、GPK4),以及大量的油气井。所有这些钻孔的总长度中约有25km是在花岗岩上钻的。在所有这些钻孔中,都没有观察到钻探过程引起的地震活动的迹象。

在苏尔茨增强型地热系统现场对地下热储层进行了几次压裂。1993年在井筒GPK1中压裂了3500m处的"上层储层",1994年和1995年在井筒GPK2中压裂了"下层储层"。2000年、2003年和2004年分别在GPK2、GPK3和GPK4井中对5000m处的"深层储层"进行了压裂(Gérard et al.,2006)。水力压裂产生了几千个地震事件,通常震级小于2级(最高为2.9)。所有≥2级的地震事件都发生在关闭阶段(Genter et al.,2010)。表11.2中总结了深层储层压裂工程的一些注水量和产生的地震事件的震级等数据。监测到的地震可能与现有断层和断裂表面的剪切滑动有关。没有发现延伸性断裂的迹象。

在苏尔茨增强型地热系统现场,有数口1000m的井筒都钻穿了"花岗岩"。然而,这些花岗岩有细微的差别,有些是细粒的,有些是粗粒的,有些类型则含有强烈改变的断裂和矿脉,有些花岗岩富含黑云母,而有些富含角闪石。对水力压裂工程引起的地震活动的任何重要分析都必须要考虑到花岗岩这些不同的岩石性质。

表11.2　苏尔茨深层储层的水力压裂和由此产生的诱发地震

井筒 (年份)	注入量 /m³	最大流速 /(L/s)	井口最大压力 /bar	诱发的地震 事件的次数	震级 (里氏)
GPK2(2000)	约23 400	50	130	约14 000	75×≥1.8 2×2.4 1×2.6

续表

井筒 (年份)	注入量 /m³	最大流速 /(L/s)	井口最大压力 /bar	诱发的地震 事件的次数	震级 (里氏)
GPK3(2003)	约34 000	50; 60;90	180	约22 000	43×≥1.8 2×2.7 1×2.9
GPK4(2004)	约9 300	45	170	约5 800	3×≥1.8 1×2.0
GPK4(2005)	约12 300	45	190	约3 000	17×≥1.8 1×2.3 1×2.6

化学促裂诱发的地震活动也明显弱于纯水力压裂(表11.3)。在化学促裂中通常使用三种不同类型的化学制剂(Portier et al.,2007;Genter et al.,2010):①普通泥浆酸(RMA)是一种溶解硅酸盐矿物的化学品,如黏土、长石和云母;②亚硝基三乙酸(NTA)能溶解方解石和其他一些碳酸盐;③有机黏土酸(OCA)是耐高温的,适用于富含黏土的地层。

表11.3 苏尔茨增强型地热系统,深层储层的化学和水力联合压裂(5km)

使用的化学制剂	日期	最大流速 /(L/s)	诱发地震事件的 次数	震级 (里氏)
普通泥浆酸	2006年5月	28	约20	≤1.9
亚硝基三乙酸 (螯合剂)	2006年10月	40	–	–
有机黏土酸	2007年2月	55	约80	≤1.5

GPK1和GPK2之间在上层储层进行的为期四个月的水力循环试验中,没有发生任何地震事件。在深储层中,持续数月的水力循环引发了可测到的地震,但比压裂阶段的地震要弱得多。当然,在循环测试期间,流速和压力都比压裂阶段低得多。表11.4中记录的是一些稍强的地震事件和较高的震级,总是发生在关井阶段。所有观察到的地震事件都发生在储层的一个明显区域内。在苏尔茨井进行的大量压裂工程,使基底岩石的导水率永久性地提高了50倍。

表 11.4　苏尔茨的增强型地热系统项目,在深层储层(5km)循环测试中观察到的地震情况

情况	2005 年 7—12 月	2008 年 7—8 月	2008 年 11—12 月
GPK2 产生率/(L/s)	约 12	约 25	约 17
GPK3 注射率/(L/s)	约 15 后来约 20	约 23	约 12 后来到约 27
GPK4 产生率/(L/s)	约 3	–	约 12
GPK3 最大井口压力/bar	40 后来到 70	73	28 后来到 86
# 地震事件次数	约 600	约 190	53
最大震级(里氏)	2.3	1.4	1.7

　　苏尔茨地热发电站最初只是一个研究项目,后来转为商业工业设施,2016年装机功率为1.7MW电能(见9.2节)。

11.1.6　关于增强型地热和石化热系统项目地震控制的结论和建议

　　地震事件也可能发生在沉积层序中震源很浅的1~2km深度,这在许多研究中都得到很好的证明。在敏感地区,地震事件可能是由应力场或水文地质条件的非常小的波动引起的。然而,这类地震事件是相对罕见的。无论如何,即使在开发地热系统时采用非常"平稳"的工艺,也不能完全排除诱发地震的可能性。

　　地震风险评估必须要严格区分地热系统开发的几个阶段:(a)钻井阶段;(b)井筒清理和水文地质增效措施;(c)储层的大规模水力压裂;(d)系统的运行阶段。

　　大规模水力储层压裂的方法是石油和天然气工业经常使用的(见9.2节)。在油气工业几十年的钻探过程中,从未在实际钻探过程中观察到诱发地震的情况。据我们所知,国际文献中目前还没有与钻井相关的地震报道或记录。

　　在深度较浅(<1km)、温度较低的典型热液系统中,不太可能发生诱发地震。在深度较大、温度较高的热液储层中,由于注入流体的冷却,或由于不同作业条件导致的压力变化,可能会发生微震事件。地震起源于局部断裂和断层区。流体重新注入储层可能会改变地下现有的应力模式,诱发微震事件。这些事件释放的能量很小,持续时间很短,振动频率很高,震级很低(Majer et al.,2008)。因此,人们不会在地表感知到这些地震。

　　从含水层中生产热水可能会在长时间运行后诱发地震。流体提取会降低含水层的孔隙压力,增加有效载荷(e. g. Segall,1989;Dost et al.,2012;Robertsson and Chilingar，2017）。地表严重的局部沉降往往与油气田大量生产碳氢化合物或大量开采淡水有关。此外，废水处理或二氧化碳地下储存时向深层储层大量注入液体，也可能会诱发地震事件（e. g. Healy et al.，1968；Ake et al.，2005；Segall and Lu，2015；Rutqvist，2012）。

诱发地震在地热双筒中并不重要，因为传热液体通常是以闭合循环的方式回注含水层。即使传输流体循环没有完全封闭，潜在的体积损失很小，也不足以引起地震或沉降。但并不能完全排除在特殊情况下，热液系统中也可能产生地震现象。由冷流体注入热岩石产生的热应力引起的诱发地震活动还是可能的，只是从未观测到。在石油和天然气行业也从未发现过。

热液系统开发中的水井改进措施包括加深水井、倾斜钻井、偏转钻井（侧钻）、定向钻井、建立水力超压、冲击和（压力）酸化（在石灰岩中）。这些成熟的方法通常用于饮用水、矿泉水和热水井的开发。与增强型地热系统开发不同的是，超压应用的目的是为了改善钻孔与含水层和断裂网络的水力连接，而不是为地下热交换器制造出一个断裂网络（见8.5节）。因此，对于改善热液井来说，应用的超压会低得多。

近年来，一些热液和断层系统项目都使用了大规模的水力压裂。通常情况下，当证实了预期的高导含水层其实是弱含水层或所钻断层区的导水率低于预期时，压裂尝试则是在做最后的努力。在一些工厂的持续运行中，一般通过注入井向断层系统施加非常高的注入压力。这种情况类似于在增强型地热系统中进行大规模的水力压裂。

评估含水层中的水力压裂与考虑断层区的压裂是非常不同的，特别是在自然地震活跃的地区。对主要断层和断裂带进行大规模的水力压裂，存在着自发释放储存应力的潜在危险，可能会引起重大地震事件。引起自然地震的致震断层的破坏需要剪切应力超过一定的阈值，该阈值是由法向应力、断层系统的摩擦系数和岩石的抗剪强度所决定的（图11.4）。流体注入应力负荷断层区可能会引发自然地震，因为流体会改变控制参数、内聚力、摩擦力和法向应力，导致系统可能过早失衡（图11.4）。因此，强烈建议要避开特别敏感区，或是极小心谨慎地对待它们。对地下的连续地震监测和实时建模必须要强制严格执行。

注入的水在断层区缓慢迁移，注入的冷水加热后压力会缓慢上升，这样可能有利于延缓断层区的突然应力释放。

此外，在地热利用的含水层下的敏感断层和断裂带可能会因地热厂的运作而激活地震,特别是在回注率高的情况下。因此,地质构造勘探开发项目不应只是集中在目标含水层层位上。

当地的应力场可能会受到地热双筒运行引起的孔隙压力变化的扰乱。受影响的区域取决于生产和注入井相对于应力场的方位。例如,巴伐利亚拉莫斯盆地经常利用的上侏罗纪马尔姆石灰岩具有区域性的低地震性,表明断层在南北向的应力场中是亚临界负荷。陡峭的东北东—西南方向断层只有很小的再激活潜力,许多地热双井的方向与主应力方向平行(Seithel et al.,2018)。

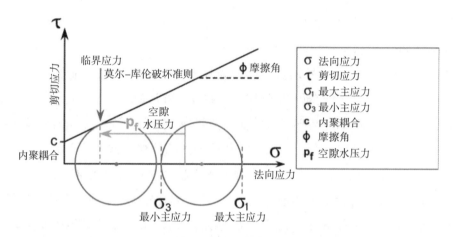

图 11.4 所受的孔隙水压力(pf)增加时,岩石的莫尔–库伦破坏准则。莫尔应力圈发生位移以降低有效法向应力,与破坏准则相交,节理就可能会发生滑移。

大规模水力压裂自20世纪70年代以来一直在使用,是增强型地热系统开发电厂的关键方法(见第9章),也是大量研究工作的主题。但目前还尚未完全了解那些影响诱发地震事件的数量、分布和规模的物理过程和控制参数(Kraft et al.,2009)。在大规模的水力压裂过程中,通常采用约1000L/s水的注入速度和几百巴的井口压力。这将打开储层岩石中现有的断裂并扩大其裂隙,从而增加储层的水力传导性。在这种大规模的压裂过程中,受影响岩石中的孔隙水的压力增加,会降低节理表面的有效法向应力(Terzaghi法则)。孔隙压力的增加会减少节理面的摩擦力,临界剪应力也会随之降低。根据Mohr-Coulomb破坏准则,岩石可能沿着现有的节理(断裂、断层)破坏(图11.4)。

然而,诱发地震的关键是储层深度的构造剪切应力。释放的地震能量主要来自储存的自然形变能量。控制参数之间的具体相互作用,无论是定性还是定量,到目前为止,都还没有确切的认识。因此,在增强型地热系统项目的规划阶段就想能够可靠定量地预测诱发地震的风险,基本上是不可能的。

压裂工程对地热储层中的断裂和节理的拓宽是不可逆的。导水率的提高必须是永久和稳定的。这一基本需求要求:在压裂期间一定要有剪切滑移;纯弹性变形是可逆的(Stober, 2011)。化学压裂和使用支撑剂(见9.3节)在没有剪切滑移变形的情况下也能保持断裂打开。

高焓场的地热厂也有诱发地震的情况发生(见第10章)。然而,与热液和深层地热工厂相比,这些工厂通常位于偏远地区,与其他建筑物和居民区有一定距离。此外,高热田自然地震活动比较常见,当地居民都已经习惯那些频繁发生的有明显震感的地震。近年来,随着地震活动的增加,震级也越来越高,高焓电站周围地区的地震活动越来越敏感,也越来越令人担忧。

以下关于尽量减少诱发地震风险的建议特别适用于增强型地热和热液系统(地热双筒系统)项目,可能对高焓领域的某些分支领域的工厂也有用。

具有高导水率和良好储存能力的地热储层(热液项目)能够在相对较低的井口压力下吸收注入的液体,因此,一般不容易受强烈诱发地震事件的影响。在注入井附近特别是年轻的地质断层带则具有强烈诱发地震事件的巨大潜力,特别是当它们具有低传导性和低储存能力时。注入的液体会优先沿着断层带迁移,释放出储存的剪切应力。如果钻孔附近没有主要的断层带,那么引发地震的可能性就会降低。一般来说,自然地震频发的地区往往也有强烈和丰富的断层。因此,这些地区在增强型地热系统开发过程中诱发地震事件的风险显然更高(Nicholson and Wesson, 1990)。

建议在开发一个地热能源项目时,要有条不紊地按阶段顺序进行。这些阶段性目标要包括创建风险评估研究,制定风险缓解和应对计划、地震监测计划、排放测量网络和水力程序监测系统。必须要严格区分需要水力压裂的地热项目(深层热、增强型地热系统)和不需要水力压裂的项目,如热液系统的规划。

应向公众提供关于项目的最全面、诚实、认真和专业的信息,特别是在项目靠近村庄或城镇的情况下。从最初的规划到发展和运营,都要连续不断地提供信息。

水力压裂法(压裂)。在致密的小变形岩石中,通过特别强力的压裂产生新的断裂。水力压裂法也称为压裂法,是一种非常成功的技术,一般用于改善石油和天然气工业中致密岩石的渗透性。自20世纪60年代以来,水力压裂技术的应用已经很广泛,特别是在不引起环境问题的情况下从"致密气体"地层中调动气体。

气藏的水力压裂法通过高水压可以使钻孔套管壁外的致密岩层破裂。穿孔器

（枪）在套管（或衬管）上打孔（20~35mm）并固井（图12.12）。高压泵将压裂液通过这些小孔压入致密的岩石中，形成一个新的导水断裂网络。井口压力通常为250~780bar，在1~2h内将300~600m³的压裂液压入地层。由沙子或陶瓷颗粒组成的支撑剂使新产生的断裂保持开放。化学添加剂（生物杀灭剂、溶剂）能抑制生物膜的生长，减少摩擦和腐蚀。所有压裂液中的添加剂总浓度都很小，而且这些液体对环境不构成威胁。如果没有水力压裂技术，则将无法开采低渗透率的石油和天然气储层。

然而，在美国，油气田压裂过程中发生了一些甲烷气体污染地下水和地表水的事件，这使公众深感不安。这使压裂技术的使用产生了普遍的不确定性。这种不适感从水力压裂技术也蔓延到了温和的储层增产技术。

地热行业也可以使用类似的水力压裂技术改善致密的未压裂岩石储层的导水率。今天，在大多数国家，压裂技术会受到法律的广泛监管。监管部门制定了严格的安全条例和非常详细的技术条款，试图将环境破坏或压裂的风险降至最低。在审批程序中，对项目申请的法律评估必须要明确区分不同的增透技术（压裂、水力压裂、大规模水力压裂、化学促裂）、所用液体的类型和成分等，还要考虑所有的技术参数，包括应用的压力和注入的液体量、当地的地质和水文地质等。此外，重要的是，在采取提高渗透率的措施之前和之后，都要对钻孔进行适当的开发和适当的灌浆（要用地球物理测井来记录）。

11.2 地热系统运行与地下地质体的相互作用

地表的沉降和下沉效应有时与从地下抽取大量液体有关。这种影响在碳氢化合物工业中是众所周知的，在饮用水抽水区也是如此。地表沉降是一个缓慢的过程，通常会影响到大面积的土地，而且往往是部分可逆的。

在美国加州弗雷斯诺县门多塔市附近的圣华金河谷，饮用水的大量提取，造成了数米的地表下沉。1925—1975年，沉降量增加到了近9m。在美国几个地下水抽取量大的地区，每年沉降率高达5cm。大规模沉降可能与断层同时发生（Johnson，1991）。在美国的主要石油和天然气生产地区，通常都可观察到10cm~1m规模的沉降。加州克恩县的Diatomite油田就是一个例子（Bondor and Rouffignac，1995）。另一个例子是荷兰的Slochteren气田，它自1960年以来一直在生产。由于长期的天然气开采，在250km²的区域内沉降了30cm。荷兰Groningen气田的天然气生产自20世纪70年代以来造成地表下沉了约30cm，并在2018年1月产生断层和断裂，相关地震活动最高达到里氏3.4级。

最大规模的沉降则发生在长滩(加利福尼亚州)的威尔明顿油田,达到了近9m。在加利福尼亚州的圣华金河谷,最高的的沉降速度是每年40cm(Fielding et al.,1998)。下沉往往伴随着井孔的自我封闭和生产速度的下降。这两种效应都是由流体抽取造成的孔隙压力降低的结果。由此,随后增加的负荷减少了孔隙体积(孔隙度),从而导致了沉降。下沉是一个不希望发生的事件。在油气田中,通过向储层注入水或气体(通常是二氧化碳)来对抗沉降。这种方法也阻止了井孔的自我封闭,并部分地扭转了这一过程。下沉停止了,并通过随后的隆起得到了部分补偿。

下沉也是对地热系统的一个潜在威胁,因为在地热系统中,将大量的热水从深层储层中提取出来用于地热利用。然而,大多数地热系统都规划为双向系统,通过将液体重新注入储层,对生产的热水进行定量循环。封闭式一次流体循环可以使储层再生,并能防止高盐度的深层流体泄漏到地表环境中。封闭式一次流体循环要求生产井和注入井之间有水力连接。因此,与生产有关的孔隙压力下降和与注入有关的孔隙压力上升,在双向作业中通常都会限制在各自井筒的附近。总的来说,这种运行的水力结果显然比纯抽取或纯注入的操作更为温和。如果生产的传热流体没有或仅部分地回注入已开采的储层,地热系统可能会导致地表沉降,许多高焓热田的地热厂就是这种情况(见第10章)。例如,加利福尼亚州(美国)的东梅萨地热田或尤加尼安地热盆地(意大利北部)都有地表下沉的报道(Massonnet et al.,1998;Strozzi et al.,1999)。

放射性元素广泛存在于许多矿物和岩石中。特别是花岗岩和花岗岩衍生的片麻岩含有大量的天然放射性元素矿物,如铀、钍和钾。在花岗岩中,锆硅酸盐,即锆石,在其结构中含有铀和钍(这对花岗岩进行同位素测定是有利的)。铀在花岗岩锆石结构中的衰变会产生一系列的衰变产物,包括^{226}Ra、^{210}Po和最终的一系列稳定的铅同位素。深部的典型地下热交换器增强型地热系统都是在花岗岩储层中开发的。断裂的花岗岩与传热流体的相互作用,除了热能外,还将一些"天然的放射性物质"转移到流体中。因此,通过生产井泵送到地面的热水具有不同程度的天然放射性。在某些情况下,液体中天然的放射性物质的浓度非常高。不适当地处置天然的放射性物质废物是人类健康的重大隐患。

大陆上地壳的所有深水中都存在天然放射性核素。水体的总活性取决于构成储层的岩石类型,并在很大范围内变化。如上所述,花岗岩和花岗岩衍生的岩石通常含有相对丰富的放射性核素。主要的放射性同位素是^{226}Ra、^{210}Pb、^{228}Ra、^{224}Ra、^{40}K

（Faure，1986）。^{226}Ra 的半衰期为 1600 年。从环境角度来看，该同位素的寿命相对较长。它衰变为一种放射性惰性气体 ^{222}Rn（半衰期为 3.8 天），也可能会造成环境问题。

在采用封闭式系统初级循环的地热系统中，放射性物质可能泄漏到地表环境的风险很小。在双向系统中，提取的放射性元素要么溶解在传热流体中，要么作为悬浮的固体部分回注到储层中。通过优化系统的运行和在生产的液体中添加沉淀抑制剂，能防止有害物质在地表装置中附着和沉积（见 8.4 节）。然而，仍然有可能在地面装置中形成放射性固体沉积物和结垢，特别是在管道连接处和管道弯曲处的压力屏蔽处，以及在热交换器、过滤器和泵中（见 15.7 节）。

重晶石-辉绿岩的结垢相对广泛（见第 15 章），而且 $[(Ba,Sr)SO_4]$ 固溶体晶体可能在晶体结构的钡位点上交换镭，因为这两种元素的化学性质相似。因此，低溶解度重晶石的沉积可能会同时沉淀出放射性镭同位素（^{226}Ra、^{228}Ra、^{224}Ra）。方铅矿和原生铅的结垢也很常见，可能包含有化学性质相同的放射性核素 ^{210}Pb。总而言之，生产的热水中的放射性溶质可以在结垢中大量富集，成为一个必须要处置的严重问题。

应认真关注水垢沉积。对替换下的管段、泵、过滤器和热交换器中的水垢进行分析，必要时做适当的处置。

溶解在生产的传热流体、热水和蒸汽中的不凝性气体主要包括二氧化碳和硫化氢。这些气体如果被火山高熔区的地热厂释放到大气中，就会对环境造成严重危害（Olafsdottir et al.，2015；Óladóttir and Friðriksson，2015）。在冰岛，SulFix 和 Carb-Fix 研究计划就是研究如何妥善处置不凝性气体的问题（见第 10 章）。

11.3 与地面装置和运行有关的环境问题

地热系统的开发要提前考虑潜在的环境危害，并采取必要和适当的预防措施。例如，通常有问题的含有机成分的钻井泥浆必须要得到充分和安全的处理。在抽水试验中带到地表上的常见的高盐度甚至有毒的深层液体，如果不能立即被回注到深层储层，那必须要准备好合适的收集罐。冷却液含有软化剂、生物杀伤剂和防腐蚀化学品，也必须得妥善处理。

在钻探过程中，以及随后的正常运行过程中，地热厂都会产生噪声排放。必须要仔细考虑这些问题，特别是当工厂靠近居民区时，应采取缓解措施。好的降噪措施能够有效地减少噪声排放。但是，这些改进都需要对技术装置进行适当的投资，会产生额外的费用。

　　使用电动钻机钻井会比使用燃料驱动的钻机更安静。钻井现场周围的隔音屏障和墙壁都能有效地降低噪声。空气翅片冷却器会比水冷系统的噪声大(图11.5)。如果必须要用空气冷却,低速空气翅片冷却器在噪声排放方面会更好些。同时,涡轮机的运行也会产生噪声。采用精心设计的结构工程,创建绿色区域,都能减少噪声引起的烦扰。另一个环境问题是,换热流体在回注前的再冷却过程中也会释放热量。预计的噪声排放是公众面对地热项目计划时最关心的问题之一。

　　将管线置于地下,能避免管线对景观的影响。虽然这比地面管道要更花钱,但能大大提高公众对地热项目的接受度。

　　在过去,干蒸汽高熔地热发电厂的涡轮机组向大气排放蒸汽之后,有相当大的气味干扰。如今,将冷凝和冷却的蒸汽回注到热储层中,可以减少或完全防止令人厌恶的气味进入空气,并通过在储层中保持足够高的流体压力来提高储层的生产效率。对产生的热流体进行回注是当今所有地热发电系统的标准做法。

　　在温度低于200℃时,在二次循环中要使用特殊的工作流体来生产电力。以有机郎肯循环为基础的系统使用的是有机工作液,如戊烷。卡利纳系统则使用氨-水混合物作为工作液(见4.2节)。我们一定要为危害事件做好准备,要有正确的安全概念,使用合适的装置和设备,以防止环境危害和地面设施的危害。在化学工业中,预防化学危险是常规操作。

（a）

（b）

图11.5 空气冷却系统：(a)苏尔茨增强型地热系统工厂，背景是Kutzenhausen村；(b)冰岛奈斯亚威里尔闪蒸厂。

参考文献

Ake, J., Mahrer, K.,O'Connell, D. & Block, L., 2005. Deep-injection and closelymonitored induced seismicity at Paradox Valley, Colorado. Bull. Seismol. Soc. Am., 95(2), 664–683.

Alcolea, A., Meier, P., Vilarrasa, V., Olivella, S. & Carrera, J., 2019. Hydromechanical medelling of the hydraulic stimulation PX2-1 in Pohang (South Korea).– Schatzalp, 3rd Induced SeismicityWorkshop, p. 73, Davos.

Baisch, S., Weidler, R., Vörös, R., Wyborn, D. & de Graaf, L., 2006. Induced Seismicity during the Stimulation of a Geothermal HFR Reservoir in the Cooper Basin, Australia. Bulletin of the Seismological Society of America, 96, 2242–2256.

Baisch, S., Vörös, R., Weidler, R. & Wyborn, D., 2009. Investigations of Fault Mechanisms duringGeothermal Reservoir Stimulation Experiments in the Cooper Basin, Australia.– Bulletin of the Seismological Society of America, 99, 148–158.

Baria, R., Jung, R., Tischner, T., Nicholls, J., Michelet, S., Sanjuan, B., Soma, N., Asanuma, H.,Dyer, B. & Garnish, J., 2006. Creation of an HDR/EG Sreservoir at 5000m depth at the EuropeanHDR project. In: Proceedings 31st Workshop on Geothermal Reservoir Engineering, Stanford,California.

Bondor, P. L. & Rouffignac, D. E., 1995. Land subsidence and well failure in the Belridge diatomiteoil field, Kern county, California. Part II. Applications. AHS Publ., 234, 69−78.

Cook, N. G. W., 1976. Seismicity associated with Mining. Engineering Geology, 10, 99−122.

Davis, S. D. & Pennington, W. D., 1989. InInduced seismic deformation in the Cogdell oil field of West Texas. Bulletin of the Seismological Society of America, 79, 1477−1495.

Diehl, T., Kraft, T., Kissling, E.&Wiemer, S., 2017. The induced earthquake sequence of St. Gallen,Switzerland: Fault reactivation and fluid interactions imaged by microseismicity.− Schatzalp, 2ndworkshop, Davos.

Dost, B., Goutbeek, F., van Eck, T. & Kraaijpoel, D., 2012. Monitoring induced seismicity in the North of the Netherlands: status report 2010. Scientific report; WR2012−03, Royal Netherlands Meteorological Institute, Ministry of Infrastructure and the Environment, 47 p., DeBilt.

Faure, G., 1986. Principles of Isotope Geology (2nd edition). Wiley & Sons, 608 pp.

Fielding, E. J., Blom, R. G. & Goldstein, R. M., 1998. Rapid subsidence over oil fields measured by SAR interferometry. Geophysical Research Letters, 25(17), 3215−3218.

Genter, A., Keith, E., Cuenot, N., Fritsch, D.&Sanjuan, B., 2010. Contribution to the exploration of deep crystalline fractured reservoir of Soultz of the knowledge of enhanced geothermal systems(EGS). C. R. Geoscience, 342, 502−516.

Gérard, A., Genter, A., Kohl, T., Lutz, P., Rose, P. & Rummel, F., 2006. The deep EGS (Enhanced Geothermal System) project at Soultz−sous−Forêts (Alsace, France).− Geothermics, p. 473−483.

Grasso, J. R., 1992. Mechanics of seismic Instabilities induced by the Recovery of Hydrocarbons. Pure Appl. Geophys, 139, 507−534.

Gupta, H. K. & Rastogi, B. K., 1976. Dams and Earthquakes. Elsevier, Amsterdam, 229 pp.

Häring, M. O., Schanz, U., Ladner, F. & Dyer, B. C., 2008. Characterization of the Basel 1 enhaced geothermal system. Geothermics, 37/5, 469−495.

Healy, J., Rubey, W., Griggs, D. & Raleigh, C., 1968. The Denver earthquakes.− Science, 161,1301−1310.

Hsieh, P. A. & Bredehoeft, J. S., 1981. A Reservoir analysis of the Denver earthquakes−A case of induced seismicity. Journal of Geophysical Research, 86, 903−920.

Husen, S., Bachmann, C. & Giardini, D., 2007. Locally triggered seismicity in the central Swiss Alps following the large rainfall event of August 2005. Geophysical Journal International, 171(3),1126−1134.

Ingebritsen, S. E. & Manning, C. E., 1999. Geological implications of a permeability−depth curve for the continental crust. Geology, 27, 1107−1110.

Johnson, A. I., 1991. Land Subsidence. IAHS Publication, 200, 680.

Kim, K.−H., Ree, J.−H., KimY.−H.,Kim, S., Kang S.Y.&SeoW., 2018. Assessing whether the 2017 MW 5.4 Pohang earthquake in South Korea was an induced event. Science, 360, 1007−1009.

Kim, K.−H., Ree, J.−H., Kim Y.−H., Kim, S., Kang S. Y. & Seo W., 2019. The 15 November 2017 Pohang earthquake. Schatzalp, 3rd Induced Seismicity Workshop, p. 7, Davos.

Kovach, R. L., 1974. Source mechanisms for Wilmington oil field, California subsidenceearthquakes. Bull. Seismol. Soc. Am., 64, 699−711.

Kraft, T., Mai, M. P., Wiener, S., Deichmann, N., Ripperger, J., Kästli, P., Bachmann, C., Fäh, D.,Wössner, J. & Guardini, D., 2009. Enhanced Geothermal Systems: Mitigating Risk in Urban Areas. −EOS, Transactions. American Geophysical Union, 90(32 (11)), 273−274.

Ladner, F., Schanz, U.&Häring, M. O., 2008. Deep−Heat−Mining−Project Basel: First Insights from the Development of an Enhanced Geothermal System (EGS) (in German). Bull. angew. Geol.,13(1), 41−54.

Langenbruch, C. & Shapiro, S. A., 2010. Decay rate of fluid−induced seismicity after termination of reservoir stimulations. Geophysics, 75(6), MA53−MA62.

Majer, E., Baria, R. & Stark, M., 2008. Protocol for induced seismicity associated with enhanced geothermal systems. In: Reportproduced in Task D Annex I (9 April 2008), International Energy Agency−Geothermal Implementing Agreement (incorporating comments by C. Bromley, W.Cumming, A. Jelacic and L. Rybach).

Massonnet, D., Holzer, T. & Vandon, H., 1998. Correction to "Land subsidence caused by the East Mesa geothermal field, California, observed using SAR interferometry.− Geophysical researchletters, 25/16, p. 3213.

McGarr, A., 1991. On a possible connection between 3 major earthquakes in California and oil production. Bull. Seism. Soc. Am., 81, 948−970.

Moeck, I., Bloch, T., Graf, R., Heuberger, S., Kuhn, P., Naef, H., Sonderegger, M., Uhlig, S. &Wolfgramm, M., 2015. The St. Gallen Project: Development of Fault Controlled Geothermal Systems in Urban Areas.-Proceedings World Geothermal Congress, 5 p., Melbourne/Australia.

Nicholson, C. & Wesson, R. L., 1990. Earthquake Hazard associated with deep well injection-a report to the U.S. Environmental Protection Agency, pp. 74, U.S. Geological Survey Bulletin.

Óladóttir, A. & Friðriksson, P., 2015. The Evolution of CO_2 Emissions and Heat Flow through Soil since 2004 in the Utilized Reykjanes Geothermal Area, SW Iceland: Ten Years of Observations on Changes in Geothermal Surface Activity. World Geothermal Congress, 10 p., Melbourne,Australia.

Olafsdottir, S., Gardarsson, S. M., Andradottir, H. O., Armannsson, H. & Oskarsson, F., 2015 Near Field Sinks and Distribution of H2S from Two Geothermal Power Plants in Iceland. World Geothermal Congress, 9 p., Melbourne, Australia.

Omori, F., 1894. On the aftershocks of earthquakes. Journal of Colloid Science, 7, 111-200.

Ottemöller, L.&Sargeant, S., 2013.A Local Magnitude Scale ML for the United Kingdom.-Bulletin of the Seismological Society of America, 103, 2884-2893.

Portier, S., André, L. & Vuataz, F.-D., 2007. Review on chemical stimulation techniques in oil industry and applications to geothermal systems. In: Engine, pp. 32, CREGE, Neuchatel,Switzerland.

Robertsson, J.O. & Chilingar, G., 2017. Environmental Aspects of Oil and Gas Production. -Wiley,273 p., Hoboken, USA.

Rutledge, J. T., Phillips,W. S.&Mayerhofer,M. J., 2004. Faulting induced by forced fluid injection and fluid flow forced by faulting. Bull. Seism. Soc. Am., 94, 1817-1830.

Rutqvist, J., 2012. The Geomechanics of CO_2 Storage in Sedimentary Formations. Geotech. Geol.Eng, 30, 525-551.

Segall, P., 1989. Earthquakes triggered by fluid extraction. Geology, 17, 942-946.

Segall, P. & Lu, S., 2015. Injection-induced seismicity: Poroelastic and earthquake nucleation effects. J. Geophys. Res. Solid Earth, 120, 5082-5103.

Segall, P., Grasso, J. R. & Mossop, A., 1994. Poroelastic stressing and induced seismicity near the Lacq gas field, southwestern France. Journal of Geophysical Research, 99, 15423−15438.

Seithel, R., Müller, B.,Zosseder, K., Schilling, F.&Kohl,T., 2018. Betrachtungen der Seismizität um Geothermieanlagen im geomechanischen Kontext. Geothermische Energie, 89/2, 24−27, Berlin.

Shapiro, S. A., Dinske, C. & Kummerow, J., 2007. Probability of a given−magnitude earthquake induced by a fluid injection. Geophys. Res. Lett., 34, L22314.

Stober, I., 2011. Depth− and pressure−dependent permeability in the upper continental crust: data from the Urach 3 geothermal borehole, southwest Germany. Hydrogeology Journal, 19, 685−699.

Stober, I. & Bucher, K., 2007a. Hydraulic properties of the crystalline basement. Hydrogeology Journal, 15, 213−224.

Stober, I. & Bucher, K., 2007b. Erratum to: Hydraulic properties of the crystalline basement.Hydrogeology Journal, 15, 1643. (See further correction in Stober & Bucher 2015).

Strozzi, T., Tosi, L., Carbognin, L., Wegmüller, U. & Galgaro, A., 1999. Monitoring Land Subsi−dence in the Euganean Geothermal Basin with Differential SAR Interferometry. (research−gate.net/publication/228916258).

Talwani, P., Chen, L. & Gahalaut, K., 2007. Seismogenic permeability, ks. Journal of Geophysical Research, 112, B07309, doi:https://doi.org/10.1029/2006JB004665.

Wells, D. L. & Coppersmith, K. J., 1994. New empirical relationships among magnitude, rupture length, rupturewidth, rupture area and surface displacement. Bull. seism. Soc. Am., 84, 974−1002.

Wyss, M., 1979. Estimating maximum expectable magnitude of earthquakes from fault dimensions. Geology, 7, 336−340.

Zbinden, D., Rinaldi, A. P., Diehl, T. &Wiemer, S., 2019. Induced seismicity during the St. Gallendeep geothermal project, Switzerland: insights from numerical modeling. − Schatzalp, 3rdInduced Seismicity Workshop, Abstract Book, p. 39, Davos.

12 深层井筒的钻探技术

深层钻机的顶部驱动

钻探成本一般占深层地热项目总成本的70%左右。在深层地热项目中使用的钻井技术大部分来自石油和天然气行业。然而,在地热项目中使用的钻井技术还必须满足更高的要求,因为生产的液体温度高、流量大,而且通常含有高浓度的腐蚀性溶质。由于体积流量大,钻孔的直径也要较大。与石油和天然气井相比,地热行业的井筒必须能保证30年的运行寿命。地热井直接沿着套管将热的含盐液体抽到地面,相比之下,油井则是沿着保护套管的衬管生产碳氢化合物。与石油和天然气行业的钻孔相比,地热行业的深层钻孔成本要高出2~5倍(Teodoriu and Falcone,2009)。

深层地热钻孔的钻探和下套管是一项非常复杂和艰巨的工作,需要许多不同专业的高素质专业人员和专业服务公司的互动和合作。此外,地热系统中通常需要泵送高温盐水,因此对泵送技术和设备的要求也非常高(见15.3节)。在本书中,我们将只对这一主题做一个简单的概述。涉及钻井技术的专业文献包括:Bourgoyne等(1986)、Aadony(1999)、Skinner(2018)等。关于钻井技术的有用定义和解释可以在斯伦贝谢油田词汇表中找到:glossary.oilfield.slb.com。

深层钻井通常是24h轮流作业不间断,因此要优化井场的物流,为钻杆、套管、备件、切屑、钻井泥浆和消耗品提供足够的存储区域。如果井场位于有人居住的建筑物附近,则必须要做噪声防护。

地热井的套管类型取决于地热系统的类型(深层地热探针、热液井、增强型地热系统钻孔)以及实地的岩性和水力条件。垂直钻孔和倾斜钻孔的井设计是不同的。深层地热井的钻探过程可细分为一系列的钻探阶段,其标志是套管的安装和固井。钻井段、套管和固井的设计细节都要遵循勘探阶段获得的地层形态。在每个新的钻井阶段,井筒和套管的直径都会逐步减少(图12.1)。深层钻探技术要严格使用美国石油协会(API)标准,对所有钻井、钻头和套管的直径进行测量。

因此,所有深井的结构都是锥形的。最终的井的直径取决于所需的或期望的流速。所需深度的最终直径、地质地层和设计的最终深度将决定在地面上开始时所需的初始直径。对于一个四段钻孔来说,典型的直径是:$18\frac{5}{8}$in的表层套管用23in钻头钻,$13\frac{3}{8}$in的套管用16in钻头钻,$9\frac{5}{8}$in的套管用$12\frac{1}{4}$in钻头钻,用钻头$8\frac{1}{2}$钻裸眼部分。如果储层由稳定的岩石组成,则在储层部分(裸眼)不需要套管。不稳定的岩石或流体中的岩石碎片都需要安装带孔套管或滤管(套管孔)(图12.2)(Devereux,2012；Bourgoyne et al.,1986）。非常重要的是，水力传导能力不会因为钻井作业或储层中的钻井泥浆而不可逆转地永久降低(指表皮)(见第14章)。

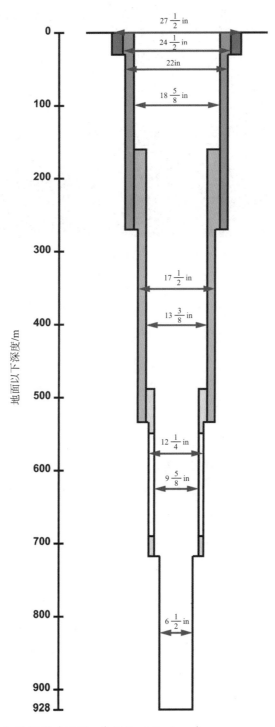

图12.1 深孔井的设计(例子：德国 Bad Saulgau)。

图12.2 带孔套管(冰岛赫利舍迪工厂的深井)。

在地表,钻井从最大直径开始,然后依次每段向下变细。如前所述,所需的流体流速决定着裸井段的最小直径,从而也决定着井筒的整体结构。然而,除了这些条件,还必须考虑其他一些方面,例如,直径必须要足够大以便顺利安装套管,有足够的空间来进行高质量的固井,减少摩擦损失,等等。另外,大直径井筒需要更大的钻机、更多的能源和材料资源。简言之,更花钱。钻井成本与所钻岩石的体积大致成正比。

为了稳定井筒,需要装地面套管、导管套管、套管和衬管。衬管不是安装在地表,而是安装在套管下部。用套管加上固井作业来保护孔壁和封井,将目标储层与其他含液层隔离。这样也就能将具有不同水力潜能的地层分隔开。管道材料和连接器必须是能耐压的,同时必须要有较高的抗拉强度。这两种性能都会随着温度的增加而下降。因此,在钻探前要对套管上的预期压力(外部和内部压力)、预期载荷(如套管柱的质量、侧钻产生的扭转载荷、磨削载荷、压缩载荷等)进行仔细的考虑和工程计算。深层地热井底部的高温会使生产井的套管膨胀。注入井的套管在工厂运营期间会有收缩的趋势。钻井工程还必须考虑热参数对套管和固井的影响。套管和胶结物在膨胀或收缩过程中不能被损坏。同时必须牢记,套管和固井的热膨胀率有很大的不同。短时间内的频繁作业与长时间的停工交替进行,会严重磨损套管和固井。热裂纹可能会损坏胶结物,充填体可能会出现泄漏。随着重复启动次数的增加,损害也会加剧(Teodoriu,2013)。

安装好套管后,将水泥悬浮液从下往上泵入环空,逐步取代钻井液。深层钻井的固结需要特殊的水泥性能和特殊的准备工作。水泥是一种粉状的水力矿物粘结剂,如果与水混合,会硬化成混凝土(在空气和水中)。深层钻探使用的水泥,其颗粒大小与淡水或盐水悬浮液相似,为细粉状的惰性物质。深度超过3000m的钻孔还需要特殊的水泥混合物、惰性物质和化学添加剂及高级配方(Smolczuk,1968)。将干燥的原材料混合后送到钻井现场。在钻井平台上,通过在混合罐中加入氯化钠、缓凝剂和化学添加剂来配制调合水,然后在连续搅拌下将粉末混合物混入调合水中。

以上所述的混合过程会产生均匀的水泥浆,并且气泡最少。适当的水泥灌浆配方和适合井下条件的水泥注入技术对固井质量至关重要。深井固井的质量标准是:初期强度高,耐化学腐蚀,对化学侵蚀性液体不渗透,与套管和岩石的结合力强。这也意味着,固井胶结物需要保持恒定的体积。套管和固井是工厂安全和长期运行的关键因素。美国石油学会(api.org)已经发布了非常有用的指南。

固井套管有助于安全地进行下一阶段的钻进,并能控制与地质相关的相对于静水压力的超压和欠压。在固井过程中,套管的位置必须严格处于钻孔中心,从而确保能够完全被水泥所包围。否则,胶结作用可能不完全,而且残留有钻井液的空洞持续存在。如果环空足够大,用扶正器元件能定位套管的中心。如果环形空间较窄,在放入孔内之前,则可将碳纤维制成的扶正器的鳍直接安装或喷涂在管道上。定向钻井和侧向钻井都有必要进行专门的居中处理。

钻井对套管的要求很高,它必须能够在系统的整个寿命周期内抵御工厂正常运行带来的所有压力,还必须能够抵御化学和水力储层压裂所引起的巨大压力。如有必要,须通过使用(昂贵的)抗腐蚀材料保护好生产井的套管,使其不受液体侵蚀和破坏。

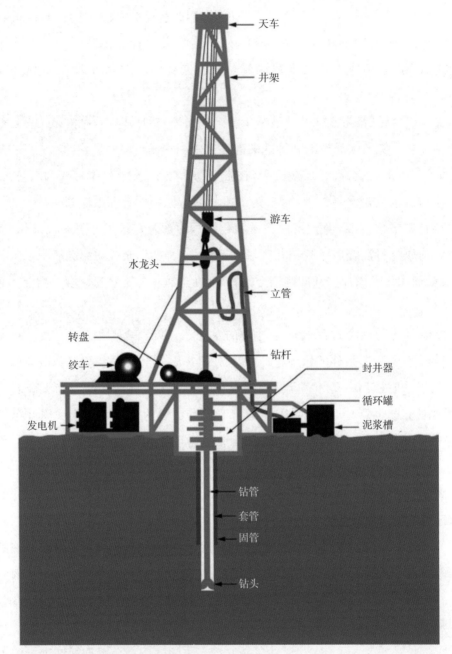

图 12.3　深层钻机及其主要部件示意图。

在温度小于120℃和压力小于250bar的情况下,可以选择使用能防腐蚀的玻璃纤维增强塑料管。

吊钩载荷描述的是钻机的操作规模,是指钻机所能承受或提升的总负荷。吊钩载荷限制着最大的钻探深度以及开钻和完钻的孔径。2000~6000m深的钻孔需要

150~500t 的吊钩载荷。深层钻机的基本部件如图 12.3 所示。图 12.4 显示出图 12.3 的一些部件(井架、滑车、钻杆、天车)。图 12.5 显示的是一台在中国西部非常偏远的地方进行深层钻探作业的钻机。现代深层钻机的中央控制室如图 12.6 所示。

图 12.4 瑞士巴塞尔增强型地热系统项目的钻机,显示出其组成部分:井架、黄色游车、天车和钻杆。

钻井平台的井架高度一般为 30~45m。柴油发电机或当地电网为该系统提供电力。后者会更安静、更环保,但通常也更昂贵。出于防止噪声的目的,可将发电机封闭起来。

深层钻机(Bjelm,2006;Hole,2006;Binder,2007)使用旋转钻进技术(图 12.5,图

12.6)。旋转钻井只能用于钻深井。它使用柴油机电力供应驱动在深处的转盘台、钻杆和钻头。驱动电机位于钻机的高处，从顶部驱动钻杆。

（a）

（b）

（c）

（d）

图12.5　（a）中国西部祁连山的钻井平台；（b）钻井平台的细节；（c）一个附近没有居民、对噪声不敏感的偏远地区的钻井营地；（d）安全第一适用于世界各地的钻井作业。

图12.6　现代深钻机的中央控制室（照片由海瑞克公司提供）。

另一种钻井技术是涡轮钻井，涡轮机在钻孔的深处驱动钻头。这种技术主要用于定向钻井。

钻井柱由每根约9m长的多个钻杆组成（由特殊接头安装）。钻井柱需要由合格的操作人员将其调整到适当的压力（图12.5b、图12.6）。紧挨着钻头的上方通常会安装重型钻杆，以增加钻头的质量（图12.7）。

图 12.7 钻铤支撑钻头上的负载。

牙轮钻头和金刚石钻头能用作切割工具（图12.8a），可以在旋转钻井中使用。这些工具必须还要进行优化，以便在各自的地层中用来清除和运输切割物。为了在地层中取芯，必须要安装不同的钻头（图12.8b）。与牙轮钻头相比，金刚石钻头的使用寿命较长，但没有能移动的部件，必须要使用与钻花岗岩基底不同的钻头来钻

地热能源——从理论模型到勘探开发(第2版)

细粒沉积[图12.8(c)]。

钻孔要到达一个明确的目标区域,如预计会有高导水性的主要断裂带,需要进行定向钻井。通常情况下,钻井都是以垂直方向开始的。钻孔的偏斜在一定深度开始,即所谓的开始造斜点(KOP)。然后坡度逐渐减小,偏离垂直方向的距离逐渐增加。钻井段的长度和垂直深度的差异要稳定变化。钻探完成后,钻探段的总长度定义为"最终深度",也称为测量深度(MD)。这可能在解释温度数据、水力测试和其他参数时会造成一些混乱,需要正确认识到这不是一个垂直深度(如果钻井不是完全垂直的)。我们必须要意识到,现代深井钻孔可能会有一个大大超过垂直深度的钻井段,即测量深度会远远大于真实垂直深度(TVD)。

298

（d）

牙轮
钻头

金刚石
钻头

图 12.8　钻探工具：（a）用于深层钻探的牙轮；（b）用于取芯的金刚石钻头；（c）用于钻探细粒沉积物（黏土）的工具；（d）废旧钻头。

　　将钻井驱动装置置于地表以下，并将它作为钻头正上方的井下马达。定向钻井马达在外壳处有一个可调节的弯度。偏离式钻井在操作时不需要转动整个钻杆。定向钻进要使用特殊的钻具（图 12.9）。钻头缓慢而持续地偏离垂直的钻井轴线，由于外壳的弯曲，能钻出一个弯曲的轨迹。定向钻井的驱动装置在拐点接合处会有强烈的磨损。在钻孔过程中，需持续记录钻头的位置并由随钻测量装置（MWD）将数据传输到地面（Inglis，2010）。如果数据分析发现实际钻进路径和计划钻进路径之间存在差异，就要进行适当的修正。也可以将两台电机结合起来使用，转向头的井下马达用于优化钻孔位置，另一台电机位于地面，来优化钻井效率。这种相对较新的技术可以使钻井更快、更深。井下电机也越来越多地用来钻垂直孔，能够加快钻探进度（Skinner，2018）。

　　旋转式钻井是转动包括驱动装置在内的整个钻杆，司钻能够通过改变钻头的压力来掌控钻进路径。钻井路径也可以通过启动液压翅片来控制。控制电子装置使液压驱动的翅片运动起来，并将其压在钻孔上，从而使钻井路径向相反方向偏转。

图 12.9　用于定向钻探的工具($8\frac{1}{2}$in)。

钻井计划要考虑到许多细节,包括:规划定向钻井的细节,确定详细的钻井路径,指定合适的套管材料,定制管壁厚度,选择管道连接器,指定特殊的耐热水泥,选择合适的井下工具,保护储层的钻井液,处理钻井泥浆和切割物,选择合适的钻塔大小(即大钩载荷),等等。还要根据钻井位置和储层目标为钻井路径和地质控制的套管方案制定出框架方案。钻井路径的规划、工具选择的细节以及其他技术设备和装置最终都要根据勘探阶段所得出的地下地质模型来做出决定(见 8.8 节中例子)。

在钻孔的上部 500m 处,必须要预留出足够的空间来安装生产泵。连续作业会在生产井的热环境和注入井的冷环境中建立一个热稳定状态。频繁的操作中断会对材料(套管、固井等)造成巨大的热应力。这一点必须在规划阶段就要考虑到,适当的热阻安装是需要投入大量资金的。一般来说,地热井的套管必须能抵抗极高的机械、热应力,以及后面将要讨论的化学应力。抗压强度对于大口径的管道来说至关重要,而抗拉强度则是小口径套管的限制要素。但连接器一般都是承受拉伸载荷的脆弱部分(Australian Drilling Industry,1997)。

井内的摩擦损失(Δp)取决于流速和套管的直径(图 12.10)。与摩擦有关的压降(Δp)与流速(Q)的平方成正比。因此,流速增加一倍会导致四倍的压力下降。同样地,流动截面减少15%,压降就会增大两倍。$9\frac{5}{8}$in 套管和典型地热流流速为 150L/s 的井的摩擦损失(压力损失)通常会小于20bar。然而,7in 的套管则可能会产生大于90bar 的摩擦损失,这可能会大大威胁到系统的盈利能力。当流速约为100L/s 时,预计摩擦损失也会相应较低(对上述两种套管直径,分别为10bar 和45bar)。

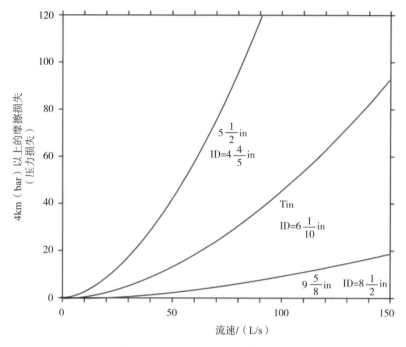

图 12.10 对于三种套管直径(in)和内部套管直径 ID,地热井中的摩擦损失 Δp (bar)与流速 Q(L/s)的关系(Cholet,2000)。

为确保大口径钻井、定向钻井和有问题、有困难的钻井段能够顺利钻进,需要详细研究活动构造应力、气体流入和储层资源保护的关系。防止流体和气体失控排放的关键装置是防喷器、节流管汇和钻井四通(图 12.11)。

深层钻探计划中的第一步是选择一个钻探地点(井场)。通常需要一个 3000~5000m² 的区域,并有水和电力的供应。重要的是,不能让有威胁性的地下液体污染地下水,必须要设计流体和废物的处理装置。计划中的双井的立管和钻机底盘都应根据钻井现场的基础来确定。需要设计钻井泥浆和切割物的收集池,并将它们投入使用。还必须要为持续数天的水力试验提供用来储存高矿化度和有潜在毒性的深层热液的收集池(图 12.12)。在大多数国家,钻井现场的设计和设置必须与主管部门协调和调整。

钻井泥浆可以执行许多任务,可以冷却钻井工具、将切割物提升到表面、稳定钻孔等。深层地热钻探通常使用水基钻井液,特殊情况下可能需要油基钻井液或特殊泡沫。对钻井液复杂的现场特定要求需要由专家的实践经验来决定。一般由专门的公司提供材料和化学制品,将它们混合后添加到钻井液中,并且由一位专家工程师来负责监督操作,负责优化配方和监测产出泥浆的变化。钻井液的适当配方也取决于所要钻探的岩石的类型。出于对地下水的保护以及应用低密度钻井液时对最佳钻井进度的考虑,在近地表的顶部常会采用黏土悬浮液。在钻探高渗透性岩层时,通常会加入聚合物来增加钻井液的黏度。这种钻井液的滤饼有助于密封渗透性地层。特殊的抑制添加剂能大大减少钻进页岩和泥岩中黏土的膨胀。但钻井液的黏度仍然很低,能迅速将含黏土的钻屑从孔中清除。重晶石是在压力下钻探地层的标准稳定剂。钻井液在长距离,特别是在定向钻井段时,可以用来减少钻杆与钻孔之间的摩擦(Van Dyke,1998;ASME,2005;Budi Kesuma Adi Putra,2008;Huenges,2010)。

(a)

图 12.11 （a）等待安装的防喷器；（b）图 12.5 中所示祁连钻机的防喷器。

图 12.12 在水力试验期间为高矿化度和有潜在毒性的深层热储层流体提供的收集池；有热流体流入的收集池。

将钻井泥浆抽到地面上的泥浆罐(池)中,经过清洗和修整后可以在井下重新使用。钻井液也可以用于传输压力信号和随钻测量(MWD)技术的数据。泥浆测井公司要记录重要的参数,如钻井进度、钻头的当前深度和位置、钻头的负荷、扭矩、速度、泥浆负荷、钻井液的流量等。在钻井过程中,须由经过地质专业培训的专业人员检查样品,确定当前钻探的地层,并将当前数据与钻探前勘探阶段的预测剖面进行比较。然后,请专业的服务公司进行定向钻探的精确操作,其他专业公司则负责管道的安装和随后的固井工作。要在正确的时间内,订购好足够数量的管子、水泥和添加剂,并运送和储存到现场。钻井和完井后,要在井口牢牢地封住钻孔(图12.13)。

图 12.13　井口。

　　在钻井过程中和钻孔完工后,系统的水力测试能够提供关于目标地层的导水率和热储量的数据(见第14章)。反复采集的流体样品可以提供关于地层流体的水化学特性的必要信息(见第15章),而用地球物理测井方法则能够得到岩石和地层的物理和结构特性(见13.2节)。水力测试的类型和持续时间取决于地层的普遍导水率。如果最初的自然导水率低于项目成功的要求,则要用工程水力和(或)化学方法来加以提高(见8.5,9.3节)。如果双筒的两个钻孔和储层设计已经成功完成,那么这时就能将两口井在地面上紧密地连接起来。接下来就要做几周的循环测试,完成后就能够揭示整个系统的特性和状况。在关闭生产泵之后,水井通常会继续生产热水(见8.2节)。将高密度的盐水注入井中,可以阻止不必要的自流水。一些地热厂还为此配备特殊的辅助装置(图12.14)。

图 12.14　高密度盐水的混合装置。将盐水注入生产井,以阻止泵关闭后自流溢出。

　　如果目标层的产量低于预期或希望的产量,还可设法进入之前已经钻过和下过套管的其他地层。修井作业是期望能够增加井的总产量。为此,可以对目标层位的套管和水泥段用射孔枪或射孔系统进行射孔。射孔枪装有大量可拆卸的装药器,即装满炸药的金属杯(图12.15)。将它在套管井中降到所需的深度,通过调整炸药载体的详细设计和装配、炸药的类型和数量以及发射顺序,就能精确地穿透套管、水泥和靠近井周围的岩石。该技术具有超过1m的穿透深度。射孔枪的设计很复杂,包含几个能单独发射的单元。最新的系统设计已经改进了穿孔性能,持续的研发可进一步提高井壁穿孔的功能和精度(Wan,2011)。

地热能源——从理论模型到勘探开发(第2版)

图 12.15 井射孔系统。带载药器的射孔枪。

生产泵(潜水泵、线轴泵)属于地热发电厂中承受机械压力最大的组件。泵的故障会导致整个系统的长期意外停工。潜水泵的泵与电机组合成一个单元。泵浸没在生产井中相对深的地热流体中(低于地表数百米),在高压和高温的化学侵蚀性流体中运行。泵本身会产生额外的废热。此外,与饮用水或工业用水井相比,地热井的除砂工作并不会经常进行。在后期,地热井除沙要用比后期常规操作高出50%的泵送能力来进行。因此,地热井后期可能会携带固体沙粒,这对泵来说是一个巨大的机械压力,会大大降低其耐用性。从地表到钻孔深处,需要一条抗机械和抗化学腐蚀的供电缆。线轴泵有一个泵单元要放置在生产井的深处,而电机单元则位于地面上。因此,电机不会暴露在生产流体的高温下。所以,线轴泵能生产温度很高的液体(图12.16)。泵和电机单元是通过一个机械拉杆组件连接的,因此线轴泵的最大工作深度约为300m。然而,线轴泵的电机故障能够即刻进行修复,这是一个重要的优势。而损坏的潜水泵必须从深处打捞出来,并拆卸、修理,最后重新安装。维修可能更耗时,因此,如果现场没有替代泵,就会导致工厂长时间的全面停工。

在石油行业,潜水离心泵(见4.2节,图4.11)能用于深度达3000m、体积流速达280L/s的短时作业。特殊的潜水离心泵已经能在高达232℃的温度下运行,泵送高黏性液体,以及含有溶解的二氧化碳、硫化氢和悬浮固体颗粒的液体。然而,这样的极端条件会极大地减少泵的工作寿命(见15.3节)。

图 12.16　直线轴泵

图 12.17　注入泵

　　潜水泵的效率不仅取决于井下的关键部件,包括电机、密封和配件、泵、传感器和电缆,还取决于地面上的控制系统。认真选好适合特定现场条件的配件,对泵系统的高效、可靠和运行至关重要。在泵送强腐蚀性液体时,必须使用特别耐腐蚀的材料。在一些地方,在泵的下方会安放一个注入酸或其他化学品的管道,有助于提高泵的耐久性(图8.15)。管道也可以为向地面发送数据的测量仪提供通道。

　　在给定的水力条件下,井的产量随着温度的升高而降低。大多数泵制造商将180℃定义为其泵能够可靠和持续运行的最高温度,但实际操作条件可能与所选泵设计的预定条件有很大差异。如果是这样,系统的效率和泵的耐久性可能会明显降低。如今,大部分潜水泵的实际技术经验基本来自于油田。然而,在过去的几年里,设计专门用于地热发电厂泵系统的经验正在稳步累积(例如,Ichikawa et al.,2000;Takács,2009;Qi et al.,2012)。

　　与生产泵相比,用来将冷却的导热流体回注到地下储层的注入泵(图12.17)可以安放在地面上。

参考文献

Australian Drilling Industry, 1997. Drilling: The Manual of Methods, Applications, and

Manage- ment. Crc Press, 624 pp.

Aadony, B. S., 1999. Modern Well Design. Balkema, Rotterdam, 240 pp.

ASME Shale Shaker Committee 2005. The Drilling Fluids Processing Handbook. ISBN 0-7506-7775-9.

Binder, J., 2007. New technology drilling rig. Proceedings of the European Geothermal Congress 2007, 4 pp.

Bjelm, L., 2006. Underbalanced drilling and possible well bore damage in low-temperature geothermal environment. Proceedings of the 31st Workshop on Geothermal Reservoir Engi- neering, Stanford, Ca, 6 pp.

Budi Kesuma Adi Putra, I. M., 2008. Drilling practice with aerated drilling fluid: Indonesian and Icelandic geothermal fields. Geothermal Training Programme, UNUniversity Reykjavik, Iceland, 11,77-100.

Bourgoyne, A. T., Millheim, K. K., Chenevert, M. E. & Young, F. S., 1986. Applied Drilling Engineering. In: Society of Petroleum Engineers (ed Series, S. T.), pp. 502, Richardson, TX, USA.

Cholet, H., 2000. Well production. Practical handbook. Institut Français Du Petrole Publications, 540 pp., Editions TECHNIP, Paris.

Devereux, S., 2012. Drilling Technology in Nontechnical Language(2ndedition). Penn Well-Corp., 270pp.

Hole, H., 2006. Lectures on geothermal drilling and direct uses. UNU-GTP, Iceland, report 3, 32 pp.

Huenges, E., 2010. Geothermal Energy Systems: Exploration, Development, and Utilization, pp. 486, Wiley-VCH Verlag GmbH & Co. KGaA,Berlin.

Ichikawa, S., Yasuga, H., Tosha, T. & Karasawa, H., 2000. Development of downhole pumps for binary cycle power generation using geothermal water.Proceedings World Geothermal Congress 2000, Kyushu-Tohoku, Japan,1283-1288.

Inglis, T. A., 2010. Directional Drilling. Petroleum Engineering and Development Studies. Graham and Trotman, London (Kluver, Springer), 274pp.

Qi, X., Turnquist, N. & Ghasripoor, F., 2012. Advanced Electric Submersible Pump Design Tool for Geothermal Applications. Geothermal Resources Council Transactions, 36, 543-548.

Skinner, L., 2018. Hydraulic Rig Technology and Operations (Gulf Drilling Guides). Gulf Professional Publishing. 555 pp, ISBN 978-0128173527.

Smolczyk,H.G.,1968.Chemical reactions of strong chloride solutions with concrete. Proceedings of 5. Intern. Symp. Chem. Cem., Tokyo,274-280.

Takács, G., 2009. Electrical Submersible Pumps Manual: Design, Operations, and Maintenance. Gulf Professional Publishing, Elsevier, Oxford, UK, 276 pp.

Teodoriu, C. 2013. Why and when does Casing Fail in Geothermal Wells. OIL GAS European Magazine, 1, 38-40.

Teodoriu, C. & Falcone, G., 2009. Comparing completion design in hydrocarbon and geothermal wells: the need to evaluate the integrity of casing connections subject to thermal stress. Geothermics, 38, 238-246.

Van Dyke, K., 1998. Drilling Fluids, Mud Pumps, and Conditioning Equipment. Rotary Drilling Series, Unit 1, Lesson 7. University of Texas, Petroleum Extension Service, 235 pp.

Wan,R.,2011. Advanced Well Completion Engineering 3rdedition. Gulf Professional Publishing, 736pp.

13 地球物理方法勘探和解释

地震勘探

地球物理勘探和调查是一种间接观察地下的方法,通过地面上或钻孔中的仪器来收集数据。井下地球物理技术和地球物理测井可以对套管井和未套管井进行探测和研究。本章将简要介绍如何选择地球物理调查方法。谢瑞夫(Sheriff)和詹德(Geldart)(2006)、泰尔福德(Telford)等(2010)对地球物理方法做了详细的描述。

13.1　钻井前地球物理勘查,地震勘探

　　应用地球物理技术使用物理测量系统来探测地下的地质结构和性质。这些方法从不同领域确定地下地质体的参数和属性,包括重力场、磁场、电导率、声波和电磁波的传播。这些方法是间接的,意味着必须从收集的数据中推断出地质结构。同时,必须要对这些数据进行地质解释,经过解释的地球物理数据能够描绘出地下结构、岩石地层、目标地层的厚度和深度,以及断层带的位置、方向和厚度等。在有利的条件下,这些数据甚至还能提供特定目标层沉积相类型的证据。

　　为一个新的地热发电系统进行地球物理勘探,首先要仔细全面地搜集所有可用的地球物理数据,包括以前在此处更广泛的区域内进行勘探活动时所获得的直接和间接的地质资料。对汇编的"旧"数据进行审查、评估,必要时还要进行重新解释。其结果可能会让人们废弃一个昂贵的新地震勘探计划,或者是大大缩小勘探规模。对"旧"地震数据进行数据再处理,可以大大增加这些数据的确定性。在钻井现场周围获得的新地球物理勘探数据能够减少定位误差,即真实位置和预测位置之间的差异。地震勘探工具的不断改进提高了现场地质结构调查的分辨率。

　　反射地震学是地球物理领域研究深部地质构造的一种特别重要的方法。除此之外,还可根据具体情况,利用重力法、磁法、地电阻率法、大地电磁法或这些方法的组合,进行经济有效的勘探工作,解决当地的特殊问题,如描述和评价在当地识别出的地震异常或地震障碍。

　　重力法评价的是地球重力场强度,使用的标准仪器是重力仪。重力仪是一个专门为测量重力加速度而设计的重力加速度计。重力加速度的局部变化不仅能反映当地地下地质的密度结构,也能反映仪器所在的纬度和海拔。因此,从探测到的密度变化能够推断出地下的地质结构和性质(Telford et al.,2010)。例如,地震勘探发现了一个侵入体,横切一个可能是层理良好的沉积岩序列。通过重力分析就能准确地区分高密度火成岩(如辉长岩)和低密度盐穹侵入。重力法也能用于发现和定位地下岩溶地层中较大的洞穴。另外,该方法还能定位基底–覆盖层接触面的深

度,该接触面将致密的基底岩与较轻的沉积覆盖层分开。这个强大的方法还有许多潜在的其他应用。

磁法测量与未受干扰的地磁场的偏差。这些数据与形成地下地质体的磁感应强度有关。测量可以在地表或空中进行。近地表岩石(大约1km)和土壤的磁感应强度能使源于地球深处的自然磁场发生形变。局部偏离未受扰动的磁场,即所谓的磁异常,是由磁场对地球物质的磁化作用造成的。异常的大小取决于相关地点的地磁场的强度和方向,以及岩石和矿物的磁性,特别是可磁化的地质单元、地层或地质体的大小。通常情况下,明显的磁异常是由地下离散的扰动岩体引起的。典型的例子,如铁矿石的晶状体就会引起强烈的磁异常。铁氧化物、铁硫化物和类似的物质显示出继承性的永久剩磁,独立于今天的磁场。地磁测量试图将观察到的异常与磁扰动源的性质、形状、大小和深度联系起来(Telford et al.,2010)。地磁测量已经成功地用于定位和描述结晶基底的断层带。

深部大地电磁测量利用交变电磁场对地下进行探测,可以利用天然一次场,也可以用技术激发的人工磁场来进行测量。交变磁场的频率范围很宽,且其穿透深度与频率有关,因此地球物理方法能够探测到从近地表到地下深处的很大范围深度。外加的磁场可以在导电的地质单元中诱发电流,这些电流反过来又产生电磁场。根据所记录的磁场和电场的时间变化,经过适当的数据处理,就能获得地壳内各地质单元直至上地幔的电导率分布。其勘探深度是由频率范围所决定的(Vozoff,1987)。用于地热现场勘探的大地电磁法以地下的自然电流为源,不需要主动发射站,因此很经济。然而,在人口稠密的地区,由于持续存在的电噪声,该技术无法使用。电磁法主要是用作高熔地热田的勘探工具。典型的高熔储层一般是由蚀变矿物(盖层)所覆盖和部分包围的,这种蚀变矿物是由热流体与原生的而且往往是具有化学反应能力的火山岩发生反应而产生的。典型的盖层封闭型火山岩储层都会含有黏土矿物、沸石和氢氧化物。盖层的渗透率很低,其电阻率与储层岩石的差异很大。因此,这样就可以对盖层进行定位,并评估储层的深度和规模。在增强型地热系统和热液项目中使用电磁法进行勘探,目前仍处于研发阶段。

与上述简要介绍的地球物理勘探方法相比,地震勘探仪器对约1000m的勘探深度具有很高的分辨率,能够产生真实而详细的地下结构图像。石油和天然气工业在地震勘探领域已经积累了大量而广泛的知识,可以为地热储层的勘探提供巨大的帮助。

深度超过1000m的主要勘探方法是反射地震学。与其他地球物理方法相比,它可以提供最清晰和最精确的地下结构图。该方法将声波从地表送入地下。声波是由卡车上的振动器(高频振动的金属块)、坠落的重物或在钻孔中引爆的炸药在地表产生的(图13.1)。声波在岩石中传播,并在密度对比强烈的岩石单元的边界处被反射和折射(图13.2)。只有一小部分波能到达地表,由复杂的仪器阵列记录下来,也就是所谓的地震检波器(图13.3)。地震检波器是一种高度敏感的传声器,能记录地下各种地质结构的回声。反射波从地表的震源传播到地下的反射地层界面,再返回到地表的检波器。因此,反射面所在深度的位置可记录为双程旅行时间(单位:s)。双程旅时取决于反射面的深度和波所经过的所有岩石单元的声学特性。

图 13.1 反射地震。图中的振动器安装在一辆卡车上(见第 13 章的首页)。

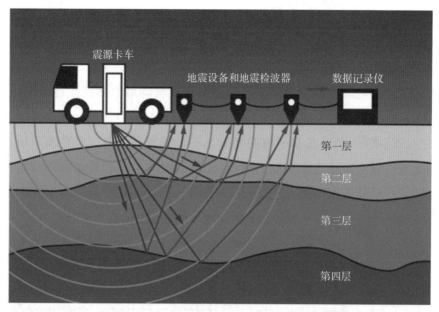

图13.2 声波在地下地层中的传播。

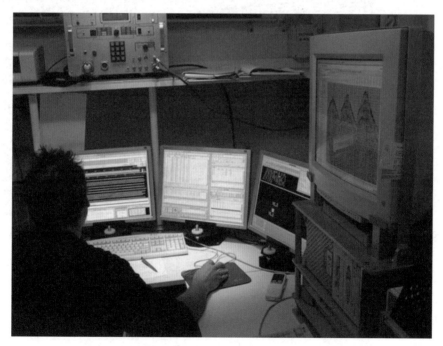

图13.3 反射地震勘探期间的数据记录。

　　开展地震勘探活动首先要获得必要的官方许可。接下来要确定潜在储层的目标区域和深度。地震勘探线的部署是根据地形图和现场踏勘结果来确定的，必须要确定实验参数,如点间距、发射能量、设备装置、传感器通道等。在试验的现场最终要确定的是测线的细节,然后布置检波器,最后开始运行振动源。检波器之间的距离控制着最小可分辨的波长。地震测线排列的总长度决定着如何选择检波器之间的距离。地震波分辨率会随着深度的增加而逐渐降低。随着深度的增加,较高频率的信号会丢失。更大深度的分辨率能够通过增强信号源的功率来提高。测量仪器、记录车、震源车、人员和所有必要的基础设施都必须要运到勘探现场。初步的数据处理可以在现场工作中随时进行,用复杂的软件进行数据分析和处理的主要部分则是在野外工作结束后进行的。最终的旅时与深度的转换需要一个地下地质结构的模型或一个附近早期钻孔的已知地质剖面(图13.4,图13.5)。

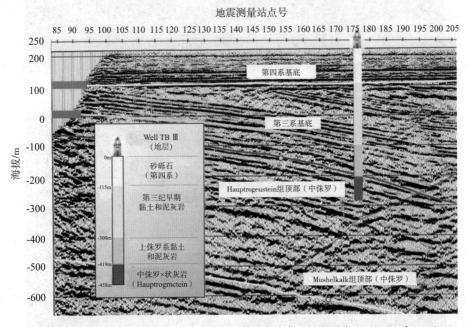

图 13.4 解释地震数据的一个实例。利用现有的钻井来校准地震记录的不连续性。

图 13.5　三维地震模型。注意侵蚀面以下的对流结构,该侵蚀面被左边垂直剖面上可见的未变形地层海侵覆盖(由 DMT GmbH & Co.KG 提供)。总高度双向旅时:1.6s,覆盖总面积:4km×4km。

地质体边界(岩性边界)会折射和反射声波,并将其中一部分转换为其他类型的波。岩性边界上这些过程的细节能够提供关于岩性边界地质性质有价值的信息(图13.3)。经过处理的波场数据结果,以沿地震剖面物质(密度)不连续性的图形显示出来。

声波阻抗 Z 控制着地震波在地质构造中的传播速度。地震波速度 V 是声波阻抗 Z 和岩石密度 ρ 的比值($V = Z/\rho$)。只有当两个地质单元之间存在阻抗差时,才能看到两个地质单元之间的接触面。如果没有,则界面处的反射系数 R 为零。

地震数据处理需要处理大量的数据。而数据中通常充满着噪声,因而必须要进行过滤,以使主要的反射变得明显,然后将单行的信息堆叠起来。对选定的单线进行巧妙的堆叠,可以提高地下重要反射信息的可见度。处理过程是将相关的地质信号与干扰信号区分开来,并有选择地消除后者。干扰信号包括一次信号的多次反射。

共中心点叠加(CMP)是地震数据处理中应用最广泛的技术。安装的检波器阵列接收来自多个震源位置的能量,然后根据震源和检波器之间的共同中点对记录的轨道进行重新排序。经过旅时校正后,地震信号就会出现在地质反射体的正上方。进一步的数值数据工程能够提高最终地震剖面的质量。最后的结果是图示的地震模型剖面,显示出双程旅时深度的地质反射体。但共中心点叠加技术会扭曲倾斜或弯曲的反射体。为了把以秒为单位的旅时转换为以米为单位的深度,需要给不同的地质单元和岩石类型分配特定的地震速度。最后的地震剖面是一个地下岩石的简化地层模型,用阻抗差来显示地质单元之间的岩性边界(Shaw et al.,2005;Sheriff & Geldart,2006;Telford et al.,2010)。如果手头有同一地区以往的钻井数据,就能对模型进行验证。对地震剖面(二维地震)数据的处理和地质解释最终能得到一个地质剖面(图13.4)。如果有一些相交的地震剖面的数据,则可以构建一个三维地震模型。它可以进一步发展为地下地质结构的三维块状模型,由此作为地热模拟模型的基础(图13.5)。三维模型有助于规划钻孔路径(图12)。

石油天然气行业使用复杂和成熟的计算机技术,以地震数据为基础进行储层定性和优化。标准的应用软件,如 PETREL 和 ECLIPSE 均由斯伦贝谢公司(Schlumberger)研发,都能用来绘制地下地质和潜在油气藏的优化蓝图。PETREL 可根据二维和三维地震数据构建地质和结构模型,以及用来制作模拟模型。ECLIPSE 则能分析和预测储层随时间变化的动态行为,对长期作业中压力、温度和流速的变化进行建模。确定钻孔的准确位置以及打到储层最佳位置的精准钻进过程都是经济上至关重要的决策,最终都需根据从地震数据中获得的地下地质概念和图像来作出。

三维地震属性,如倾角、方位角、连续性或结构,都能用作解释工具,精细地描述地热储层(Randen et al.,2000;Chopra & Marfurt,2006;Subrahmanyam & Rao,2008;Roden et al.,2015)。地震属性的自动化分析可以帮助绘制地质体结构特征图,包括断层系统、盐丘和气烟囱等,能够将二维特征相关的信号属性与地质体的分层和结构相关的结构属性区分开来。这些模型都能够揭示断层和断裂带的形状和位置,甚至可以用来推断构造演化和局部变形历史。沉积岩中反射体的三维细节承载着关于相和相分布的信息,如果相变与渗透率的显著变化有关,那么这些信息也就与地热储层勘探有关(Shipilin et al.,2019)。

与反射地震学不同,折射地震勘探分析的是折射地震波,利用的是波从震源沿着具有密度差的地质层界面发生折射的旅时。地震检波器记录的是沿着地质分界面传播的波所产生的地震信号(Telford et al.,2010)。与反射地震学一样,地震源可以是放炮(爆破炸药)、振动器(振动车)或其他来源。传感器(检波器)沿剖面线以一定的间距排列记录波场的传播情况。对数据的处理则是利用旅时图来完成的。由此产生的模型可以显示地下的地质结构,它由一些具有不同地震波速度的层(不同密度的岩性)组成。记录的旅时数据与地质单元的界面深度相关。折射地震能调查的地下深度约为检波器阵列长度的1/3。声波在地层中的传播速度是一个重要参数,因为它与岩性的密度有关,能直接从折射地震学中推导出来。因此,岩层的岩性和地质特征能够直接从折射地震的旅时数据中推断出来(Stark,2008;Avseth et al.,2010;Reynolds,2011)。反射和折射地震测量数据的组合系统可以提高对地质结构的详细识别。

13.2 地球物理测井和数据解释

地球物理测井可以探测钻孔、钻孔附近和周围区域。测井是深井钻井中必不可少的数据采集方法。用于测井方法的物理原理各种各样,包括地电、磁和声学技术,也包括雷达和放射性方法。通过井中测量能够获得有关岩石和物质的地质、岩性、岩石物理、储层等相关属性的数据。对结构、构造和钻孔技术数据也可进行例行测量。最先进的地球物理测井技术已经取代或大大减少了使用耗时而高成本的钻井取心(Johnson,2002;Darling,2005;Ellis and Singer,2007;Liu,2017;Parker,2020)。测井可以在自然环境中提供现场岩石和物质的数据,与在实验室获得的岩石数据相比有很大优势(Ellis and Singer,2007)。

测量钻孔岩石的水力和岩石力学性质需要非常坚固的仪器(钻孔测井装置),必须能抵抗高温、高压和化学侵蚀性流体。将探头和传感器下降到钻孔中或在钻孔中拖动,沿着钻孔的轴线记录数据,由此产生的深度与参数的数据和图表称为日志。电缆将探头(仪器单元)与地面上的记录站相连,探头能在任何深度停止和固定,因此可以用来测量参数随时间的变化。

测井仪能测量不同的参数组:(a)描述钻孔附近的物理参数;(b)钻孔的几何形状和形态细节的测量;(c)钻孔中流体的属性(钻井液、地层水)。所需的物理和化学参数可以用被动或主动方法收集。被动的测量是对外部的强制力产生的反应,如自然电位、磁场、天然放射性。主动测量则是使用能穿透岩石的工程信号,如电流、放射性或声波。主动测量方法是测量工程化的外部强制力与岩石的相互作用。测量的钻孔几何参数包括:钻孔直径、横截面、倾角和方位角。钻孔中存在的液相最重要的可测量参数是:温度、电导率(与盐度或流体的总矿化度有复杂的关系)和流体的pH(可以测量到大约150℃和150bar压力,Midgley,1990)。

井下电缆作为探头的机械安装支撑,但也能为探头提供电力,将数据传输到地面记录单元,并记录探头的垂直(深度)位置,从而记录下深度与参数的关系。在深钻孔中的测量必须考虑并修正由于质量和温度造成的电缆延伸。记录单元控制测量程序,通过电缆向探头提供能量,记录测量参数,存储数据,并产生实时的图形显示日志。该系统还能记录地层参数、探头的驱动速度、电缆的拉伸应力和其他关键参数。大多数部署的探头都是多通道探头,每次探头运行能够传输一个以上的参数。

温度记录仪记录的是钻孔内液体的温度。进行中的钻井作业会在一段时间内扰乱钻孔周围的热力条件。通过反复记录温度日志或在较长的停工期后进行测量,能够获得未被扰动的稳态温度分布。稳态温度与深度分布的显著变化可能表明主要的水流入或流出结构(图13.6)。因此,温度记录也可以检测出泄漏的套管或回填。在水力抽水或注水试验中收集的温度数据能够用来得出地下物质(岩石)的热参数。此外,温度数据甚至还可以用来推导出各个地质层的导水率(见14.2节;图14.10,14.15节)。

电导率测井非常重要而有趣,因为它能将容易测量的电导率(EC)与井下流体中存在的离子总量联系起来。流体的导电性与溶解在流体中的带电物质(离子)的总量有关。溶液中的离子会传输电荷。因此,电导率可以代表盐度(溶解的盐)。由电导率测井仪测得的变化与钻孔中流体的总矿化度相关,可以用来识别流入和流出结构,以及套管和固井的泄漏情况。与温度测井类似,电导率测井只有在导电性有差异的情况下才能识别流入和流出结构,但事实也并非总是如此。换句话说,如果流入的水与钻孔中存在的液体具有相同的温度和盐度,那么这两种方法就无法识别流入的水。电导率测井通常与温度测井一起采集数据,电导率依赖于温度,因此必须要使用温度测井中的温度数据来调整电导率数据。

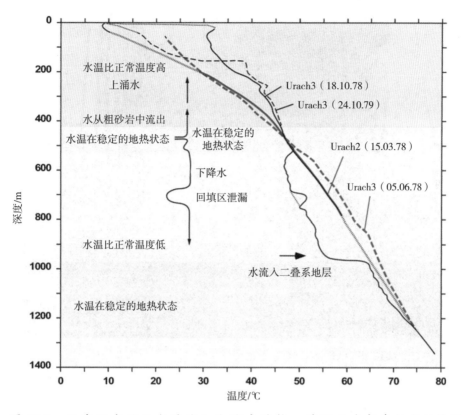

图 13.6 温度日志显示水的流入和流出结构。德国西南部乌拉赫 3 号深井 (Stober，1986)。

井径仪测井是一种地球物理测井工具,带有能扩展的传感器,可沿深度剖面测量截面钻孔的几何细节,也能用来测量套管的内径。它能显示出钻孔崩落和空洞,并提示钻孔壁的机械性能。它也是检测矿物结构、套管腐蚀或任何其他损坏和套管变形的绝佳工具(图 13.7)。从井径测井数据和崩落的统计分析来看,崩落断裂的方向与当地的构造应力场和区域构造背景下的主应力方向有关。然而,光学或声学钻孔扫描仪能够提供更好、更精确的解决方案(见下文)。

伽马射线测井测量的是钻孔中的地质构造天然产生的伽马射线。伽马射线来源于不稳定的同位素的放射性衰变,如黏土、云母和长石等含钾的矿物中的 ^{40}K。伽马射线也会从铀和钍同位素中释放出来,这些同位素包含在各种矿物中,包括锆石、独居石和其他矿物。因此,如果含有放射性同位素的矿物比例突然发生变化,伽马射线测井就能检测出钻探剖面的岩性界面。伽马射线测井与切片分析相结合,对建立地质钻井记录非常有用,对定位设计的回填灌浆位置也很有帮助。

图 13.7　从深井中取出的卡尺日志。

　　密度测井测量的是所钻地层的地质体密度的连续记录（也即伽马–伽马测井），使用一个主动伽马射线源，测量与密度有关的伽马射线的吸收和散射。所测到的地层体密度与岩石基体的密度、孔隙和断裂的体积及孔隙流体的密度等参数有关。因此，从密度测井可以知道体积密度，而实验室测量只能知道样品岩石密度，地层的孔隙率可以从下式推导出来：$\varphi=(\rho_{matrix}-\rho_{bulk})/(\rho_{matrix}-\rho_{fluid})$其中$\rho_{matrix}$代表岩石的骨架密度，$\rho_{bulk}$代表岩石的体积密度，$\rho_{fluid}$代表岩石的孔隙流体密度。对于简单的单矿物岩石，如石灰岩、白云岩和砂岩，岩石的骨架密度能直接从表中获取。

　　声波测井测量的是由发射器产生的纵波在钻孔中的传播时间差Δt，由距发射器不同距离的两个接收器来接收（p波速度）。这个时间差取决于地层的岩性、岩石结构和孔隙率。在同一岩石基质中，Δt随着孔隙度的增加而增加。声波测井能够提供已钻井段的连续孔隙度曲线。

　　钻孔成像测井（扫描）通过微电阻率或声学测量来提供钻孔的详细图像，能够显示岩层的方向、带状结构、矿脉、断裂、断层、崩落以及钻孔的其他情况。钻孔成像记录可以提供关于固井和套管质量的详细信息。这些图像能用来构建钻孔内地质结构的三维图。这些数据也能用来获得当地应力场的定量信息。与声学扫描仪相比，光学扫描仪需要井内有透明的液体。

322

为了解决特定的问题,通常会使用各种进一步的测井工具。水的流入点和结构可以用流量计测井来检测。该方法使用带有旋转器的装置,旋转器的转动与钻孔中的水流速率有关。水泥胶结测井可以用来评估井筒的胶结质量,以及与地层和套管的附着情况。

测量地层水力特性的一个重要方法是流体测井,将水力测井与无套管钻孔的地球物理测井相结合,由此获得的流体测井曲线代表所钻地层的导水率曲线。这种方法对含水层特别有用(见14.2节)。

打捞工具是一种有用的设备,用于回收丢失在钻孔中或掉入钻孔中的物体。有许多不同设计的装置能够用于从钻孔中捞出丢失的仪器和其他工具(图13.8)。

除了高度发达的测井技术外,20世纪七八十年代开始了一项新技术的开发,即随钻测井(LWD)。该方法通过集成在钻柱中的传感器来测量钻井过程中的相关参数。在钻井过程中也能直接测量钻井路径(MWD)(见第12章)。数据以压力信号形式通过钻井液柱传输到地面。然而,现在更多地用地面网络和有线钻杆将高清井下数据传输到地面。实时的参数数据能用来即时决定钻井方向和其他的钻井管理属性。旋转式超声波测卡尺传感器可以用来测量井筒的几何形状,传输的数据能够提供钻孔局部应力场和不稳定性信息(Elahifar,2013)。随钻测井工具可以耐大约150℃的地层温度,有些还可以达到175℃。对于纯粹的定向钻井程序,随钻测井工具可耐高达200℃的温度,但所有测量系统的地层穿透深度都非常有限。

图13.8 用于找回因电缆制动而丢失的探头的打捞工具的例子。

现已经研发出了一种特殊的地震学技术,能用于钻井时探索钻头前方的地质情况。这种技术称为"随钻地震测井"(SWD)(Poletto and Miranda,2004)。该技术可以产生一个垂直地震剖面(VSP),以及提供热水储层附近的高分辨率数据。在钻探过程中,将接收器(检波器)下降到井中,地震源(射点)则放置在地表。该技术通常用于定向钻探、水平钻探和钻侧井,以精确监测朝向目标区域的钻探进度。

参考文献

Avseth, P., Mukerji, T. & Mavko, G., 2010. Quantitative Seismic Interpretation: Applying Rock Physics Tools to Reduce Interpretation Risk. Cambridge University Press, 408 pp.

Chopra, S. &Marfurt, K. 2006. SeismicAttributes−APromising aid for geologic prediction, CSEG Recorder Special Edition,110−121.

Darling, T., 2005. Well Logging and Formation Evaluation (Gulf Drilling Guides), 2nd edition. Gulf Professional Publishing, 336 pp.

Elahifar, B., 2013. Wellbore Instability Detection in Real Time Using Ultrasonic Measurements. PhD Thesis, Montan Universität Leoben, 125 p., Leoben/Austria.

Ellis, D. V. & Singer, J. M., 2007. Well Logging for Earth Scientists (2nd edition). Springer Verlag, Heidelberg, 728 pp.

Johnson, D. E., 2002. Well Logging in Nontechnical Language, 2nd edition. PennWell Books, 289 pp.

Liu, H., 2017. Principles and Applications of Well Logging 2nd edition. Springer Geophysics, Heidelberg, 370 pp.

Midgley, D., 1990. A review of pH measurement at high temperatures. Talanta, 37, 767−781. Parker, Ph. M., 2020. Field Well Logging Equipment. The 2021−2016 World Outlook for Oil and Gas. ICON Group International, Inc., 301 pp.

Poletto, F. B. & Miranda, F., 2004. Seismic While Drilling: Fundamentals of Drill−Bit Seismicfor Exploration. Elsevier, Amsterdam, 546pp.

Randen, T., Monsen, E., Signer, C., Abrahamsen, A., Hansen, J.O., Sæter, T. & Schlaf, J., 2000. Three−dimensional texture attributes for seismic data analysis.SEG Technical Program Expanded Abstracts, 2462pp.

Reynolds, J. M., 2011. An Introduction to Applied and Environmental Geophysics (2nd edition). Wiley−Blackwell, 712 pp.

Roden, R., Smith, T. & Sacrey, D. 2015. Geologic pattern recognition from seismic attributes: Proncipal conponent analysis and self−organizing maps. Interpretation, 3, SAE59−

SAE83

Shaw, J. H., Connors, C. & Suppe, J. (eds.), 2005. Seismic interpretation of contractional fault- related folds. American Association of Petroleum Geologists Seismic Atlas, Studiesin Geology #53, 152pp.

Sheriff, R. E. & Geldart, L. P., 2006. Exploration Seismology. Cambridge University Press, Cambridge, UK, 592 pp.

Shipilin, V., Tanner, D.C., Moeck, I. & Hartmannvon, H. 2019. Facies and structural interpretation of 3D seismic data in a foreland basin setting: A case study of the geothermal prospect of Wolfratshausen.-Geothermische Energie, 91/1, 24-25, Berlin.

Stark, A., 2008. Seismic Methods and Applications: A Guide for the Detectionof Geologic Struc- tures, Earthquake Zones and Hazards, Resource Exploration, and Geotechnical Engineering. Brown Walker Press, 592pp.

Stober, I., 1986. Strömungsverhalten in Festgesteinsaquiferen mit Hilfe von Pump-und Injek- tionsversuchen (The Flow Behaviour of Groundwater in Hard-Rock Aquifers - Results of Pumping and Injection Tests) (in German). Geologisches Jahrbuch, Reihe C, 204 pp.

Subrahmanyam, D.& Rao, P.H., 2008. Seismic Attributes-AReview. Proceedings 7th International Conference & Exposition on Petroleum Geophysics, Hyderabad, 398-405.

Telford, W. M., Geldart, L. P. & Sheriff, R. E., 2010. Applied Geophysics(2nd edition). Cambridge University Press, Cambridge, UK, 792pp.

Vozoff, K., 1987. The magnetotelluric method.-In: Nabighian, M. N. (ed.): Electromagnetic methods in applied geophysics, vol. 2, Application. Society of Exploration Geophysicists, Tulsa, OK, 641-711.

14 钻孔地层的水力特性测试

莱茵河上的漩涡

水力测试可以提供关于储层水力传导性和储层渗透结构的关键数据。这些水力特性对地热项目的成功至关重要。在钻深井时,一般对预期的储层上盘已经完成了首批水力测试。井筒完成后,还必须对储层的水力特性进行更广泛的测试,包括长期测试、循环试验或在预定目标层的示踪剂测试。本章简要介绍一些标准的水力测试方法、测试的实际传导性及测量数据的处理和解释。

14.1　钻井水力测试的原则

水力试验能够解决各种各样的问题,但要根据针对现有问题所需的具体数据采取合适的测试程序。然而,所有的测试方法都是监测水压的变化,即相对于储层中未受干扰的压力分布的压力偏离。这种偏离正是由测试方法强加上去的。目前在地下水勘探、石油和天然气工业及地热能源厂开发中都会使用大量的水力测试方案(Kruseman and de Ridder,1994;Nielsen,2007;Zarrouk and McLean,2019)。一种试验是抽水试验和生产试验,即生产水;而另一种试验是注入试验,即将水引入要测试的地层。压力与流速关系的细节是由所探索的储层的水力特性来控制的。一些测试使用压力脉冲来获取储层的反应信号。有些测试只需要几分钟,有些测试则可能需要几天的时间。水力试验的持续时间取决于试验的类型、所需数据的类型和被测地层的水力特性(图14.1)。有些方法是测试整个裸井或井筒的整个滤水段,另外有些试验则是通过用封隔器或其他系统将地层的某些特定部分进行分段测试(图9.5和14.2节)。一些试验连续记录井孔被测段的水压,另外一些试验则测量地表附近的水压,还有一些只是监测抽取或注入水时对压力做出反应的地下水位。这些测试在抽水速度方面也有不同。一些试验以恒定的速度从储层抽水,并持续监测压力反应。而在另外一些试验中,抽水速度则会逐步增加。试验也可以在恒定的压力下进行,这样水的流速在试验过程中会逐渐降低。有些测试是与地球物理测井同时进行的(见13.2节和14.2节),有些则不是。有些测试在记录压力的同时,还要监测井口或钻孔测试段压力表附近的水温。

用各种测试方法测量和分析的储层的水力特性能够提供关于油井产量的结论,这是水力测试的首要目标。产量和温度决定着地热项目是否能获得商业成功。水力试验也可以提供水样用于必要的水化学分析和同位素研究(见第15章)。油井产量不仅取决于储层的水力特性(导水率、储水率),而且在某种程度上也取决于井筒本身的水力特性(表皮、井筒储量)。一些方法适用于将地层的特性与井筒的特性区分开来。设计合理的测井可以提供水力潜力的数据、被测试地层的测试前压力,并能够提供热含水层(或含水层)结构和地层流动特性的线索。测试的水力反应能够显示储层上下的水力相互作用和连通(泄漏)。这些测试可以让人们深入了解断裂和多孔岩石基质之间的相互作用,以及主要断裂和断层的水力意义。测试的时间越长,测试到的储层体积就会越大。因此,长期测试可以提供关于储层范围和水力活动边界性质的信息(Kruseman and de Ridder, 1994; Stober et al., 1999; Stober and Bucher, 2005a)。

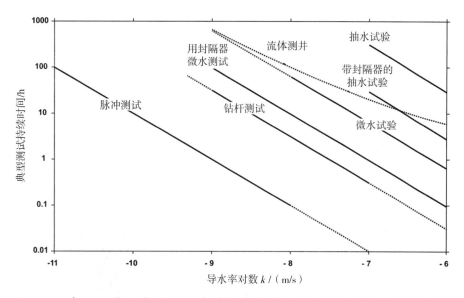

图 14.1　在不同导水率的地层中进行各种类型水力试验的持续时间(Stober et al., 2009; Hekel, 2011)。

　　在测试过程中,通过抽水或注水或发送压力脉冲,强加给储层的已知液压信号或刺激都会引发未知液压系统做出响应。这些响应,即压力下降或压力增加(或水位变化)须连续记录下来。如此一来,输入和响应信号都已明确,然后根据已知的地质情况、从地震研究中得知的地下结构和测试地层得到的可信水文地质特性,对这些信号进行分析和解释。想要解决数学反演问题并查明所需的地层水力参数,就必须对被测地层或钻孔有一个清晰的模型概念,尽可能地接近系统的真实结构和特性。如果地下模型是准确定义的,那它对输入信号必须能够产生与测试系统相同的响应信号(图 14.3)。图 14.3 显示出 6 个不同的测试地层中水力情况的地质模型概念。这 6 个系统对强加的外部信号做出各自特定的反应,在这种情况下,水是以恒定的速度从井中抽出。被监测系统的水力反应为水位下降,由此绘出抽水开始后降深随时间变化的曲线。这些数据通常用双对数或半对数在图上表示。抽水停止后,压降会缓慢恢复,抽水停止后的恢复与时间的关系也能反映出所测试的地下水力特性。恢复数据可以显示在所谓的霍纳图上(图14.3)。在抽水试验中,水位随时间下降曲线的具体形态取决于许多地质结构和特征,它们都可能影响被测地层的水力行为。如前所述,对所测得的降深与时间的数据进行图形评估,需要选择一个最能代表上述地下水力状况的模型概念。这必须从许多模型概念中做出选择,但如果对实际情况的认识模糊,则可能会很困难。但通过仔细规划和实施水力试验,可大大减少可能的概念选项。尤其关键的是测试的持续时间。非常短的测试可能会触发来自井筒附近的反应信号(表皮、井筒存储),靠近井筒地层的导水率通常会因钻井作业(钻井泥浆、压裂、酸化等)和钻孔内的技术工作而发生严重变化(图14.4)。在结晶基底岩中的许多实验证明,在井筒附近存在一个导水率增加的区域(Stober,2011)。

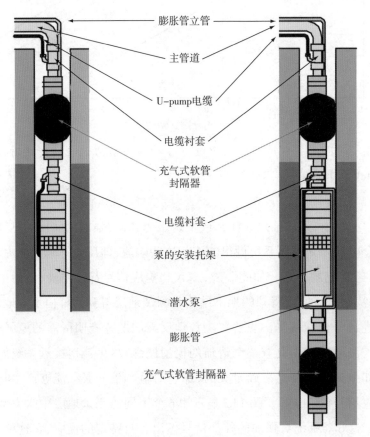

图14.2 水力试验中使用的单、双封隔器系统示意图。

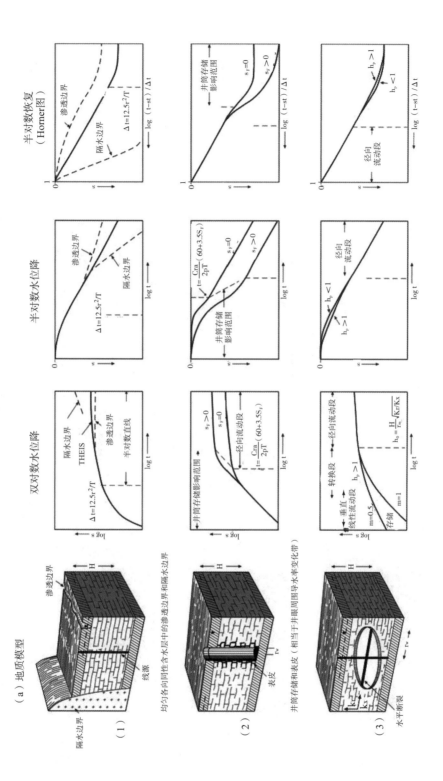

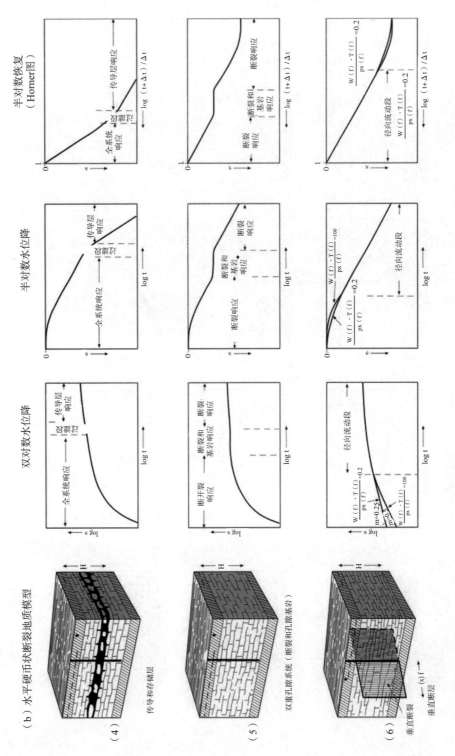

图4.13 图(a)和(b)是六个地质模型概念[(1)~(6)]的恢复(s)的降深(s),或抽水停止后降深(s),以及时间(t)内以恒定速率抽水的降深(s)反应,简相关的断裂形状和后方向、表皮、不透水边界、渗透补给和其他特征等细节。该图右侧的霍纳图)。该图表明系统对恒定输入信号的反应取决于地层和井(Stober 1986)。

a 和 b 六个地质模型概念(14.3.1–14.3.6),以及时间(t)内以恒定速率抽水的降深(s)反应,或抽水停止后降深(s)的恢复(图右侧的霍纳图)。该图表明系统对恒定输入信号的反应取决于地层和井筒相关的断裂形状和方向、表皮、不透水边界、渗透补给和其他特征等细节(Stober 1986)。

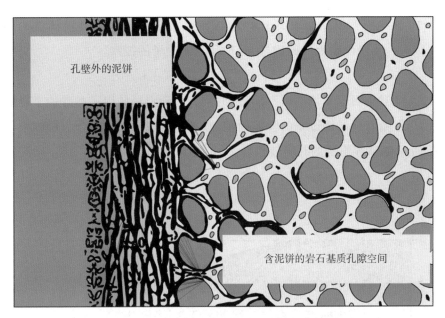

图 14.4:井筒的横向岩石结构:在孔壁面上通常存在一个导水率严重改变的损伤区(所谓的表皮),然而钻井作业的影响会超出表皮(岩石基质孔隙中的泥饼)

表皮,即井筒附近的导水率改变区,影响水力测试过程中的预设反应。如果表皮的导水率低于被测地层的导水率,则抽水伴随着额外的压降[图 14.3(1)中的压降增加]。如果表皮的导水率比测试地层高,则抽水时的压力反应(降深)较小。与表皮有关的额外压力变化可以表示为对压降的贡献 Δs_{kins}(单位:米)。

$$\Delta s_{skin} = s_F Q / (2\pi T) \tag{14.1}$$

其中,s_F 表示趋肤因子(无量纲),Q 是生产速度(抽水率),单位为 m^3/s,$T(m^2/s)$ 代表透过率。如前所述,无量纲趋肤因子可以是正的,也可以是负的,取决于井筒周围的改变区与未受干扰的地层相对比的水力传导性(van Everdingen,1953;Hawkins,1956;Agarwal et al.,1970)。对于完全不透水的井筒,$s_F = +\infty$,对于高度压裂的、酸化的或断裂的井筒附近区域的 s_F 可能低至 $-\infty$。从压力-时间测试数据中得出一个可靠的趋肤因子值的简单程序可以从文献(Matthews and Russel,1967)中获得。

在抽水测试开始时,将井筒中的液体抽出来。随后,由于水泵施加的压力梯度,从地层中流向井筒的液体也被逐渐抽出。因此,被测试地层的反应会延迟,这种效应称为井筒储存(C)。它相当于每一个压力差(Δp)在井筒中的体积变化($\Delta V = r_w^2 \pi \Delta h$),因此,它的量纲是 m^3/Pa。井筒储量可以从式(14.2)中计算出来:

$$C = \Delta V / \Delta p \qquad (14.2)$$

式(14.2)说明井筒储量取决于控制 ΔV 的钻孔直径($2r_w$)。井筒储量的持续时间 $t_B(s)$ 则进一步受测试地层的透过率(T)和趋肤因子的控制。

$$t_B = [r_w^2 / (2T)] \cdot [60 + 3.5s_F] \qquad (14.3)$$

从式(14.3)中可以看出,井筒储存的时间 t_B 会随着趋肤因子和井的半径的平方而增加,并且随着地层透过率的降低而增加(图14.5)。因此,在含水层中大口径井的测试,受井筒储存影响的时间较长。

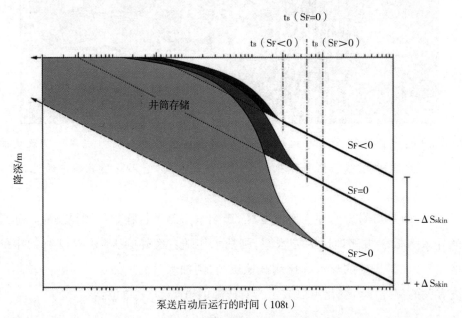

图14.5 降深与时间的关系图显示,测试的早期阶段是由井筒储存起绝对的主导作用,逐渐减少(图的中间阴影部分),并在不同的时间逐渐消失,这取决于趋肤因子 s_F。请注意,降深–时间数据线性关系的恒定斜率(粗实线)反映的是测试地层的"真实"导水率。这些直线部分的斜率是对含水层传导性的直接测量(这正是人们想要知道的!)。因此,从图中可以看出,测试时间过短会导致错误的(高)地层导水率。

如果在承压含水层中使用专门的测试工具来进行水力测试,那么工具的尺寸和流体的可压缩性就是控制井筒储存的重要参数。

记录测试井中抽水或注水时的空间压力分布需要一个监测井网络。然而,在深层钻井时,监测井网不可能实现。对第一口井的水力试验的评价完全局限于在那个单一的深井中所收集的压力数据(降深)。在测试的早期阶段,压力信号会被井筒的几何形状、套管和胶结物(如果有的话)以及测试工具的大小所限制。地层的水力特性在测试的最短持续时间后就会在数据中显现出来,但该持续时间必须要长于井筒储存的持续时间[(式14.3)]。

在测试非地热井地下水时,测得的水位直接与被测地层的水压相对应。测试热储层时,压力数据必须得根据与温度有关的密度差异来进行校正。因为水的密度取决于温度和压力,所以质量相同但温度不同的水柱有不同的长度。如果深井中的水柱有几百甚至几千米,相对较小的密度差异就会导致几米的长度差异(见8.2节)。

在静止状态下,水柱与岩石处于热平衡状态。在近地表是凉的,在地下深处是热的。如果从井中抽水,深层的暖水或热水向上流动,使整个水柱的温度升高,升高的温度由抽水速度、抽水时间、岩石的导热性和其他参数控制。由于这种热效应,在抽水试验的最初阶段,水位会反常地上升,而不是预期的下降。在关闭后,水柱的反应是由热引起的下降,而不是预期的水位恢复(图8.3)。在将地表冷水注入深层热力井的注入试验中,可以观察到相反的现象。为了评估热储层中的抽水或注水试验,必须将测量的降深(或记录的近地表压力)归一到参考温度。井筒中水柱长度(降深)的每个数据点都必须用相对参考温度和压力进行密度校正。

在井筒中测试地层的深度直接测量压力简单又准确,可以避免对温度和密度进行复杂还带有误差的修正这种麻烦,因为这些修正忽略了一些更加复杂的问题,这些问题是由温度异常、盐度增加或流体中的高气体浓度引起的。与多孔基质岩石相比,硬岩石含水层的导水结构通常为单一断裂或断裂带。因此,导水结构的分布是不均匀的。这些构造的取向和几何形状在断裂的硬岩层中变化很大。与多孔含水层相反,它们代表的是水力不连续体。石油和天然气行业已经开发出了许多不同的概念模型,能用于定量分析和解释水力测井数据(类型曲线、近似解决方案、专业软件)。这些模型可以规纳为以下几类(Stober, 1986; Kruseman and de Ridder, 1994)。

第一类:导水断裂在地层中的方向是随机的,分布是固定的。在足够大的范围内,地层表现为均匀连续的含水层。水力特性可以用西斯(Theis)(1935)的概念进行建模和解释。在这种情况下,测试数据也可以用库柏(Cooper)和雅各(Jacob)(1946)的近似方法来解释。典型的例子是有规律的结体基底断裂[图14.3(4)]。

第二类:所测试的地层包含具有高导性和高断裂孔隙率的局部区域(区域、地层)[图14.3(4)]。这种区域有两种类型:导流区主导着整个地层的流动特性,其储存能力极小。相比之下,储存区在水力上的表现则相反(如Berkaloff,1967)。大多数不连续体是这两种成分类型的混合体。典型的例子是石灰岩地层中的岩溶区。

第三类:测试的地层可以理解为双重孔隙系统,与断裂多孔岩石相匹配[图14.3(5)]。这种模型概念假定存在着两种连续均匀流动特性,一种是岩石基质的孔隙空间,另一种是像第一类模型中规则的随机断裂孔隙空间(如Barenblatt et al.,1960)。典型的例子是具有基质孔隙的带断裂的砂岩。

第四类:在测试的地层中,一个突出的、延伸有限的垂直断裂会强烈影响系统的水力行为[图14.3(3)和图14.3(6)]。在强烈压裂的井中,水力测试数据需要有断裂的存在(Dyes et al.,1958)。诸多文献进一步讨论了不同方向的断裂对井测试中压力-时间数据的影响(Russel and Truitt,1964;Gringarten and Ramey,1974;Cinco et al.,1975)。

要判断这些模型能在多大程度上代表测试地层的地质和水力结构,需要对每个测试地层和每口井加以重新确定。基本上不可能直接将某一模型指定为目标地层的首选,因为空隙(一般孔隙)的几何细节和它们的水力作用是无法事先预测的。找到一个合适的模型的正确方法是比较实测和理论模型的压力-时间数据(图14.3)。图14.3介绍的是6个常见的实例。事实证明,考虑压力(降深、水位)时间数据的导数曲线(图14.6)和其他特殊函数(例如,Bourdet et al.,1989),对建模是有帮助的。从图14.6中可以立即看出,导数图在图形上比单纯的压力-时间图更明显。

为了找到最能描述地层特性的水力模型,可将数据(压力、降深)与时间绘制成对数-对数曲线图或线性-对数曲线图,如图14.3和图14.6所示。泵关闭后的压力恢复行为可以显示在霍纳图上(s与$\log(t+t')/t'$,t=泵送时间,t'=恢复时间)。图14.3中所示的例子就能证明霍纳图的判断功能。如果在单位时间内记录了许多数据,就可以绘制出单位时间内压力(降深)的导数图(图14.6)。这些数据的图形表示($\log[(\delta s/\delta t)t]$与$\log t$)是用来判断被测地热层水力行为的一个非常强大的工具。

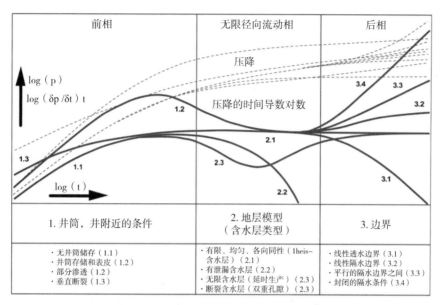

图 14.6 在恒定速率的抽水试验中,对于不同的地层结构,抽水的理论模型曲线$[(\delta s/\delta t)t]$的一阶导数(Odenwald et al.,2009)。

流向井的径向流动(线性汇流)会导致$[s, \log t]$图上的数据呈线性关系(径向流段)。流向不完美(非均质的)井的体积流可以从$[s, t^{-0.5}]$数据的线性关系加以识别。如果流体从断裂孔隙中流出后,又从多孔基质中流出,则双线性流动行为可以通过$[s, t^{0.25}]$图上的线性关系来识别。

14.2 测试的类型、规划和实施、评估程序

水力试验必须要持续足够长的时间才能给出正确的答案。只有当试验的时间足够长时,才能选择正确的水力模型来进行有意义的数据解释。如今,抽水和注水试验的实施都要遵循一个成熟的标准程序(图14.7)。试验要分为几个子试验,首先是探索井筒特性的试验。这些测试要使用至少三种不同的恒定抽(注)水速率进行。未来的产液率将以这些测试结果为基础。随后的测试是研究地层的特性。在完成以上这些测试之后,系统处于休眠状态,没有抽水或注入流体。在地层测试期间,水以恒定的速度抽出,持续的时间很长,通常比测试井筒性质的试验长很多。地层测试可以探索地层的流动特性,以寻找适当的水力概念模型,如上节所述(图14.3和图14.6)。随着试验时间的持续,对试验所施加的压力信号作出反应的地层体积也会随之增加。因此,只有在足够长的试验中才能对热储层的延伸及其远处

的水力边界进行研究(见14.1节)。短期测试不能提供远离井筒区域的水力信息,在最坏的情况下,甚至不可能得出地层的水力参数,因为测试的体积仍然还在井筒储存和表层之内[式(14.3)]。

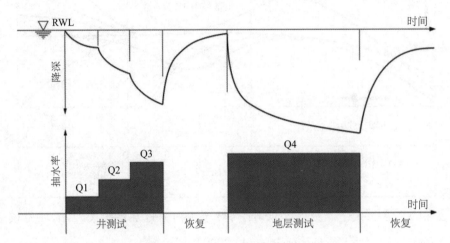

图14.7　水力试验设计实例。静止状态(RWL)下的地下水位。提取率为(抽水率)Q,第一个试验系列以Q_1、Q_2和Q_3三种不同的速率抽水,研究井的特性;接下来的试验持续时间较长,以较高的速率Q_4抽水,探索地层的特性。

按照无限延伸各向同性均匀地层的概念模型,可以得出测试地层在径向流动期间的透过率和储存系数。测得的降深(压力)可以用时间的对数作图表示。可以根据式(14.4)(Cooper and Jacob,1946),从半对数图[s,logt]上的直线斜率(如图14.3)计算出地层的透过率T(m^2/s)。T是径向流动期间记录的数据[斜率=$\Delta s/\Delta logt$,在$\Delta logt=1$时,Q=抽水率(m^3/s)]。

$$T = 2.303 \cdot Q/(4 \cdot \pi \cdot \Delta s) \tag{14.4}$$

考虑到趋肤因子s_F、透过率T[式(14.4)],并考虑到井的半径r,存储系数S(无量纲)可以从式(14.5)中计算出来:

$$S = [2.25 \cdot T \cdot t]/[r^2 \cdot (e^{2s_F})] \tag{14.5}$$

评估抽水试验数据的一个典型例子是德国大陆深层钻探项目4000m深的试验孔(图14.8)(Stober and Bucher,2005a)。钻孔的套管为3850m,裸孔长度为150m。该裸眼井位于华力西结晶基底,出露角闪石和变质辉长岩。孔底的温度为120℃。抽水速度保持不变,接近1L/s。测量的数据绘制在半对数压力与测井时间关系图上(图14.8),反映的是测试开始后大约0.2天时的井筒储存。从那时起,数据遵循直线关系。这个测试阶段是径向流动期的信号,显示出地层的水力反应,这里是结晶性基底对抽水的反应。在式(14.4)的帮助下,径向流动期的斜率可转换为地层的透过率T=6.10×10⁻⁶m²/s。

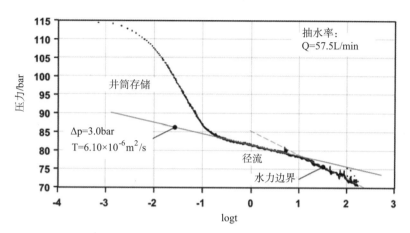

图14.8　德国大陆深层钻探项目(KTB)4000m深试验孔的试井数据和评价(Stober and Bucher,2005a)

抽水12天后,压力明显下降,并趋向于线性趋势,斜率更陡。在t=12天时,导致斜率发生变化的结构特征位于距离井约1.2km处。这是由于传导性低于被测试地层的水力边界,其在本例中是一条不透水的断裂带,即"Franconian Lineament"(Stober and Bucher,2005a)。

从计算的透过率来看,井筒的几何形状和观察到的井筒储存(图14.8)遵循式(14.3)中的趋肤因子s_F=1.35。表皮会产生一个3.5bar的额外压力差(降深)[来自式(14.1)]。存储系数S=5×10⁻⁶可以从式(14.5)中计算出来。这个例子表明,精心的测井作业可以为地热项目提供大量关于井筒、目标地层和储层水力结构的关键性的重要数据。

在地热双筒运行之前,长期的抽水或注水试验是不可缺少的。水压测试必须要附有水化学研究报告(见第15章)。在此之后,系统的功能必须通过长期的循环或生产测试来证明。此外,这些测试还必须有各种辅助试验作为支持。

热液储层的利用是从几乎完全封闭的硬岩含水层中钻出的深井中汲取热水。这些封闭含水层的压力或降深数据通常会显示出潮汐的影响(图14.9)。这清楚地表明,地层的断裂和其他孔隙是相互连通的,并在很大的距离上进行水力沟通。潮汐的影响会改变地层空隙的形状和几何尺寸。因此,压力(降深)在钻孔中的下降和上升取决于太阳、月亮和地球的位置（Ferris，1951；Todd，1980）。

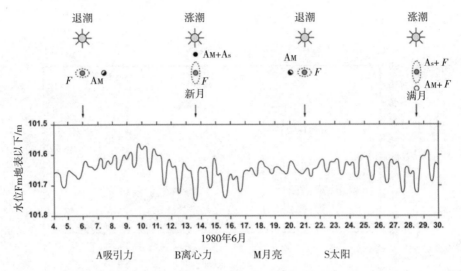

图 14.9　德国 Saulgau TB1 深井（位于上侏罗统岩溶灰岩中，650m）中由潮汐引起的压力（水位）变化（潮汐影响实例来自：Stober，1992）。

从潮汐力的水力效应能够获得地层的杨氏模量（E）、比存储系数和孔隙度（Bredehoeft，1967；Langaas et al.，2005；Doan and Brodsky，2006）。

如果对具有不同水力特性的不同地层进行联合测试，而这些特性又无法分开，那么尽管有复杂的测试方案，水力测试的意义可能也不大。通过使用封隔器系统（图 9.5 和 14.2 节）和适当的钻井工程，对钻井地层做到水力隔离，分段逐一进行测试，这样得出的参数对应的是明确的不同测试地层。

水力测试也可以与地球物理测井技术相结合。例如，从流量计、电导率或温度测井获得的数据可以用来评估在抽水试验中一起测试的某个单独地层的贡献，从而允许将导水率值分配给单独但共同测试的地层。这种组合技术的一个例子是流体测井法（图 14.10），该方法是在含水层长期测试中反复测量抽水深度的电导率（Tsang et al.，1990）。含水层测试的水力评价能够给出测试区段的总透过率。不同地层中电导率相对于时间的变化可用来得到流入率的比例分布，由此得出不连续流入段的透过率。该方法成功的前题条件是在抽水试验开始前就在被测段进行流体混合。

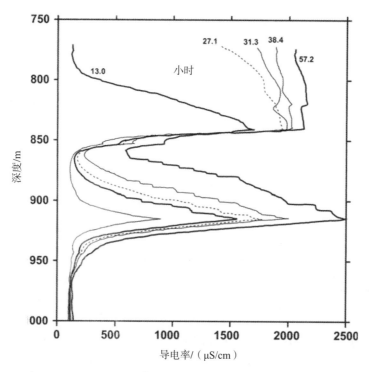

图 14.10　在 1690m 深的钻井中进行流体测井，来自 770~1000m 测试段的数据（来自 Tsang，1987）。

进行封隔器测试的技术设备包括一个带阀门的组合杆和一个或两个封隔器（单、双封隔器，图 14.2）。封隔器是一个 0.5~1m 长的压制橡胶套筒，能通过机械或液压–气动的方式进行变形，将安装好的充气装置密封在待测段上。钻孔测试段通常为 1.5~5m 长。在水力测试过程中，要持续监测被测试区间的温度和压力，以检测泄漏和渗入的水。该测试的原理与其他水力测试相同。试验开始时在试验段测得的压力将作为参考压力，就像在裸井中的静止水位一样。封隔器试验的初始压力是在封隔器安装和充气后测量的。经过一段顺应期之后，外部干扰就会减少并消失（潮汐除外，图 14.9）。测试的第一步是通过抽水或注水（在非常致密的岩石中则是气体）来改变测试区间的压力。抽水导致压力下降，注水导致压力上升。在第二步中，将泵停止，压力会慢慢恢复到未受干扰时的地层压力（图 14.7）。测试前的压力和最终的地层压力应该是相等的。

对于封隔器测试,也有大量的水力测试程序可用。可根据测试的目标和预期的地层导水率选择合适的方法。各种测试方法的适用范围主要与目标地层的导水率有关(图14.1)。

微水测试可以用于低至中等导流能力的地层(Butler,1998)。在微水测试中,钻孔内或被测区间的压力会突然改变,系统监测压力响应。打开封隔器测试装置的测试阀门,压力脉冲瞬间就会传输到测试区间(图14.2)。在诱导流动期间,根据施加的压力梯度,压力通过从地层中流出的水(微水抽水试验)或流向地层的水(微水注入试验)来平衡。微水试验也可用于裸孔中。持续时间很短的微水试验,只是向被测段发送一个压力脉冲,称为脉冲试验。在微水试验中应用的压力信号是通过非常快速地抽取或注入大量的水或机械地插入一个位移体而产生的。后一种类型的试验也称为提捞测试。

微水测试可以给出透过率、存储系数、存储和趋肤因子。对压力与时间数据的分析通常是通过典型曲线来完成的(图14.11)(如Cooper et al.,1967;Ramey et al.,1975;Papadopulos et al.,1973;Black,1985)。数值方法也是可用的。得出的透过率数据可以转换为地层渗透率和导水率[式(8.3b)和式(8.4a~c)]。

钻杆测试(DST)使用钻杆作为测试工具,其中钻杆测试设备与封隔器系统可以取代钻头。封隔器通过液压来隔离待测试的部分。打开阀门,被测试的区间内产生压降,使得水(流体)流向钻孔。关闭阀门则使压力恢复到静止地层压力。钻杆测试的标准程序是从第一个短流量阶段(阀门打开)开始,然后是第一个恢复阶段(阀门关闭)。试验要持续一个长期流动期和一个长期恢复期(图14.12)。该测试的名称与作为测试设备一部分的钻杆有关。根据不同的测试配置,它可以像微水测试一样分析和解释某些测试周期(图14.11),而用霍纳法则能评估恢复期(图14.13;霍纳图,Horner,1951)。钻杆测试能提供透过率,也能给出井筒储量和超肤因子。

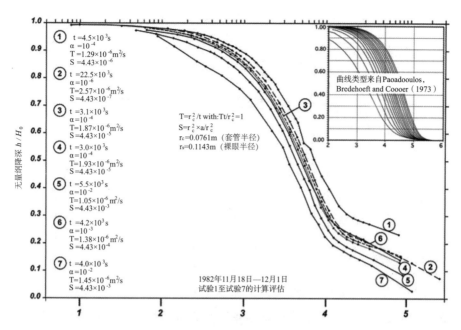

图 14.11　4440m 深的地热井乌拉赫 3 号德国微水测试分析实例。数据来于 7 个周期的测试。采用帕帕多普洛斯(Papadopulos)等人的类型曲线(右上小图)进行评估。

14.3　示踪剂试验

示踪剂是指化学物质沉积在地下某一位置(钻孔内),然后在地下其他位置(钻孔)追踪其迁移。示踪剂是一种在非常低的浓度下和高度稀释的情况下都能被检测到的物质,是一种低成本的常规技术。从示踪剂在注入点和监测点之间的移动时间能得出流动速度,测量数据的分散揭示的是混合和分布过程,用离散度来概括。示踪剂测试常规用于地下水工程(水文地质学)。现在它们也能用来获得有关水流路径的定性信息。示踪剂试验数据也可以进行定量分析,来揭示流速、导水率、流动孔隙度、离散度 D(m^2/s)等参数(Sauty,1980;Käss,1998;Leibundgut et al.,2011)。

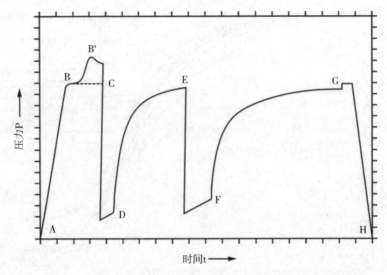

图 14.12　钻杆测试的压力-时间关系示意图。A-B 安装钻杆测试钻杆;B-C 定位和安装封隔器;B-B′-C 在低渗透地层中与膨胀有关的压力反应和随后的恢复;在 C 打开测试阀门,C-D 第一个流动阶段;D 关闭阀门,D-E 第一个恢复期;E 打开阀门,E-F 第二个流动阶段;F 关闭阀门,F-G 第二个恢复期;G-H 收起封隔器,卸下钻杆测试设备。

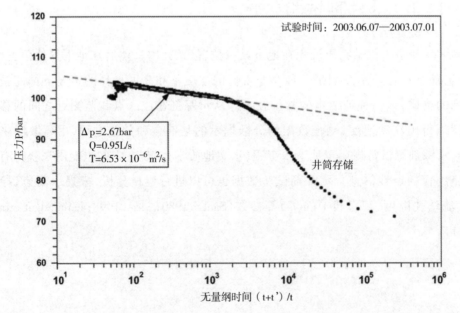

图 14.13　根据在深层地热井乌拉赫 3 号收集的测试数据,用霍纳图评估恢复阶段的压力积聚的例子(Stober,2011)。也请参见图 14.14。

因此,示踪剂试验也是开发地热双筒的非常有趣和有用的测试方法。示踪剂试验可以显示从工厂回注的冷却水在储层中扩散和迁移的情况。例如,如果示踪剂在很短的时间内就能到达,而且分散度很小,即在生产井的示踪剂曲线上有一个尖锐的峰值,那么热能通量也会有类似的表现。在示踪剂试验的帮助下,还可以验证地热井是否是水力连接的。因此,示踪剂试验应与第一次长期循环试验一起进行。

试验所用的示踪物质应该是一种非反应性的不活跃化学品,尽可能不与被测地层的矿物发生反应。惰性行为非常有利于对示踪剂数据的数学评估和对示踪剂浓度与时间图的解释。理想的示踪剂不应该是有毒的,而应该是稳定的,不会在地层中衰变或分解。理想的情况是,具有与水类似的特性。合成的有机化学品荧光素也称为荧光素纳,特别是荧光素钠盐,是一种水溶性的荧光示踪染料,能检测到的浓度低至 1×10^{-9} g/L(相当于在 $1000 m^3$ 水中仅有 1mg 的荧光素)。荧光素已是接近于理想的示踪剂,经常用于地下水工程。

示踪剂试验不但要求对示踪剂数据进行严格而可靠的定量评估,而且要对试验进行仔细而踏实的规划和实施。并且考虑到以后对试验数据的数学描述会用到解析解(如类型曲线)或数值模型,因此试验应尽可能地简单。为此,示踪剂的注入要么是瞬时的(狄拉克脉冲),要么是在一个确定的输入周期内连续的。示踪剂最好直接注入到被测试地层中,且必须以足够近的间隔取样,以完全覆盖示踪剂在观察井中的整个传输过程。理论上,必须要按照标准示踪剂测试教科书(Käss 1998 Leibundgut et al.,2011)或一般地下水教科书(Freeze and Cherry,1997;Schwartz and Zhang,2003)所描述的相等对数时间间隔取样。

从文献中可以找到示踪剂传输方程的解析解。这些都是质量传输的微分方程的解,适用于许多不同的试验安排。解析解能用无量纲解来重塑,并以图形形式显示为类型曲线。在这些类型曲线上,示踪剂的传输显示为无量纲示踪剂浓度(CD = C/C_{max})与一系列水力参数(其中 u 代表流速,D_L 代表纵向分散度)的无量纲时间的对数($t_R = u^2 t/D_L$)。对于测试数据的分析,将示踪剂浓度(C)归一化为测量的示踪剂峰值浓度(C_{max}),并与对数时间(t)绘制曲线图,然后将由数据得出的曲线与最适合的类型曲线相匹配。所寻求的参数取自最佳拟合的曲线。

图14.14为德国索尔高附近上侏罗纪石灰岩岩溶热含水层的示踪试验数据,深度约为650m,温度为42℃。在示踪剂试验中,将2kg荧光剂注入索尔高地热井GB3中。在试验过程中,以恒定的速度Q=29L/s从距离注入井GB3为450m处的地热井

TB1抽水。这样就能确保一个径向交汇的流动系统。22天后,第一批荧光剂已经到达生产井 TB1。125天后测得的最大示踪剂浓度为 1.4μg/L。250天后,抽水速率发生了变化,水也开始从 GB3 抽出,因此,长达三年的系列测量数据只有第一部分可以用类型曲线方法来进行分析(图 14.14)。对这些数据进行水文地质分析后,得出的流动孔隙度值为 2.7%,流速 u 为 5~10m/s(每天 0.864m),使用贝克莱特(Péclet)数=5 的类型曲线得出纵向分散度 D_L 为 3~10m²/s(分析详情见 Stober,1988)。在两口地热井之间的后续循环测试中,又向地层中注入两种示踪化学品:四溴荧光素和二氧化氚(极重水)。所有注入的示踪剂都能在生产井中检测到,但是,注入井中的冷水却没有降低生产井的温度。

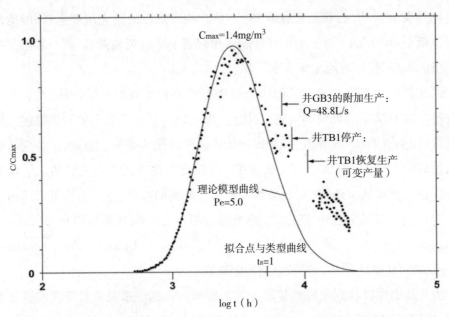

图 14.14　用类型曲线分析示踪剂试验。这些数据来自两口 650m 深的地热井之间进行的示踪剂试验(生产井 SaulgauTB1 和注入井 GB3),两井相距 430m(Stober,1988)。数据显示的是在时间 t(h)的归一化示踪剂浓度 C/C_{max}。最佳拟合曲线为 Pe=贝克莱特数=5。注意,从时间约等于 7000h 开始,注入井 GB3 也开始抽水(见文本)。

早在 1976 年,在美国新墨西哥州洛斯阿拉莫斯(Los Alamos)附近芬顿山的干热岩地热井中就已经进行了循环试验(见 9.2 节)。该地点的第一次示踪剂试验使用了荧光素钠 [82]Br 和 NH_4^+,用于在 3000m 深的 GT-2(B)和 EE-1 井之间进行迁移(第一阶段储层深度为2600m），储层位于前寒武纪花岗岩中，储层温度185℃（Tester et al.，1982）。从1985年开始，对EE-3（A）和EE-2井更深处进行了第二阶段的示踪剂测试，在温度超过200℃、3800m深处打开了一个储层（例如Rodrigues et al.，1993）。在法国苏尔茨的深层增强型地热系统井中也进行了示踪剂试验（见9.2和11.1.5节）。第一次试验是1997年，是在GPK1和GPK2井之间3500~3900m深的花岗岩上层储层中进行的，储层温度约为160℃。在2003至2009年期间，又在深井GPK2和GPK3之间的5000m深花岗岩储层中进行了试验，储层温度约为200℃。荧光素纳是主要的示踪剂，但也使用了苯甲酸（$C_7H_6O_2$）、六氟化硫（SF_6）和其他物质进行试验（Sanjuan et al.，2006，2015）。事实证明，在高温的试验下，荧光素纳是一种合适的不会被吸收的示踪剂。示踪剂试验提供了示踪数据和关于地下热交换器的空间信息。

示踪剂测试数据也能用于预测地热双筒系统的热轨迹（Shook，2001）。对氚（^3H）等放射性示踪剂的浓度，可以适当的仪器在井口进行连续测量，而其他示踪物质则需要在实验室进行艰苦的分析工作（Gulati et al.，1978；McCabe et al.，1981）。

在地热系统开发过程中，人们偶尔也会进行其他一些极其复杂的示踪剂试验。这些试验的目的是对地热储层进行详细的特征分析。复杂的试验包括多示踪剂试验和双比例推拉测试。试验试图描述水-岩石接触面的特征及在压裂试验中该表面的性质变化。但这些测试方法正在研发之中，属于研究工作的范畴，而不是科学应用的成熟方法（Ghergut et al.，2007）。

14.4 温度评估方法

大量上升或下降的水会在深处的岩层上留下明显的热特征。仅仅通过监测流体迁移的热印记就可以利用流体垂直迁移的热效应来推导出地层的水力参数。这种方法称为静止温度监测。假设基底断裂中的流体与母岩热平衡，并已知岩石和流体的一些其他热参数，如水的密度ρ_w、水的压缩系数、岩石的热导率（λ）和流速的垂直分量（v_z），就能从井筒的温度测量中得出一些参数（Bredehoeft and Papadopulos，1965；Mansure and Reiter，1979）。上涌水显示在垂直温度剖面上为凸形曲线，下降水显示为凹形曲线（图14.15和14.6）。该问题的微分方程的分析解由式（14.6）、式（14.7）和式（14.8）给出：

$$(T_z - T_0) / (T_H - T_0) = f(\beta, z/H) \qquad (14.6)$$

$$f(\beta, z/H) = [\exp(\beta(z - z_0)/H) - 1] / [\exp\beta - 1] \qquad (14.7)$$

$$\beta = \rho_w c_W / \lambda v_z H \qquad (14.8)$$

其中,T_z为z_0到$z_0 + H$深度的温度(测量温度);T_0为z_0深度测得的温度($z_0=0$为参考深度);T_H为$z_0 + H$深度测得的温度;H为上涌或下涌流体的区域厚度。

根据测量的温度曲线,并借助函数f的类型曲线[式(14.7),图14.16]参数β,流速的垂直分量(v_z)可以从式(14.8)中计算出来。

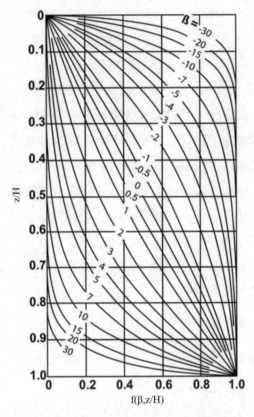

图14.15　从温度测井中得出水垂向流动类型曲线(Bredehoeft and apadopulos,1965)

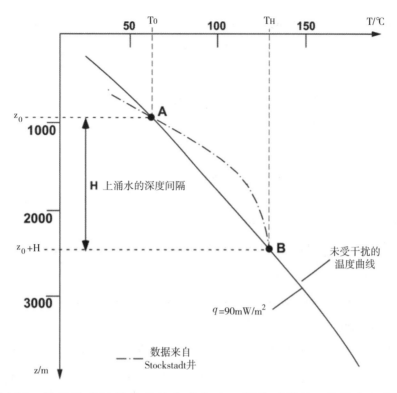

图 14.16 根据温度记录推断的垂直水流。深井测得的 T 数据在 A 点和 B 点之间偏离了未受干扰的温度曲线。测量温度在 H 区间的凸形偏差意味着来自上涌水的热效应。在温度为 T_0 的参考深度 z_0（设定为 0），异常开始于 A 点的深度，在 $z_0 + H$（B 点的深度）处结束。图 14.15 中类型曲线所需的归一化深度变量 z/H 在 0（z_0）和 1（$z_0 + H$）之间变化。从参数 β（图 14.15），垂直流速 v_z 可以从文中给出的方程中计算出来热模拟是预测生产井和注水井在运行过程中的热力结构变化的重要工具（Nowak, 1953；Pourafshary et al., 2009；Al Saedi et al., 2018；Moradi et al., 2020）。

参考文献

Agarwal, R. G., Al-Hussainy, R. & Ramey Jr., H. J., 1970. An Investigation of Wellbore Storage and Skin Effect in Unsteady Liquid Flow: I. Analytical Treatment. SPE Journal, 10(3), 279-290.

Al Saedi, A. Q., Flori, R. E. & Kabir, C. S., 2018. New analytical solutions of wellbore fluid temperature profiles during drilling, circulation, and cementing operations. Journal of Petroleum Science and Engineering, 170, 206-217.

Barenblatt, G. E., Zeltov, J. P. & Kochina, J. N., 1960. Basic Concepts in the Theory of Homogeneous Liquids in Fissured Rocks. Journ. appl. Math. Mech. (USSR), 24(5), 1286-1303.

Berkaloff, E., 1967. Interprétation des pompages d'essai. Cas de nappes captives avec une strate conductrice d'eau privilégiée. Bull. B.R.G.M. (deuxième série), section III: 1, 33–53.

Black, J.H., 1985. The interpretation of slug tests in fissured rocks. Quarterly Journal of Engineering Geology and Hydrogeology, 18(2), 161–171.

Bourdet, D., Ayoub, J.A. & Pirard, Y.M., 1989. Use of Pressure Derivative in Well–Test Interpretation. Soc. Petrol., Engineers, SPE, p. 293–302.

Bredehoeft, J.D. 1967. Response of well–aquifer systems to Earth tides. Journal of Geophysical Research, 72/12, 3075–3087.

Bredehoeft, J. D. & Papadopulos, I. S., 1965. Rates of vertical groundwater movement estimated from the earth's thermal profile. Water Resour. Res., 1, 325–328.

Butler, J.J., Jr., 1998. The Design, Performance, and Analysis of Slug Tests. Lewis Publishers, New York, 252pp.

Cinco, L. H., Ramey, H. J. & Miller, F. G., 1975. Unsteady–State Pressure Distribution Created by a Well with an Inclined Fracture. Soc. Petrol. Engineers of AIME (SPE 5591), 18.

Cooper, H. H. & Jacob, C. E., 1946. A Generalized graphical method for evaluating formation constants and summarizing well–field history. Trans. Am. Geoph. Union, 27, 526–534.

Cooper, H. H. J., Bredehoeft, J. D. & Papadopulos, I. S., 1967. Response of a finite–diameter well to an instantaneous charge of water. Water Resources Research, 3(1), 263–269.

Doan, M.-L. & Brodsky, E.E., 2006. Tidal analysis of water level in continental boreholes. Tutorial, version 2.2, University of California, Santa Cruz, 61p.

Dyes, A. B., Kemp, C. E. & Caudle, B. H., 1958. Effect of Fractures on Sweep–Out Pattern. Trans. AIME, 213, 245–249.

Everdingen, van, A. F., 1953. The Skin Effect and its Influence on the Productive Capacity of a Well. Petrol. Trans. AIME, 198, 171–176.

Ferris, J.G., 1951. Cyclic fluctuations of water level as a basis for determining aquifer transmissivity. Intl. Assoc. Sci. Hydrology Publ., 33, 148–155.

Freeze, K. A. & Cherry, J. A., 1997. Groundwater. Prentice Hall, 604 pp.

Ghergut, I., Sauter, M., Behrens, H., Rose, P., Licha, T., Lodemann, M. & Fischer, S., 2007. Tracer-assisted evaluation of hydraulic stimulation experiments for geothermal reservoir candidates in deep crystalline and sedimentary formations. In: EGC Proceedings European Geothermal Congress, Unterhaching, pp. 1-12.

Gringarten, A. C. & Ramey, H. J., 1974. Unsteady-State Pressure Distributions created by a Well withasingle Horizontal Fracture, Partial Penetration, or Restricted Entry. Soc. Petrol. Engineers Journ., 413-426.

Gulati, M. S., Lipman, S. C. & Strobel, C. J., 1978. Tritium Tracer Survey at the Geysers. Geothermal Resources Council Transactios, 2, 237-239.

Hawkins, M. F., 1956. A Note on the Skin Effect. Trans. AIME, 207, 356-357.

Hekel, U., 2011. Hydraulische Tests.-In: Bucher, K., Gautschi, A., Geyer, T., Hekel, U., Mazurek, M., Stober, I.: Hydrogeologieder Festgesteine, Fortbildungsveranstaltung der FH-DGG, Freiburg. Horner, D. R., 1951. Pressure Build-upin Wells. In: Bull, E. J. (ed.): Proc. 3rd World Petrol. Congr., pp. 503-521, Leiden, Netherlands.

Käss, W., 1998. Tracing Techniques in Geohydrology. A. A. Balkema, Rotterdam, Netherlands, 581 pp.

Kruseman, G. P. & de Ridder, N. A., 1994. Analysis and Evaluation of Pumping Test Data, pp. 377, International Institute for Land Reclamation and Improvement ILRI, Wageningen, The Netherlands.

Langaas, K., Nilsen, K. I. & Skjaeveland, S. M., 2005. Tidal Pressure Response and Surveillance of Water Encroachment.-Society of Petroleum Engineers, SPE 95763, 11p.

Leibundgut, C., Moaloszewski, P. & Külls, C., 2011. Tracerin Hydrology. John Wiley & Sons, New York, 432pp.

Mansure, A. J. & Reiter, M., 1979. A vertical groundwater movement correction for heat flow. J. Geophys. Res., 84(7), 3490-3496.

Matthews, C. S. & Russel, D. G., 1967. Pressure Buildup and Flow Tests in Wells. In: AIME Monograph 1, H.L. Doherty Series SPE of AIME, New York, 167 pp.

McCabe, W. J., Barry, B. J. & Manning, M. R., 1981. Radioactive Tracers in Geothermal Underground Water Flow Studies. Geothermics, 12(2-3), 83-110.

Moradi, B., Ayoub, M., Bataee, M. & Mohammadian, E., 2020. Calculation of temperature profile in injection wells. Journal of Petroleum Exploration and Production Technology,

10, 687-697.

Nielsen, K. A., 2007. Fractured Aquifers: Formation Evaluation by Well Testing. Trafford-Publishing, Victoria, BC, Canada, 229 pp.

Nowak, T. J., 1953. The estimation of water injection profiles from temperature surveys. Journal of Petroleum Technology. 5, 203-212.

Odenwald, B., Hekel, U. & Thormann, H., 2009. Groundwater flow-groundwater storage (in German). In: Witt, K.J. (Hrsg.): Grundbau-Taschenbuch, Teil 2: Geotechnische Verfahren, pp. 950, Ernst &Sohn.

Papadopulos, S. S., Bredehoeft, J. D. & Cooper, H. H., Jr., 1973. On the analysis of 'slugtest' data. Water Resources Research, 9(4), 1087-1089.

Pourafshary, P., Varavei, A., Sepehrnoori, K. & Podio, A., 2009. A compositional wellbore/reservoir simulator to model multiphase flow and temperature distribution. Journal of Petroleum Science and Enggineering, 69, 40-52.

Ramey, H. J. J., Agarwal, R. G. & Martin, I., 1975. Analysisof 'slugtest' or DST flowperioddata. Journal of Canadian Petroleum Technology. 3(37), 47.

Rodrigues, N. E. V., Robinson, B. A. & Counce, D. A., 1993. Tracer Experiment Results Duringthe Long-Term Flow Test of the Fenton Hill Reservoir. -Proceedings, 18th Workshopon Geothermal Reservoir Engineering Stanford University, SGP-TR-145, 199-206, Stanford, California.

Russell, D. G. & Truitt, N. E., 1964. Transient Pressure Behaviorin Vertically Fractured Reservoirs. Journ. Petrol. Technol, 1159-1170.

Sanjuan, B., Pinault, J. L., Rose, P., Gérard, A., Brach, M., Braibant, G., Crouzet, C., Foucher, J. C., Gautier, A. & Touzelet, S., 2006. Geochemical fluid characteristics and main achievements about tracer tests at Soultz-sous-Forêts (France). -Final Report BRGM/RP-54776-FR, 67 p., Orléans, France.

Sanjuan, B., Brach, M., Genter, A., Sanjuan, R., Scheiber, J. & Touzelet, S., 2015. Tracertestingof the EGS site at Soultz-sous-Forêts(Alsace, France)between 2005 and2013. -Proceedings World Geothermal Congress, 12 p., Melbourne, Australia.

Sauty, J. P., 1980. An analysis of hydrodispersive transfer in aquifers. Water Resour. Res., 16(1), 145-158.

Schwartz, F. W. & Zhang, H., 2003 .Fundamentals of Ground Water. Wiley & Sons, New York,

592pp.

Shook, G. M., 2001. Predicting Thermal Breakthrough in Heterogeneous Mediafrom Tracer Tests. Geothermics 30(6),573-589.

Stober, I., 1986. Strömungsverhalten in Festgesteinsaquiferen mit Hilfe von Pump-und Injek-tionsversuchen (The Flow Behaviour of Groundwater in Hard-Rock Aquifers—Results of Pumping and Injection Tests) (in German). Geologisches Jahrbuch, Reihe C, 204 pp.

Stober, I., 1988. Geohydraulic Results from Tests in hydrogeothermal Wells in Baden-Württemberg (in German)(eds Bertleff, B., Joachim, H., Koziorowski, G., Leiber, J., Ohmert, W., Prestel, R., Stober, I., Strayle, G., Villinger, E. &Werner, J.), pp. 27-116, Jh. geol. Landesamt Baden-Württemberg, Freiburgi.Br.

Stober, I., 1992. The tides and their hydraulic effects on groundwater (in German). DGM, 36(4), 142-147.

Stober, I., 2011. Depth-and pressure-dependent permeability in the upper continental crust: data from the Urach 3 geothermal borehole, southwest Germany. Hydrogeology Journal, 19, 685-699.

Stober, I. & Bucher, K., 2005a. The upper continental crust, an aquifer and its fluid: hydraulic and chemical data from 4 km depth in fractured crystalline basement rocks at the KTB testsite. Geofluids, 5, 8-19.

Stober, I., Richter, A., Brost, E. & Bucher, K., 1999. The Ohlsbach Plume: Natural release of Deep Saline Water from the Crystalline Basement of the Black Forest. Hydrogeology-Journal, 7, 273-283.

Stober, I., Fritzer, T., Obst, K., Schulz, R., 2009. Nutzungsmöglichkeiten der Tiefen Geothermie in Deutschland.-Bundesministerium für Umwelt, Naturschutz und Reaktorsicherheit, 73 S., Berlin.

Tester, J. W., Bivins, R. L. & Potter, R. M., 1982. Interwell Tracer Analysesofa Hydraulically Fractured Granitic Geothermal Reservoir. Society of Petroleum Engineers, 22, 537-554.

Theis, C. V., 1935. The Relation between the lowering of the Piezonetric Surface and the Rateand Duration of Discharge of a Well Using Groundwater Storage. Trans.AGU, 519-524.

Todd, D. K., 1980. Groundwater Hydrology (2nd edition). Wiley, New York, 535 pp.

Tsang, C.-F., 1987. A Borehole Fluid Conductivity Logging Method for the Determination of Fracture Inflow Parameters. In: Report of the Earth Science Division, pp. 53, Lawrence Berkley Laboratory, University of California.

Tsang, C.-F., Hufschmied, P. & Hale, F. V., 1990. Determination of Fracture Inflow Parameters with a Borehole Fluid Conductivity Logging Method. Water Resources Research, 26(4), 561–578.

Zarrouk, S. J. & McLean, K., 2019. Geothermal Well Test Analysis: Fundamentals, Applications and Advanced Techniques. Academic Press, 366 pp.

15 深层地热水的化学成分
及其对规划和运营地热发电厂的影响

美国怀俄明州黄石国家公园猛犸热泉的硅质烧结物

大陆地壳的断裂孔隙通常会被水流体所充填(Ingebritsen and Manning,1999; Fritz and Frape,1987;Stober and Bucher,2005b;Bucher and Stober,2010)。这种液体可以用于将热能从热的深处转移到冷的地表,并再用于各种用途。这种天然传热流体的化学成分取决于热储层的主要(活性)岩石类型及其沿循环路径的变化。大多数深层流体是含盐盐水,主要成分是氯化钠和氯化钙。典型的深层流体含有1~4摩尔当量的氯化钠物质,相当于60~270g/L的溶解性固体总量(Kozlovsky,1984;Nordstrom et al.,1985;Pauwels et al.,1993;Banks et al.,1996;Stober and Bucher,2005b)。流体的化学成分会对地热勘探和电厂的后期运行造成许多影响,本章将简要探讨这些问题。

存在于几千米深的结晶基底断裂孔隙中的含水流体通常具有复杂的成分,具有高盐度和局部大量的溶解气体,但是在钻井前这些条件通常是未知的。天然溶质的来源不同,可分为与岩石基质反应产生的局部源性组分和由迁移流体引入的外部源性组分(Kharaka and Hanor,2005)。由于天然导水率随着深度的增加而降低,并且由于驱动流体迁移的水头梯度不断降低,自然流体的迁移速度在几千米深处往往非常小(Stober and Bucher,2007a;b;Ingebritsen and Manning,2011)。因此,天然深层流体的成分与母岩的平衡度相差不大,因此流体和岩石之间的化学作用是缓慢而微弱的。

在钻完第一口井后,一旦流体进入,就必须马上对流体进行取样,并仔细分析和解释其化学成分。之后,在工厂运行和相关的流体循环过程中,必须精确监测流体的化学变化,因为它们可能反映储层状况的变化和储层结构的蚀变。水化学是一个非常敏感的监测技术,可以监测储层在运行期间的细微变化。一个系统的长期运行需要对储层的化学过程有很好的了解和认识,这些化学过程就反映在生产的液体成分中。

上述情况显然不包括高熔火山环境,在这种环境中,渗入的地表流体可能与高活性的岩石发生强烈的化学反应(Giggenbach,1981;Nicholson,1993)。活火山地区的高熔场通常与温泉、蒸汽喷口和其他喷出深部热流体的地表结构有关。因此,地热储层的热流体要在钻探前进行采样和分析,这与深层水力地热和增强型地热系统项目的情况不同。流体的组成可以提供关于对储层状况有价值的看法,包括储层的温度和深度。然而,上升的流体在离开地热储层后往往会发生化学变化,与浅层较冷的岩石发生化学反应,与其他地层的流体混合,以及被可溶性固体总量低的地表水稀释,这些都可能会掩盖深层流体的原始成分。在本章各节中,将简要介绍活火山区流体化学的各个方面。

15.1 取样和实验室分析

有些水化学参数必须在井口或温泉处测量。然而,在200℃和500bar的条件下对流体进行采样并不是一件容易的事。通常情况下,将流体在井口冷却和减压,然后进行采样,采样后立即测量电导率、pH和氧化还原电位。碱度也应在现场进行滴定,特别是对于高pH的水。保守的成分参数可以在样品运送到实验室后再进行测量。溶解气体的采样和分析需要特殊的技术和具有相应专业知识的认证实验室。附加分析,特别是同位素组分分析,可以帮助解决特殊问题。

深层流体可能含有相对高浓度的有毒或其他有害成分,如重金属,包括铅、锌、镉、砷、汞等,因此必须小心处理抽出的深层流体,不应误以为是饮用水。

对于高焓储层的两相流体,通常应在相同的压力下对气相和液相进行采样,如通过一个小型分离器。在流体取样过程中必须测量所产流体的焓值。然后,可将气相和液相分析两者结合起来使用,得出储层流体的组成。

采样需要特殊的技术将液体与高度氧化的大气隔离开来。一些溶质在冷却和运输后仍会保持稳定,但有些成分在低温下可能会以各种方式发生化学作用,并改变浓度。最常见的情况是,在冷却、脱气和氧化过程中,一些固体可能会变得过饱和并开始从液体中析出。一些成分则通过酸化一部分取样物质而保持在溶液中。这时可以采用硝酸,因为硝酸不是深层流体的典型成分。然而,样品保存方法是否适当取决于需分析的参数和计划中的分析方法,这一点在采样前就应该明确。如果样品已经用化学物质稳定,而这种化学物质对某种参数的测量有妨碍,那就不能再对这个参数进行分析(Arnórsson et al.,2006;Nicholson,1993).

热的含盐液体在化学上具有相当大的侵蚀性,往往会与其所接触的材料发生反应,包括钢管。由不锈钢制成的冷却回路在与某些盐水接触时可能会被迅速腐蚀,因此在取样过程中向溶液中添加其他金属,以改变其氧化还原状态(Hewitt,1989;Parker et al.,1990)。采样软管可能会被氧气甚至二氧化碳穿透,这也可能会导致深层流体的原始成分发生严重改变。

采样瓶和任何其他需与待采样液体接触的设备都必须仔细地预先清洁。带有密封锁的聚脂瓶是标配。应避免使用玻璃瓶,因为它们可能会将某些成分释放到流体中。尽管在大多数情况下,玻璃对高溶解性固体总量流体的贡献可以忽略不计。然而,聚脂瓶在长期储存期间会通过扩散从样品中释放出水。如果需要在储存的液体样品中分析一些额外的相关成分,就必须考虑到这一点。一般情况下,样品瓶(如聚碳酸酯瓶)没有做透气检测,因此大气中的氧气可能会污染样品(Ármannsson and Ólafsson,2010)。对光敏感的成分必须要用深色的样品瓶来保护。因此,在对地热流体进行采样时,必须得根据相关成分的要求,使用不同类型的样品瓶。对富含气体的热水进行采样需要绝对气密的样品瓶。一些溶解的成分可能是活跃和不稳定的,需要适当的化学保护。因此,流体取样可能衍生出一些子样品,这些样品经过化学和物理方法(如过滤、酸化、稀释、冷冻)的不同处理,储存在一系列不同的样品容器中。关于地热流体样品的保存方法,可以从阿诺森(Ármannsson)和尼科尔森(Ólafsson)(2010)的文献中了解更多。

流通池通常用于测量现场参数温度、电导率、氧化还原电位、pH和溶解氧等(图8.8)。高溶解氧可能反映的是采样装置和流通池的气体泄漏。除了上面提到的瞬时溶解的碳酸盐类物质外,其他一些溶质也是不稳定的,需要在采样现场进行分析。这包括NH_4^+(铵)、NO_2^-(亚硝酸盐)、HS^-(硫化氢)、硫酸盐和其他一些化学物质。如果超过无定形二氧化硅的饱和度,溶解的二氧化硅会在样品冷却过程中引起问题,这在高焓系统中可能是至关重要的。在低焓系统中,通常没有必要在采样点直接分析溶解的二氧化硅。富含二氧化硅的高温流体样品(二氧化硅>100ppm)可以用一定量的蒸馏水或去离子水稀释,从而有效防止溶解硅的沉淀。

样品的主要成分和微量成分分析需要实验室配备一些专业仪器。大多数实验室使用离子色谱仪(IC)分析阴离子,用光度法分析不带电的溶质,如硅和硼。阳离子也可以用离子色谱法分析,但大多数实验室使用几种形式的电感耦合等离子体(ICP)光谱仪(ICP-AES原子发射光谱仪=ICP-OES光发射光谱仪)。电感耦合等离子体光谱仪可以与质谱仪(ICP-MS)相结合。在弗莱堡大学的实验室里,阳离子用火焰原子吸收光谱(AAS)(主要成分)或石墨炉原子吸收光谱仪(微量成分)进行原子吸收光谱分析。滴定法通常用于碳酸盐类和溶解的硫化物类。对有许多种类和不同氧化态的元素的定量分析,如铁(Ⅱ)和铁(Ⅲ)或砷(Ⅲ)和砷(Ⅴ)、各种硫黄种类、溶解的铬、铀和许多其他元素,在分析上要求都很高,而且在流体从储层上升过程中,以及在采样、处理和分析过程中都容易发生变化(Arnórsson et al.,2006)。当然,了解流体在深处的精确氧化还原状态将有助于预测其在生产、减压和冷却时的行为(即在工厂的后期运作期间)。

用于阳离子分析的样品要用硝酸酸化,并在采样点用45μm醋酸纤维过滤器过滤。用于阴离子分析的样品通常只需进行过滤。如果不能进行现场分析,用于后面的pH和碳酸盐测量的样品则要保存在气密性容器中,必须避免与大气接触。

对高温、高矿化度且通常富含气体的地热流体进行取样和分析的建议和技术意见(包括高温硫黄地球化学),可以在以下文献中找到:Ball 等(1976);Thompson 等(1975);Thompson 和 Yadav(1979);Giggenbach 和 Goguel(1989);Nicholson(1993);Cunningham 等(1998);Ármannsson 和 Ólafsson(2010)。

井下取样器是一种特殊的装置,能在深处收集水样,从而提供流体的现场属性,包括在深部的压力和储层温度下的溶解气体和气体成分。

对与火山高热田相关的各种流体进行采样,如烟孔、干蒸汽和湿蒸汽井,需要经验、专业知识和特殊设备(Sutton et al., 1992;Arnórsson et al., 2006;Ármannsson and Ólafsson, 2010)。关于高热田流体的分析方法和取样技术的论述,可以在 Giggenbach 和 Goguel(1989)的文献中找到。Powell 和 Cumming(2010)给出了用于分析和解释液体和气体地热流体的 Excel 电子表格。了解气相成分,对于规划防腐蚀和适当的环境保护措施尤为重要。以下气体应进行常规分析:二氧化碳、硫化氢、氨气,甲烷、氢气、氮气、氩气和氧气,数据也很有用。在某些情况下,必须分析更多的气体,包括氦气、一氧化碳、氖气、二氧化硫以及稳定的同位素氦(^{3}He, ^{4}He),这需要特殊的采样技术。以二氧化硫的浓度为例,它对区分火山(与岩浆有关的)流体和大气降水热液很有帮助。这些气体,特别是高熵场的流体,都可以在真空下用氢氧化钠溶液收集;氨气则可单独用酸化溶液收集。对火山口的蒸汽应该冷凝并冷却到 40℃以下(Powell and Cumming, 2010)。

事实证明,收集氧气(^{16}O, ^{18}O)和氢气(^{1}H, ^{2}H, ^{3}H)同位素样品进行稳定同位素分析也是很有价值的。如果在富含硫化氢的液体中对稳定氧同位素进行采样,必须采取特别的预防措施。

15.2　表征深层流体的化学参数

表征水溶液的一个关键参数是pH,定义为氢离子H$^+$活度的十进制负对数(pH=$-\log a_H^+$)。它是一个无量纲的量,但在数值上等于溶液的H$^+$摩尔浓度,因为对于m_H^+ = 1的溶液,选择的标准状态a_H^+ = 1。酸性溶液的pH低(H$^+$浓度高);而碱性溶液的pH高(H$^+$浓度低)。中性溶液的特点是溶液中H$^+$离子和OH$^-$离子的数量相等。在25℃时,纯水的pH为7,在108℃时,中性点在pH=6.0,而在200℃时,中性溶液的pH为5.5。中性pH的降低是水的自电离常数K$_w$随温度下降的结果。结晶基底储层的地热水往往呈微酸性或接近中性。150~200℃的深层水的pH往往为5~6(Pauwels et al.，1993；Fritz and Frape，1987；Stober and Bucher，1999a；Bucher and Stober，2000)。对于高温高压下具有高溶解性固体总量的流体，该参数很难评估。然而，对潜在的结垢和腐蚀风险的可靠预测在很大程度上取决于对储层条件下产出的液体的pH的精确了解。因为pH是一个对数，pH=5.5溶液中的H^+的含量是pH=5.8溶液中的两倍。因此，小数点后的数字很重要。

产出的液体的氧化状态可以用定义为电子活度e^-的负十进制对数($p_e=-\log a_e-$)的值来描述，与pH相类似，它也是一个无量纲的量。中性地表水在平衡大气中p_e值约为13。pH为6的水在$p_e=15$(高度氧化性)到$p_e=5$(高度还原性)范围内是稳定的。大多数深层地热流体中存在硫酸盐硫(SO_4^{2-})，而不是硫化物硫(H_2S，HS^-)，这意味着在流体的特定pH下，p_e一定处于硫酸盐的稳定场。结晶基底储层中的大多数深层流体都以硫酸盐作为溶液中的主要硫种进行氧化，以二氧化碳而不是甲烷作为溶解在流体中的主要碳气，溶解在溶液中的主要是碳酸盐碳(C^{IV})。

许多矿物的溶解度取决于岩石-流体系统的氧化状态。特别是含铁矿物可能会溶解在高度还原的流体中，这种流体的Fe^{2+}浓度可能非常高。另外，含铁矿物可能不会溶解在氧化性流体中，流体中的Fe^{3+}浓度极小。在大多数花岗岩和片麻岩的原生岩石形成的含铁矿物(如黑云母)中，铁以其还原的二价形式存在。在大多数地热应用的储层条件下(<350℃)，矿物黑云母是不稳定的。它溶解在孔隙流体中，会重新沉淀为二次矿物，如黏土。铁在高氧化条件下是不溶解的，会沉淀为氧化铁或氧化物-氢氧化物矿物(针铁矿、铁水化物、赤铁矿)。因此，只有在p_e值较低且为还原性的条件下，泵送的深层热流体才可能含有可测量的溶解铁。然而，通常情况下都不会是这样的。三价铁(Fe^{3+})可溶于pH很低的酸性流体，这可能存在于一些火山环境中，但花岗岩和片麻岩中的深层流体的pH适中，即使在中等氧化条件下，也不可能存在溶解的铁。因此，在中等pH的地热深层水中，铁含量非常低，说明储层中的氧化条件相当好。

一般来说，氧化-还原反应将电子从还原态转移到氧化态。重要的铁离子转移的例子是：Fe^{2+}(还原)$\Longleftrightarrow Fe^{3+}$(被氧化)$+e^-$(电子)。如果反应进展到右侧，就会产生电子，二价铁被氧化成三价铁。如果该反应向左侧进行，那就会消耗电子或将铁从三价状态还原为二价状态。因此，如果有电子的来源，环境就是还原性的，(如pH)p_e是低的(负的)。反之亦然，如果p_e高(如15)，则电子稀少，环境为氧化性。

地热流体的氧化还原状态的测量是用一个电极系统(毫伏电极)来测量氧化还

原电位。通常,毫伏电极可以连接到 pH 仪上。氧化还原电位 E_H(单位:伏特或毫伏)的测量取决于温度,因而温度也要与 E_H 的测量一起记录。氧化还原电位可以直接用作液体解释和风险预测的参数,但必须转换为参数 p_e,才能在各种水化学软件模型中使用或分析 p_e 与 pH 图的数据:

$$p_e = E_H \{ ℱ/(2.303RT) \} \tag{15.1}$$

其中,E_H 代表所测的氧化还原电位$[J/C]=[V]$,J 为焦耳,C 为库仑(电荷),$ℱ$ 是随温度变化的法拉第常数(96 485C/mol),R 为通用气体常数$[8.314J/(K \cdot mol)]$,T 为温度(K)。因子 2.303 要转换为十进制对数。{}中的表达式的量纲为 1/V,与 E_H 的 V 一起使 p_e 成为无量纲值。在 25℃时该因子的转化值为:$p_e=16.9E_H$(单位:V)。pH 为 6 时的水,在 $p_e=15$(强氧化性)和 $p_e=5$(强还原性)之间是稳定的。结晶基底的深层水通常是相对氧化的,硫酸盐(SO_4^{2-})是主要的硫黄物种,同时还有溶解的二氧化碳气体、可忽略不计的甲烷,溶解的铁非常少。

矿物在水溶液中的溶解会向溶液释放电解质。电解质解离后产生的离子使溶液具有导电性。溶液中的特定电解质对总电导率(EC)的贡献取决于离子的电荷、解离程度、电解质的浓度、溶解性固体总量和其他因素。地热流体的电导率[单位为西门子/米(S/m)]来自于流体中所有离子的综合贡献。因此,测量的导电率与流体的溶解性固体总量成正比。天然近地表水的导电率为 2~100s/m,海水的导电率约为 4.5s/m,德国大陆深层钻探试验孔 4000m 深层热流体(120℃)的盐水(含 62g/L 的溶解性固体总量)导电率则为 6.8S/m。由于深层地热流体通常富集 Na-(Ca)-Cl 盐水,因此其总电导率与盐度密切相关。总电导率用电导率仪测量,这是一个可以连接到手持式仪器上的电阻探头。电导率取决于温度,温度也与导电率测量一起报告。电导率可以作为地球物理测井的一部分进行测量。总电导率测井也称为矿化度测井,可用来通过对比溶解性固体总量来识别和定位流体的流入结构(见 13.2 节)。

测量溶解固体的浓度以每单位体积溶液中溶质的质量(g/L)来表示。如果溶质的量以摩尔(毫摩尔)单位表示,那浓度则称为摩尔浓度(mol/L)。另一个常用的浓度单位是每千克水的溶质质量(g/kg;mg/kg)。使用每千克纯水(溶剂)中溶质的摩尔数时,这个单位就称为质量摩尔浓度(mol/kg)。摩尔浓度不能与质量摩尔浓度相混淆。对于溶解性固体总量低的流体,以两种不同单位给出的浓度非常相似。然而,对于盐水和其他高溶解性固体的流体来说,它们是不同的。举一个例子:在 25℃的饱和氯化钠溶液中,每一升溶液含有 343g 氯化钠(摩尔浓度=5.86),每一千克水含有358g氯化钠(质量摩尔浓度=6.13)。还要注意的是,溶解度信息通常都是以质量摩尔浓度为单位,即溶解在一千克纯水中的物质的摩尔数。

水样中所要分析的溶质的数量和类型取决于要调查的范围,以及溶质对于了解岩石-水系统的化学行为的相对重要性。大多数含盐深层流体中,按重要性排序,钠、钙、钾和镁是主要的阳离子。对锶、铵(NH_4^+)和锂的分析也可能是有用的。最重要的是铁和锰的浓度。这两种元素仅在还原水中存在可检测到的量。它们的浓度可以提供有关流体氧化还原状态的宝贵信息。然而,请注意,在正常的相对氧化的水体中,铁的含量一般低于$1mg/L$,甚至低于$1\mu g/L$。若报告的铁浓度高于这个水平,那就必须引起注意。在大多数深层流体中,铝的浓度水平也很低($1\mu g/L$),尽管这些流体在深处会与富含铝的矿物(如云母和长石)接触。一定要设法测量深层流体样本中的铝,因为没有铝的浓度数据,就无法模拟流体相对于地层矿物的饱和状态。

地热深层水体的主要阴离子是氯离子(Cl)、碳酸盐或重碳酸盐(CO_3^{2-}、HCO_3^-)和硫酸盐(SO_4^{2-})。建议对氟化物(F^-)和溴化物(Br^-)也要进行分析,因为富含氯离子的水和盐水也会含有其他卤素,而且它们还具有评判价值。另外,也建议在高盐度的液体中分析碘化物(I^-)。卤素数据也能提供有价值的线索,以了解盐度的来源,从而能了解深层流体的来源。在近地表水中常见的其他阴离子,如硝酸盐(NO_3^-)、亚硝酸盐(NO_2^-)和磷酸盐(PO_4^{3-}、HPO_4^{2-}、$H_2PO_4^-$)等在深层流体中并不太突出,不一定需要分析。在还原性水体中,可能还需要分析硫化物(HS^-)。

一些微量元素可能会形成结垢,因此分析铅、钡和砷对评估相关风险会很有帮助。一些微量元素对于解释流体的来源以及流体与储层岩石之间的相互作用过程也很有价值,包括锂、铷、铯、硼、溴和氟。

在典型的深层流体的pH范围内,二氧化硅和硼以不带电的络合物形式存在于流体中。大多数地热流体都是从硅酸盐岩石层中抽取的。石英的溶解度在低温下很低(25℃时为6mg/kg),但会随着温度的升高而迅速增加。水中二氧化硅的浓度能反映储层温度和深度等重要信息。因此,水中溶解的二氧化硅可以作为地质(地球化学)温度计来使用(见15.4.1节)。硼则能提供关于流体来源的指示;然而,可能也没有必要分析这个参数。

溶解性固体总量是所有溶解的成分(阳离子、阴离子、不带电物质)的总和,即将一升液体蒸发完后所剩余的固体总量,所以通常的做法是将分析后的碳酸氢盐转换为碳酸盐。溶解性固体总量的单位是克/升或毫克/升。分析浓度数据通常报告为溶质的含量(g/L)。每一体积的质量数据则需要重新换算为摩尔浓度(mol/L)和毫克当量(meq/L)数据,以便做进一步研究和质量测试,包括分析的电荷平衡。表15.1是一个分析实例。

溶解在液体中的气体成分(i)的数量 c_t(mol/L)与气体(气相)的压力分量 p_i(Pa)成正比。气体的这种行为称为亨利定律。

$$c_t = K_{Hi}p_i \qquad (15.2)$$

气体分布系数 K_{Hi}(亨利常数)取决于气体的类型、温度和流体的组成(溶解性固体总量)。气体的溶解度会随着温度的升高而降低,也会随着盐度(溶解性固体总量)的增加而减少。深层流体中最重要和最丰富的气体是二氧化碳,其次是氮气。在还原性很强的环境中,甲烷和硫化氢可能变得更重要。大量硫化氢的存在可能会在工厂运行期间造成严重的环境问题。在高热蒸汽驱动的发电厂中,在将蒸汽释放到大气中之前,必须要将硫化氢气体从地热蒸汽中去除(见10.4节)。富含气体的流体具有与贫气地热水明显不同的特性。这些特性影响着系统的热功率和储层的水力特性,包括导水率、透过率和储存系数(见8.2节和8.6节)。

真实性检查有助于评估从商业实验室购买的水化学数据的可信度和可靠性。第一个控制参数是电荷平衡。在电中性溶液中,阳离子的正电荷和阴离子的负电荷总量必须要匹配。计算出的溶解性固体总量应与所测得的电导率一致。测得的pH 必须与分析的碳酸盐种类的浓度一致。如果水体几乎接近平衡,那么某些特定溶质的浓度水平在某些条件下则是不可信的。如上所述,如果氧化还原电位或溶解氧很高,在 pH 为6的水中,铁的高浓度是不可信的。另一个例子,若氟化物浓度较高,则钙浓度就不可能同时也较高,因为这两种溶质的浓度与矿物萤石的溶解度有关。

表15.1 中国西北部天山木扎尔特温泉水的化学成分(Bucher et al.,2009b)

日期	2005 年 8 月 18 日		
温度/℃	55		
pH	8.29(在 25 ℃)		
电导率(μS/cm)	1.38		
	mg/L	mmol/L	meq/L
Ca	38.80	0.97	1.94
Mg	0.69	0.03	0.06

日期	2005 年 8 月 18 日		
Na	248.00	10.78	10.78
K	7.60	0.19	0.19
Sr	1.23	0.01	0.03
Rb	0.11	0.00	0.00
Li	0.39	0.06	0.06
Fe	<0.02		
Al	0.020	0.0007	0.0022
Alk(HCO$_3$)	57.36	0.94	0.94
SO$_4$	318.00	3.31	6.62
Cl	168.00	4.74	4.74
NO$_3$	1.52	0.02	0.02
F	7.38	0.39	0.39
Br	0.11	0.0014	0.0014
SiO$_2$	66.57	1.11	1.11
HBO$_2$	6.04	0.14	0.14
可溶性固体总量	921.82		
Cl/Br	1527	3443	
Na/Cl		2.28	
Ca/SO$_4$		0.29	
X$_{An}$		0.08	
$\log a_{SiO_2}$		−2.98	
阳离子			13.05
阴离子			12.71
乙二胺			1.33

稳定的同位素组成:$\delta^{18}O=-11.72‰$;$\delta^2H=-82.5‰$。

15.3 深层流体成分的图形表示

电厂在项目开发和运行过程中会积累大量的化学流体组成数据。数据一般以表格形式收集,但对于数据的评估和比较,图形化的显示和数据的表达方式都是非常有用的。图形数据表示的类型主要取决于水的组成及其随时间的变化,但也需根据流体地球化学的各个方面的变化。从深层流体的一般化学组成来看,图中必须显示的主要成分有钙、镁、钠、钾、氯、碱度和四氧化硫。遗憾的是,四种主要的阳离子却不能显示在二维图上。因此,碱金属钠和钾显示为碱金属的总和,其缺点是钠和钾的变化在图上是看不见的。然而,大多数流体中的主要离子的相对比例可以充分显示在三元图上,一种是阳离子[Ca-Mg-(Na+K)],一种是阴离子[Cl-SO₄-(碳酸盐碱度)],单位为%毫克当量/升[%(meq/L)](图15.1)。三元阳离子和阴离子图比较适合展示大量的数据,因为每个三角形上的一个点代表一个分析。该图的主要缺点是不能对溶解性固体总量进行判别,只能显示阳离子和阴离子的相对比例。如果两种液体的离子比例相同,则非常稀释的近地表水和高浓度的盐水在图中会出现在同一位置。

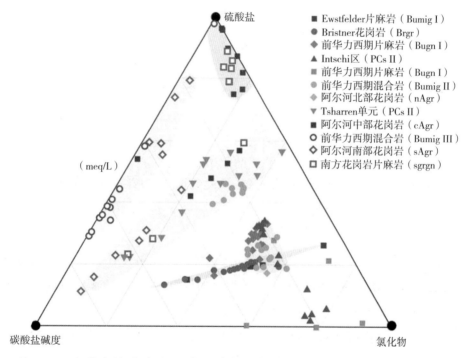

图 15.1 圣哥达铁路基础隧道水样阴离子浓度的三元图(Bucher et al.,2012)。该隧道有高达2200m的覆盖层,断裂孔隙水温达到45℃。该隧道穿过主要是花岗岩和片麻岩的基底岩。注意标准基底岩类型中水的阴离子浓度有巨大变化。

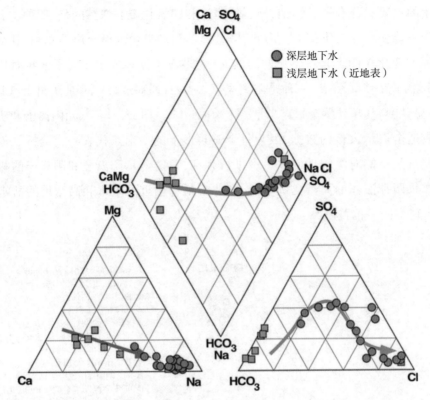

图15.2　皮帕尔图。黑森林基底浅层和深层地下水的化学成分（Stober and Bucher，1999a）。图中说明的是近地表的钙–碳酸氢根水向钠–氯深层水的演变，中间的富硫酸盐区与硫化物氧化有关。

阳离子和阴离子三角形的延伸是所谓的皮帕尔（Piper）图（图15.2）。四边形结合的是已经显示在正离子和负离子三角形上的信息，所增加的额外价值是微乎其微的，可能不值得这样做。

舍勒图（Schoeller-Diagrams）避免了离子三角形和附加图（皮帕尔图）的一些缺点。舍勒图是一个直方图类型的图表，用对数显示溶质的浓度[log(meq/L)]。原则上，溶质和溶质在图上的顺序是任意的。然而，舍勒图的最大优势是模式识别潜力，它只有在溶质和溶质组合服从严格的顺序时才会有效。我们强烈建议在舍勒图上要以严格的原始顺序显示下列溶质：镁，钙，钙+镁，钠+钾，氯，碱度（Alk），四氧化硫[所有单位为log(meq/L)]。这种模式可以明确区分高溶解性固体总量和低溶解性固体总量的流体。能否合理显示数据量取决于数据的可变性。然而，即使数据是相似的，超过20次的分析通常会造成图形上的数字相当混乱。请注意，如果把镁和钙放到相反的顺序，例如，先钙后镁，模式识别潜力就会被破坏。舍勒图在美国科学界的使用并不普遍。然而,我们建议尝试这种在我们看来很有用的图表类型(图15.3)。

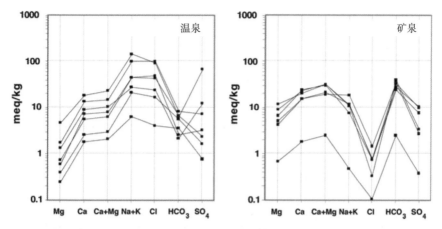

图15.3　舍勒图:黑森林地区结晶基底(断裂花岗岩和片麻岩)的温泉和矿泉水的化学成分(Stober and Bucher,1999a)。

　　水的组成特征(表15.1)可根据产出水的类型和成分特征在不同类型的图表上显示。重要的是要认识到,有趣的成分特性可以显示在许多不同类型的图表上,包括离子比率图(如钠/钾比率、钙/镁比率、钠/氯比率和许多其他比率图)。

　　在高焓场中,蒸汽或流体的气相成分也可以显示在三元图上,在每张图上显示三种气体的pi%:水-二氧化碳-硫化氢,水-二氧化碳-氮气,硫化氢-二氧化碳-甲烷。气相图对于研究蒸汽分离器对气相(蒸汽)组成的影响非常有用。

15.4　从深层流体的组成来估计储层温度

　　深部流体的化学成分反映的是地热储层的温度。因此,在给定的地热梯度下,要尽量推断出储层温度和地热储层的深度。在某一特定的储层岩石中,深部流体的化学成分受构成岩石的矿物的控制。地热储层主要由岩石组成,按总质量计算,含有很少的流体。流体在深层储层中停留长时间后,流体成分往往能够反映岩石和流体之间的化学平衡。储层的平衡流体成分及其储层的压力和温度条件是储层所特有的。因此,如果主导储层的岩石类型是已知的,储层温度就可以从流体成分中推导出来。推导流体-岩石平衡温度的方法称为地热温度测量,使用的工具是热液地温计。深部的温度可以通过经验校准或使用热力学模型和数据计算出的平衡条件得出。经验校准是将已知岩石类型的流体与深井中流体取样深度处所测得的温度相关联。下面将介绍三种广泛使用的地温计的热力学模型的例子。从温度与成分的关系来推断出意义重大的储层温度,从根本上说是基于所考虑的化学流体-岩石反应的化学平衡假设。

15.4.1 石英地温计

地温计在地热研究应用最广泛的例子是石英在水中的溶解度。石英在许多储层岩石中都是一种含量丰富的矿物。热水流体会溶解石英,直到达到流体中 SiO_{2aq} 的饱和浓度。因此,分析二氧化硅浓度就能得出一个平衡饱和温度。

石英的溶解可以用简单的反应来描述。

$$SiO_{2solid} \Longrightarrow SiO_{2aq} \tag{15.3}$$

其中,SiO_{2aq} 是在一定压力和温度条件下流体中不带电的二氧化硅络合物(详见 Walther and Helgeson,1977)。式(15.3)的平衡性要求:

$$\log K_{PT} = \log a_{SiO_{2aq}} \tag{15.4}$$

因为不带电的二氧化硅的活性成分关系 $[a = f(m)]$ 接近于 $a_{SiO_{2aq}} = m_{SiO_{2aq}}$,并且由于溶解度主要取决于温度,而与压力关系不大,因此二氧化硅在水中达到溶解平衡时的量(c_{SiO_2})是一个简单而易于使用的地温计。

石英地温计现已做了校准和改进,使之与地热环境中出现的所有三种二氧化硅固相都能相平衡(Fournier,1977;1981;Fournier and Potter,1982;Arnórsson,1983;Verma and Santoyo,1997;Verma,2000;Walther and Helgeson,1977)。溶解平衡[式(15.3)]的平衡常数[式(15.4)]可由(Holland and Powell,2011)给出的石英数据和(Walther and Helgeson,1977)提供的二氧化硅水溶液的数据,使用代码 SUPCRTBL(Zimmer et al.,2016)计算得出,重新排列的 T-c_{SiO_2} 函数由式(15.5)给出:

$$T = \{1114.4/(4.767\,13 - \log c_{SiO_2})\} - 273 \tag{15.5}$$

其中,T 是温度,单位为摄氏度($^\circ C$),c_{SiO_2} 表示实验室分析的二氧化硅浓度,单位为毫克/升(mg/L)。

图 15.4 是式(15.5)的图形显示。它显示出溶解在水中的二氧化硅已经达到平衡,石英含量随温度的增加而迅速增加,从 25℃时的 11mg/L 增加到 300℃时的 665mg/L。从图中可以分析溶解在产出液体中的二氧化硅,并读取与石英的平衡温度。压力的影响非常小,可以忽略不计。如图 15.4 所示,图中大多数深层流体的石

英平衡温度大都接近测得的井底温度,这有力地表明石英温度计的确是估算储层温度的可靠工具。

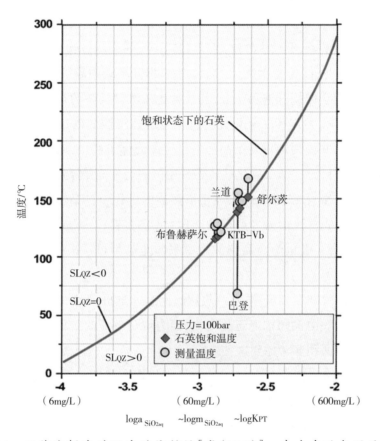

图15.4 石英溶解度对温度的依赖性[式(15.5)]。来自中欧各深层地热储层的水数据。SI指的是饱和度指数[式15.17)]。

然而,有一个热流体的例子,其测量温度和二氧化硅温度之间有很大的不匹配。巴登-巴登流体的测量温度比石英饱和温度低很多。二氧化硅温度表明,水与石英的平衡温度约为130℃。这可能代表的是一个更接近真实储层温度的温度,对应的深度约为4.5km,假设热梯度为30℃/km。这是一种自流泉,可能在通往地表的通道上冷却了下来。

此外,石英地温计容易受到低硅地表水的稀释,以及固体二氧化硫沿上升路径的沉淀。因此,石英地温计会给出最低温度的估计。还要记住,在没有富含石英的岩石的情况下,温度计是不起作用的,因为它不能用于有石灰岩或玄武岩储层的温泉。

地热储层中固体二氧化硫的稳定形式通常是石英。因此,在所有形式的二氧化硅中,石英的溶解度最低。玉髓是二氧化硅的一个亚稳相,其溶解度比石英高。无定形二氧化硅的溶解度比石英和玉髓都要高得多。处于平衡状态的地热流体在150℃时,石英含有约150mg/L的溶解二氧化硫(图15.4)。如果发电厂用泵将流体送到地表并冷却,首先会石英过饱和,低于125℃时,则玉髓过饱和。原则上,稳定的固体石英应先析出,以保持平衡。然而,石英的组成结构导致它的动力学反应很慢,流体中的石英会保持过饱和状态,其二氧化硫浓度反映的是储层状况。如果流体冷却到40℃以下,无定形二氧化硅会自发地迅速沉淀。以这种方式形成的二氧化硅结壳会老化,并慢慢地重新结晶为更稳定的固体玉髓。当200℃的石英饱和流体冷却到约70℃时,无定形二氧化硅就会开始沉积。在高焓系统中,300℃流体可能含有665mg/L的二氧化硫(图15.4),在提取热能的过程中,二氧化硅会沉淀下来,而且二氧化硅结垢是一种永久且严重的问题(见15.3节)。可以尝试使用各种阻垢剂,通常通过添加有机化学药品到液体中来防止硅垢(Frenier and Ziauddin,2008;von Hirtz,2016)。

请注意,在酸性和中性流体中,二氧化硫地温计与pH无关。但在高pH流体中,石英的溶解度随着pH的增加而迅速增加,因为带负电荷的二氧化硅成为主导。在处理高pH流体时必须要考虑到这种影响。

程序SUPCRTBL(Zimmer et al.,2016)可以代表布鲁明顿版本的SUPCRT(Johnson et al.,1992)用在下文的两个地温计计算中。此程序可以在以下网址获得:https://models.earth.indiana.edu/app lications_index.php。

15.4.2　钾-钠交换地温计

许多流行的地温计都是基于阳离子比率而不是绝对浓度。阳离子比率会受到矿物和液体之间的交换反应的控制,而不是像石英温度计那样由矿物在液体中的溶解度来控制。

如果地热水处于花岗岩或片麻岩等结晶性基底构造中,这些岩石通常含有钾长石($KAlSiO_{38}$)和富含钠长石($NaAlSiO_{38}$)的斜长石。与这两种长石接触的流体可能达到交换反应的平衡:

$$KAlSi_3O_8 + Na^+(流体) \Longleftrightarrow NaAlSi_3O_8 + K^+(流体) \qquad (15.6)$$

$$\log K_{PT} = \log(a_{K^+}/a_{Na^+}) + \{\log a_{Ab}/a_{Kfs}\} \qquad (15.7)$$

如果活性度与两个阳离子的摩尔浓度相近,平衡常数[式(15.7)]可以简化为

$logK_{PT} = log (m_{K^+}/m_{Na^+})$。对数 K_{PT} 主要是温度的函数,对压力的依赖性不大。因此,阳离子(m_{K^+}/m_{Na^+})比率能作为地温计使用(Santoyo and Díaz-González,2010)。对数 K 的温度依赖性可以表示为:$logK = -(a/T) + b$,其中 a 和 b 是两个与温度无关的参数,温度单位为开尔文(K)。使用软件 SUPCRTBL(Zimmer et al.,2016)和收集的最新热力学数据(见上述参考文献),钾–钠地温计的重组方程可由式(15.8)给出:

$$T (℃) = \{-1216.7/ (log (c_{K^+}/c_{Na^+}) - 1.42125)\} - 273 \tag{15.8}$$

用 $log (c_{K^+}/c_{Na^+})$ 近似表示 $logK$,其中 c_{K^+} 和 c_{Na^+} 是地热流体中钾和钠的分析浓度,单位为毫克/升(mg/L),并假定所有的钾和钠都分别以 K^+ 和 Na^+ 的形式存在。式(15.7)中大括号内的表达式是固体对 $logK$ 的贡献。对于含有微斜长石和钠长石的低温花岗岩和片麻岩来说,它接近于零。图 15.5 是钾–钠交换温度计的示意图[式(15.8)]。

与钾–钠交换平衡有关的主要不确定因素是储层岩石中实际存在的蚀变组合。地温计工作所需的组合是微斜长石(低温钾长石)和钠长石。花岗闪长岩或英云闪长岩等花岗岩中的另一个组合是钾白云母(白云母、棕云母)和钠长石。对于这类储层岩石,必须要对钾–钠温度计进行修正。对于玄武岩储层岩石,则不能使用这种温度计,因为这些岩石缺乏钾长石(以及长石或白云母)。

钾–钠温度计是一个优秀而强大的工具,可以根据花岗岩储层中的热水成分得出温度估计值。因为它是基于深层中高溶解性固体总量水与近地表水的阳离子比率稀释而得出的,因此在上升过程中,通常不会改变流体的钾–钠比例。此外,在泉眼或其他喷口涌出的冷却流体也不太可能析出含钾或钠的蚀变矿物。两种碱性物质在矿物表面的阳离子交换行为比较类似,因而不会改变钾–钠比例。所以,得出的温度能够可靠地代表水流体源区的温度。

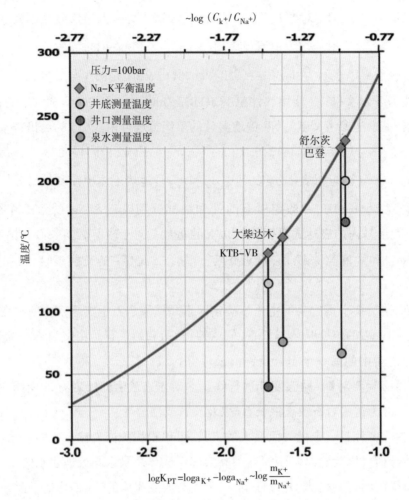

图 15.5　钾-钠交换反应的平衡常数的温度依赖性[式(15.6)]。文中提到的中欧深层地热储层和大柴达木温泉(中国)的水数据。注意 GPK3 井在 5000m 处(法国苏尔茨电厂)和 KTB-VB 井在 4000m 处(德国大陆深钻场)的钾和钠、井底和井口温度之间的差异(对该效应的解释见图 8.9).

15.4.3　Mg-K 地温计

构成地壳的基岩储层通常是最常见的花岗岩和片麻岩,含有主要矿物如石英、钾长石、斜长石和黑云母,此外还有少量的附属矿物。如果这些基岩在有新水存在的情况下能够达到 200~500℃ 的温度,通过黑云母的蚀变,就会形成所谓的蚀变矿物(例如图 5,见 Bucher and Seelig,2018)。在深层地热应用的温度范围内,蚀变基岩的特征组合是多硅白云母(钾白云母,白云母)和绿泥石(Bucher and Grapes,2011)。在 200℃ 以下,多硅白云母作为黏土的一个组成部分出现,特别是蒙脱石。原始的云母矿物一般会含有镁和铁,蚀变时会将这两种成分转移给绿泥石。因此,深层地热流体镁和钾的含量是由矿物绿泥石和白云石来控制是有道理的。铁成分对推导出温度的估计值不太有用,因为它除了取决于温度和压力之外,还取决于系统的氧化还原状态。

包含蚀变组合(多硅白云母+绿泥石)中富含石英的钾长石的镁–钾交换在平衡状态下需要铝的反应平衡:棕云母(白云母)+绿泥石+石英 ══ 钾长石

$$8KAl_3Si_3O_{10}(OH)_2 + 2Mg_5Al_2Si_3O_{10}(OH)_8 + 54SiO_2 + 20K^+$$

$$══ 28KAlSi_3O_8 + 10Mg^{2+} + 16HO_2 \qquad (15.9)$$

可以写出对数 K 的表达式:

$$logK_{PT} = 10loga_{Mg^{2+}} - 20loga_{K^+} + \{28loga_{Kfs} - 2loga_{Chl} - 8loga_{Ms}\} \qquad (15.10)$$

Kfs、Chl 和 Ms 成分的贡献在大括号中给出。对于纯固相来说,对数 K 的表达式可简化为 $10loga_{Mg^{2+}} - 20loga_{K^+}$。通过简化 a = m = c/M,c 是液体中钾和镁的浓度(mg/L),M 是原子质量(毫克/摩尔),式(15.9)中反应平衡常数的温度依赖性可以表示为

$$T = 34\,853/\left[(10logc_{Mg^{2+}} - 20logc_{K^+}) + 134.51\right] - 273 \qquad (15.11)$$

等压线温度 T 与 logK 的关系图(图 15.6)是由式(15.11)的图形来显示的。

从镁–钾地温计得出的温度可能会引起许多担忧。一般来说,镁–钾温度往往低于钾–钠或石英地温计得出的温度,即使严格来说是根据花岗岩基底的热水上涌而得出的。一个不确定因素是与被忽视的未知矿物成分的贡献有关[式(15.10)中的大括号]。蚀变花岗岩中的绿泥石、白云母和钾长石可能会明显偏离式(15.9)中给出的成分组成。第二个误差来源是将活性度简化等同于摩尔浓度,这对镁来说尤其成问题。第三,所分析的镁的总浓度可能与流体中以 Mg^{2+} 形式存在的数量有很大差别,因为其他含镁矿物也有很重要的贡献。最重要的误差来源可能是许多地热流体中溶解的镁浓度非常低。深层流体通常含有小于 1mg/L 的镁。在 200~300℃ 的花岗岩储层中,典型的流体中镁浓度为 0.1~0.3mg/L,或甚至更低。这种低的镁含量是一个严重的误差来源,它很容易导致出现分析错误。在标准实验室中,水中镁的典型检出限约为 20mg/L。因此,地热水中的镁平衡经常已经接近于检出极限。另外,如果液体从温泉中流出之前流经沉积岩或其他非花岗岩岩石,则有可能从近地表水中吸收镁,从而大幅降低推导出的温度。特别是如果海水渗入地热现场比较严重时,镁–钾温度则可能根本没有用,因为海水含有约 1300mg/L 的镁。

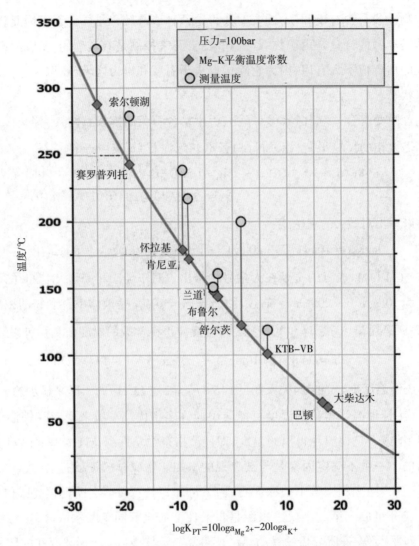

图15.6 镁-钾反应平衡常数与温度的关系[式(15.9)和式(15.11)]。水数据来自中欧各种深层地热储层和中国大柴达木温泉,以及文中提到的作者和出版物。数据来自怀拉基,塞罗普列托和索尔顿湖,根据Giggenbach(1988),以及来自Kenia,根据Malimo(2003)。

15.4.4 其他阳离子地温计

其他阳离子地温计可以根据测量出的钠和锂的浓度(Kharaka et al.,1988)或镁和锂(Nordstrom et al.,1985)的浓度,从而得出温度估计值。锂地温计可以给出从非常低的温度到非常高的温度(0~350℃)的可信且吻合的结果。锂地温计的校准实例(Kharaka et al.,1988):

$$Mg - Li：T = 2200/（5.47 + \log\sqrt{c_{Mg}} - \log c_{Li}）- 273 \qquad (15.12)$$

$$Na - Li：T = 1590/（0.779 + \log c_{Na}/c_{Li}）- 273 \qquad (15.13)$$

其中,温度T的单位为℃,浓度为毫克/升(mg/L)。这两种校准方法是在考虑到沉积盆地的深层盐水的情况下进行推导和测试的。对于花岗岩基底的地热流体则应慎用。请注意,在文献(Kharaka and Hanor,2005)中,式(15.12)被错误地复制,导致锂和镁的某些浓度组合温度出现了严重错误。这两个锂热计严格来说是针对沉积盆地中的盐水得出的(Kharaka and Hanor,2005)。然而,它们对花岗岩和片麻岩基底流体的效果却相当好。

举两个实例:使用巴赫勒尔(Bächler)(2003)提供的数据,对法国苏尔茨增强型地热系统工厂的花岗岩水进行了温度估计,镁-锂对165℃的井口流体样品的温度估计值为226℃[式(15.12)],钠-锂为243℃[式(15.13)],钾-钠地温计为233℃[式(15.8)]。4950m深度的测量温度为200℃,估计流体储层温度>200℃。对于德国大陆深层钻探现场的KTB-VB井的基底水,相应的估计值为:镁-锂为175℃,钠-锂为143℃,钾-钠地温计[式(15.8)]为147℃[如果包括式(15.7)中大括号内的岩石贡献则为126℃],使用端元矿物成分镁-钾为104℃[式(15.11)][如果校正矿物成分,则为123℃;式(15.10)中的大括号内为表达式],从石英溶解度得出的温度116℃[式(15.5)]。在一年的抽水过程中,井底的测量温度恒定为120℃(Stober and Bucher,2005a)。推导出的温度数据表明,钾-钠、镁-钾和石英等温度计产生的温度估计值在KTB-VB井4000m深处与测量的井底流体温度相差只有几摄氏度。

15.4.5　吉根巴赫三元图

吉根巴赫(Giggenbach)(1988)设计了一个使用特别广泛的地热流体三元图。在温度从80℃到300℃的"完全平衡水"中,镁、钾和钠的测量浓度与经验推导的数据点可一起显示在三元图上(图15.7)。在地热储层的深处,渗入的大气降水的曲线从镁所在的一角,经过"不成熟的水"区域,然后再经过"部分平衡的水"区域到"成熟的水"区域演化,最后达到完全平衡。从地热田的温泉或其他喷口收集的水往往会确定一条演变线,指向"完全平衡曲线"上的一个温度。这个温度可认为是代表储层温度。吉根巴赫三角形的例子可见于文献(Gemici and Tarcan,2002;Stober et al.,2016;Fan et al.,2019;Li et al.,2020)。

吉根巴赫图基于上面提出和讨论的两个温度敏感反应式[式(15.6)和式(15.9)]。论据充足就能迅速建立一个钾-钠平衡温度的线性阵列[式(15.8)],许多已报告的地热田水成分都已经位于其中,可以简单反映钾-钠平衡温度。线性阵列与那些"完全平衡水"的曲线相交(图15.7),在那些交点上流体将与花岗岩储层中的绿泥石、辉绿岩和钾长石达到平衡。然而,大多数热水并不会显示出与蚀变花岗岩完全达到镁-钾平衡。与镁-钾地温计有关的各种问题已在上文做了介绍(见15.4.3节)。镁-钾非平衡分布的结果是,水通过钾长石和钠长石的钾-钠交换反应形成线性阵列(图15.7)。沿着镁-钾等温线的温度代表着对储层温度的可靠估计(图15.7中所示大柴达木的储层水温约为160℃)。

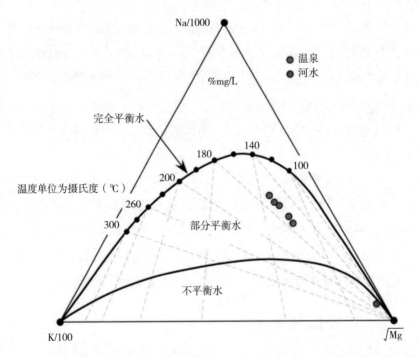

图15.7 中国西部大柴达木(祁连山西南部边缘)地热水温泉吉根巴赫图。温泉的水温为72℃,估计热储层的温度为130~150℃(Stober et al.,2016)。

从以上评论中可见,吉根巴赫图能够有效地应用于地热流体,无须怀疑(Romano and Liotta,2020)。从这里得出的温度是有意义的,因为它们代表钾-钠交换温度。同时,吉根巴赫图对温度低于200℃的流体也是有用的。

对"部分平衡水域"和"未成熟水域"的领域标签(图15.7)必须非常谨慎。这些标签表明,这些水与储层岩石的反应和平衡是不完全的。远离"完全平衡的水"曲线的位置基本上能反映出储层中反应的动力学特性。然而,水的镁和钾成分的紊乱并不完全是内部造成的,还存在分析的和(或)外部的原因(见15.4.3节)。

有一些地热田的流体不规则地分布在吉根巴赫图上，形成一个数据点云团，而不是沿着钾-钠等温线成线性分布。这些流体都未能达到这两种反应的平衡[式(15.5)和式(15.9)]。用水化学地温计是无法从这些流体中得出有意义的储层温度的。

另外，对于玄武岩储层岩石中的地热流体，也不能使用吉根巴赫图。低于200℃和高于300℃的蚀变组合不包含绿泥石（Weisenberger et al.，2020）。此外，变质的玄武岩不含钾长石和钾云母，低于200℃的蒙脱石含有很少的钾云母成分。因此，吉根巴赫图所依据的钾-钠-镁地温计在玄武岩系统中无效。

15.4.6 平衡温度的多重平衡模型

同时求解多个溶解反应的平衡条件的多重平衡模型也可以推导出温度估计（Chatterjee et al.，2019）。在储层流体和岩石的完美平衡条件下，假设或已知的储层岩石矿物的饱和指数（SI）与温度曲线必定会在一个特定的温度上相交。饱和度指数（SI）变量的含义将在下文中进行解释[见15.6节，式（15.17）]。如果流体成分在生产过程中保持不变，那么可以根据井口的流体成分来模拟储层温度。该方法的一个严重困难是流体中铝的浓度。典型的基岩一般都有含铝的硅酸盐，如长石和云母。然而，流体中与铝矿物平衡的铝浓度非常低，这给分析带来了挑战。此外，在流体中测得的铝浓度包括胶体铝，通常都会非常高，远远高于溶液中的真正的铝浓度。在大多数流体中，储层溶解铝的真正浓度仍然是未知的，这严重地限制了多组分温度模型。请注意，上面介绍的钾-钠和镁-钾平衡并没有受到铝问题的影响，因为这两个反应都保持着铝守恒。

有关饱和度指数 SI 相对于温度 T 图的计算，我们建议使用程序 PHREEQ（Parkhurst and Appelo，1999）或 Bloomington 的 SUPCRTBL 和在线 PHREEQ（Zimmer et al.，2016）以及 SUPPHREEQC（Zhang et al.，2020）。链接：https://models.earth.indiana.edu/applications_index.php.

基于化学热力学的模型也可以用来研究复杂的流体-气体-固体反应。然而，化学热力学只能预测过程的可能性，但不能预测何时、多快或是否会发生这些反应。在与稳定平衡条件相冲突的自然系统中，可能会发生反应动力学、不平衡或亚稳态。一些化学建模代码（如在线 PHREEQC）允许考虑反应动力学，因此可以预测在经历活跃的流体-岩石相互作用的系统中水的成分随时间的演变。稳定平衡条件可以为热液和地热系统中的所有化学过程设定好参考框架。

15.5 流体的起源

地热发电系统生产的深层流体的组成有许多不同方面,其中一个就是抽到地面的含盐液体的终极来源。对于分析流体的来源,流体的氯-溴比是一个非常有用的工具。海水的氯-溴质量比为288,因此,这个数字是海水盐度来源的绝对参考值。任何明显高于288的氯-溴比值表明,流体的盐度来自于蒸发的氯化钠沉积物的溶解。任何大大低于300的数字都表明盐度是来源于结晶基底(Trommsdorff et al., 1985;Stober and Bucher, 1999b)。

氯化物和溴化物的浓度比能够提供关于盐度来源和不同流体混合的宝贵信息。在文献中,一般卤素数据都是以质量或摩尔为基础的氯-溴或溴-氯比值。我们这里使用的氯-溴比值是以质量为基础的(mg/L)。地球上的参考流体,标准平均海水的氯-溴比值为288。如果海水与低溶解性固体总量的地表水混合,其氯-溴比例不发生变化,混合物会遵循海水稀释线(图15.8)。

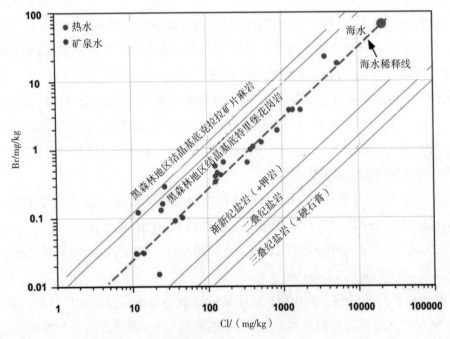

图 15.8 德国黑森林地区结晶基底深层水的氯-溴比率(图 15.2)。热水:红色实心圆,矿物水:蓝色实心圆。海水稀释趋势线为虚线,实验浸出的花岗岩和片麻岩以及各种蒸发岩盐的数据为实线(Stober and Bucher, 1999b)。

花岗岩和片麻岩是德国黑森林地区温泉水的主要储层岩石(图15.3)。用这些结晶基岩的粉末进行浸出实验,很容易产生出含有相当高氯和溴浓度的浸出液。测得氯-溴的平均质量比约为100,明显低于海水(Bucher and Stober,2002)。花岗岩和片麻岩中的氯化物和溴化物主要是从硅酸盐矿物的晶界上的盐分沉积以及硅酸盐矿物中的流体和固体(主要是石英)中释放出来的(Stober and Bucher,1999b)。蒸发盐沉积物的溶解会产生氯-溴比值极高的盐水,因为盐(氯化钠)在其结构中不能容纳溴化物。莱茵河谷上游的三叠纪-第三纪岩盐的氯-溴比值从2400~9900不等(Stober and Bucher,1999b)。如果取样的深层地热流体的氯-溴比值是一直沿着海水稀释线的(图15.8),那么水的来源可能是化石海水。原始海水可能已经被低盐度的近地表水稀释。然而,由于原生矿物的水化作用,盐度也可能增加到海水以上,这是一个消耗水、使断裂孔隙干燥、被动地增加残余水盐度的退变过程。在这一过程中,氯-溴比不会变化,直到盐水被盐岩饱和。进一步的干燥和同时进行的盐岩沉淀最终会使氯-溴比下降到非常低的数值。在结晶基底,氯-溴比通常非常低,这可能表明盐度来源于含盐液体和固体包裹体以及含氯的硅酸盐矿物的蚀变。氯-溴比也可能受到其他过程的影响,包括蒸发、低温过程和其他过程(Frape and Fritz,1982;Frape et al.,2005)。此外,钠-氯比也可以提示储层流体的盐度来源。海水的摩尔钠-氯比值接近0.8,而由盐岩溶解产生的盐水的摩尔钠-氯比值接近1.0(例如,Stober et al.,2017)。来自基底的典型深层水的钠-氯比值一般大于1,表明盐度来源于岩石内部,氯-溴比值低也能够进一步证明这一点。

15.6 饱和状态,饱和指数

热水中的每种溶解成分,如钙,都分布在大量的带电和不带电的物种中(如 Ca^{2+}、$CaOH^+$、$Ca(OH)_2$、$CaCl^+$)。为了评估饱和状态,从而评估水垢形成的可能性,有必要计算物质分布,特别是在感兴趣的温度(和压力)下分析水样。必须得用水化学软件来计算物种分布,如 WATEQ(Ball and Nordstrom,1991)、PHREEQC(Parkhurst and Appelo,1999)、Bloomington PHREEQC(Zimmer et al.,2016)和 SOLMINEQ(Kharaka et al.,1988)。借助于软件,可以研究工厂和储层本身的不同运营条件下的饱和状态。有意义的模型不但可以对主要成分进行分析,而且对一些关键的微量成分也能够进行全面分析。其中有些程序是生成传输和混合模型的强大工具,还可以进行复杂的水化学数值建模。然而,这些模型对输入的 pH 和温度都很敏感(Parkhurst and Appelo,1999)。

例如,代码 PHREEQC 能用来比较取样的地热水和与一组选定的假设矿物质平衡的水。通过这种方法,可以看出储层中原生矿物和次生矿物的溶解度能在多大程度上控制热水的成分。

地层中的矿物与断裂孔隙中的热水之间存在着一种反应关系。例如,如果蒸发岩层中的硬石膏($CaSO_4$)与水接触,反应式可以写成

$$CaSO_4(硬石膏) \Leftrightarrow Ca^{2+} + SO_4^{2-}(离子溶液) \qquad (15.14)$$

如果硬石膏是纯固相,其活性度可定义为 $a_{Anh}=1$。如果硬石膏和液体在平衡状态下共存,那以下质量作用方程必须要成立。

$$K_{PT} = a_{Ca^{2+}} \cdot a_{SO_4^{2-}} \qquad (15.15)$$

无量纲的平衡常数是压力和温度的函数,这里主要是温度的函数。必须要对取样的热水进行化学分析(如钙和硫酸硫),并将数据用于物种的分布计算,如使用 PHREEQC 进行计算。计算出的 Ca^{2+} 和 SO_4^{2-} 的离子活性度的乘积代表离子活性积(IAP),可以写成

$$IAP = a_{Ca^{2+}} \cdot a_{SO_4^{2-}} \qquad (15.16)$$

离子活性积是由通过实际分析相关流体得出的。它可以与平衡条件 K_{PT} 进行比较。IAP/K 比率的对数定义为饱和指数 SI:

$$SI = \log_{10}(IAP/K) \qquad (15.17)$$

如果离子活性积 IAP 与平衡条件 K 完全吻合,SI=0,则水与所考虑的矿物(此处为硬石膏)处于平衡状态。如果 IAP > K,SI>0,则水与矿物处于过饱和状态,有可能析出矿物。如果 IAP < K,SI<0,水对所考虑的矿物是不饱和的,有可能溶解该矿物。

举例:深层水中含有 190mh/L 的溶解硅(SiO_{2aq}),对应的 $\log m_{SiO_{2aq}} = -2.5$。这个值与离子活性积 IAP 有关($IAP = \log m SiO_{2aq}$)。这可能有些令人困惑,因为二氧化硅是流体中单一的、不带电的物种[见式(15.3)]。花岗岩井底实测温度为200℃。由式(15.5)以及代表石英溶解度的图形(图15.4)可知,200℃时,logK=-2.365,与石英平衡的液体中含有 259mg/L 溶解的二氧化硅。因此,饱和指数 SI=-0.135[式(15.17)]。这意味着,在200℃时,流体相对于石英是不饱和的。在175℃时,则与石英处于平衡状态。

15.7　矿物结垢和材料腐蚀

热流体在深处会与储层的矿物发生作用。在大多数储层条件下,温度为200℃

或更低时,由于反应动力学很低,扩散缓慢,流体与储层岩石一般不会处于整体的化学平衡状态。然而,流体通常又不会远离平衡,并且流体与岩石相互作用的反应很慢。这意味着流体成分在很长一段时间内不会有太大变化。

然而,地热发电厂的建设和运行会从根本上改变这种情况。泵将深层流体送到地表,部分减压并大幅冷却。这就可能改变而且通常会改变流体的饱和状态,因而导致流体相对一种或几种矿物变得过饱和。矿物很可能会在钻孔中和地面装置中形成结垢。特别是热交换器、蒸汽分离器、过滤系统和管道会受到矿垢和结壳的影响。然而,回注的冷却流体可能会导致储层中的化学交互作用增强,对储层的孔隙率和导水率产生潜在的影响。

从生产井中抽到地面的热水,温度变化不大,但是,液体的压力却会大大降低。将压力降低500bar,方解石的溶解度就会降低20%(在恒定的温度下),由此产生的方解石或文石结垢会严重影响地热厂的运行(图15.9和图15.10)。为了减缓或防止碳酸盐垢的形成,大多数地热厂都在地面装置中以较高的内部压力运行。

另一个重要的化学问题是,深层热盐水流体的腐蚀性普遍较高。腐蚀性液体会对钻孔的套管、潜水泵及其所接触到的地面装置的所有材料进行化学侵蚀。

图15.9　地热厂使用的管道上的碳酸盐结垢:上面是文石和方解石,下面是沿着套管的纯方解石。

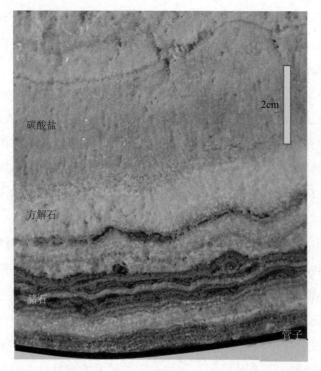

2cm

碳酸盐

方解石

赭石

管子

图15.10　碳酸盐结垢堵塞了地热厂的管道。这些结垢是由不同厚度的矿物区组成的复杂分层。赭石区包含各种铁氧化物–氢氧化物矿物与方解石。方解石区含有纯粗粒方解石,碳酸盐区由多种碳酸盐矿物组成,包括方解石、富铁白云石和文石。

　　地热水(流体)会改变与抽出的深层流体接触的地面装置,包括流体泵和回注管道。系统的定制通常要考虑物理参数,如压力、温度和生产率。正是这些参数决定着管道直径、额定压力和材料的热性能。然而,热水系统必须在一个最低压力下运行,以防止溶解的气态成分从液体中脱气和分离。从减压的液体中流失的二氧化碳是造成装置中碳酸盐(方解石)结垢的主要原因。产生的气液混合物可能会导致装置中形成两相流系统,使得装置中的压力变化变得难以处理。在特殊环境中,如果只能用不经济的高压才能防止脱气,化学抑制剂可能有助于防止碳酸盐结垢,使得系统在脱气条件下仍然能够运行。热交换器的尺寸和设计必须考虑供应和返回温度、一级和二级回路之间的压力梯度、二级回路流体的温度和压力、生产的热流体的气体含量和组成,以及一级和二级回路流体的热容量和黏度。

　　在地热双筒系统的注入端,必须防止沸腾。理想的情况是,通往注入井的回流管道要置于动态地下水位之下。生产井和注入井的过滤系统能够防止固体颗粒进入电厂设备,这不仅能减少磨损,限制过滤器单元形成结垢,还能保护热交换器和泵不形成结垢。最典型的结垢是碳酸盐(方解石、文石)和硫酸盐(硬石膏)。

储层中显著的沉淀反应会降低断裂岩石系统的导水能力。由此必须要增加注入压力,因而需要更强大的(和更昂贵的)泵。注入井对回流的吸收能力的大幅下降会造成灾难性的经济后果。

因此,强烈建议在获得深层流体成分的化学数据后,立即考虑、预测和模拟储层中可能的化学过程。将冷流体注入热储层的断裂系统会导致一些化学过程同步进行,并贯穿工厂运行的整个过程(图15.11)。将冷却的流体回注入储层的化学效应包括溶解和沉淀反应(通常涉及碳酸盐和硫酸盐)、离子交换和吸附反应、不同成分和温度的流体混合的化学后果、流体沿温度梯度流动(垂直流动)的溶解效应、停滞流体在低流量断裂中的氧化还原过程(在低温<110℃时也可能被生物包裹)(图15.11)。

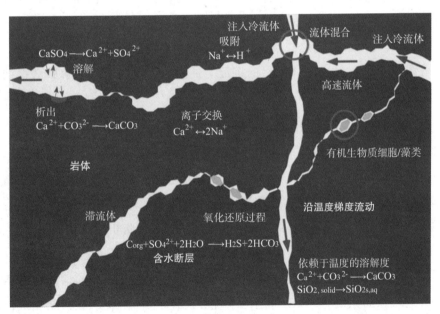

图15.11 在热储层中注入冷流体后,沿着地热储层的导水裂隙网络的化学过程(流体–岩石相互作用)。

生产的液体会与许多不同设备和材料接触,包括生产井和注入井的套管、安装在每个生产井中的泵以及过滤器、热交换器、蒸汽分离器、涡轮机、管道和发电厂的其他地面装置。然而,生产的液体中的许多成分可能会对地热系统中使用的材料造成严重腐蚀。地热流体中与腐蚀有关的化学物质包括氧气、硫化氢、二氧化碳、硫酸盐和氯化物。这些麻烦制造者的来源可能与近地表流体的污染（泄漏）、地热储层中丰富的硫化物矿物的存在、深层热二氧化碳的来源（变质岩、岩浆）、地表富氧流体对原生硫化物的氧化及深层驻留的化石海水有关（Lund et al., 1976；Ellis and Conover, 1981）。

尤其重要的是，腐蚀不只是深层地热系统的专属问题，近地表系统也会受到严重的材料腐蚀问题的影响（见7.2节）。近地表地下水中的溶解气体通常源自大气或改良土壤中的气体。

如果地热流体与大气达到平衡，溶解的气体会根据大气中的气体分压重新调整其浓度（见15.2节）。在高温高压下，二氧化碳饱和的流体会向大气释放二氧化碳，直到达到平衡浓度。流体基本上会失去大气中分压很低的所有气体（硫化氢、氢气、甲烷）。然而，它将获得在储层中分压非常低的气体（如氧气），因此必须对流体中的溶解气体进行可靠的定期分析。报告的浓度单位必须加以明确说明（重新计算到其他单位必须是明确和容易做到的），且分析程序必须有文件记录。

由于与大气接触或流体减压，二氧化碳通过脱气来降低其在流体中的溶解浓度，这可能会导致碳酸盐（方解石）的沉淀。通过以下反应可以了解碳酸盐结垢的形成过程：

$$Ca^{2+} + 2HCO_3^- \Longrightarrow CaCO_3 (方解石) + H_2O + CO_2 \qquad (15.18)$$

如果式（15.18）右侧的二氧化碳逃逸（用箭头表示），则根据 Le Catelier 原理，反应将向右侧进行，并沉淀出矿物方解石或变质的文石（图15.9）。请注意，文石是二氧化碳在地热厂运行的所有压力和温度条件下的亚稳态形式。因此，它比稳定形式的方解石更易溶解。碳酸盐结垢可能是巨大的，必须防止或尽量减少（图15.9和图15.10）。最重要的措施是来自式（15.18）。也就是说，必须阻止二氧化碳脱气。这可以在一个封闭的系统中，在10~20bar的压力并与大气隔离的情况下严格操作来实现（地热双筒系统）。对于特定的系统和流体成分，防止碳酸盐结垢最低的必要压力可以通过热力学模型计算出来，也可以通过实验来确定。使用这两种方法时，都需要生产的地热流体的确切成分数据。

其他固体，如许多结垢的硫酸盐，不能依靠气体方面的解决措施来阻止其从冷却的液体中析出。一个很好的例子就是硬石膏的溶解度，由式（15.14）描述。反应会遵循对温度的逆向依赖性，即如果流体在高温度下与硬石膏饱和，然后在热交换器中冷却，硬石膏可能不会从流体中析出。然而，从式（15.14）和勒夏特列（Chatelier)原理来看,如果 Ca^{2+} 增加(如通过正在进行的方解石溶解)或 SO_4^{2-} 增加(如通过与大气接触导致硫化物到硫酸盐的氧化),硬石膏将会从硬石膏饱和溶液中沉淀出来。其他经常观察到的硫酸盐结垢,如重晶石,也是通过类似的机制形成的。防止硫酸盐结垢很难,可能只能求助于抑制剂化学品。如果抑制剂也不起作用,只要结垢是软的,那对系统进行机械清洗可能是唯一的补救措施。

有些结垢可能含有高浓度的有毒或放射性物质(如砷、镉、铅、汞、铅 210、镭 224)。因此,必须非常小心地处理暴露的设备和结垢,并要以合法的方式进行处置。

深海中偶尔出现的高浓度二氧化碳或硫化氢会腐蚀碳钢管道。腐蚀破坏的程度在很大程度上取决于流体的pH。因此,要对腐蚀风险进行可靠的评估,必须预先了解pH和流体成分。如果在特定地点碳钢的耐腐蚀性不足,则需要考虑使用铬镍钢或镍基材料。

根据将钢材溶解到水中的整体反应,钢管和套管与低pH热流体的直接作用会造成腐蚀。

$$Fe(金属管) + 2H^+ = Fe^{2+} + H_2(气体) \qquad [15.19(a)]$$

$$2Fe(金属管) + 3H_2O = Fe_2O_3(赤铁矿、铁矿) + 3H_2(气体) [15.19(b)]$$

式(15.19a)取决于pH,与酸性液体接触最易发生。只要大气中的氧没有进入流体,溶液中产生的 $Fe(II)$ 就不是大问题。在这种情况下,铁(III)氧化物、氢氧化物和硫酸盐会导致严重的结垢问题(铁赭石沉淀),这正是式(15.19b)所描述的。如果在生产的液体中可以测到氢气,那么套管的腐蚀很可能就正在发生。

铁的氧化过程可以用以下反应来描述:

$$2Fe^{2+}(铁溶液) + 2H_2O + O_2 = 4H^+ + 2FeO(OH)(铁垢) \qquad (15.20)$$

它表明流体中的溶解铁(例如来自管道腐蚀)通常会被大气的溶解氧所氧化。其他氧化剂也可能在某些地点发挥重要作用。例如,二氧化碳是一种潜在的氧化剂,在这个过程中会被还原成单质碳或甲烷气体。由于 Fe^{3+} 在适度的pH下基本上是不溶解的,以各种矿物的形式沉淀,包括针铁矿、赤铁矿、施瓦特曼石、铁矾石和许多其他矿物。从式(15.20)可以看出,氧化过程产生质子并会降低pH,反过来又会促进腐蚀[式(15.19(a)]的发生。

式[15.19(a)]的反应能将溶解套管和其他管道的金属,逐渐减少壁厚。然而,共生的氢气会扩散到金属材料中,导致钢的氢脆(点蚀)。腐蚀速度在很大程度上取决于pH(式[15.19(a)]),并随着pH的降低而急剧增加。如果pH低于4,钢材腐蚀就成为一个严重的问题。溶解的二氧化碳增加也会降低pH,而碳酸则是一种相对温和的酸。

硫化氢是以气体形式溶解在还原地热流体中的。这种气体如果存在,可能会导致腐蚀和结垢问题并存。气体能与套管和管道的金属按照式(15.21)发生反应:

$$Fe(套管和管道) + 2H_2S \Longrightarrow FeS_2(黄铁矿) + 2H_2 \qquad (15.21)$$

该反应能够腐蚀套管的钢,并产生难以清除的黄铁矿结垢和氢气,而氢气则会进一步加剧腐蚀。

如果硫化氢遇到氧化环境(如大气中的氧气),硫化物硫就会通过以下反应转移到硫酸盐硫。

$$2H_2S + 2.5O_2 \Longrightarrow 2H^+ + SO_{4^{2-}} + H_2O \qquad (15.22)$$

该反应会产生硫酸,从而降低pH,促进腐蚀反应(式[15.19(a)])的发生。所以地热流体中的硫化氢是一个臭名昭著的麻烦制造者。孔洞或裂缝(焊接连接)处的持续腐蚀是自我加速的。通过选择昂贵的抗腐蚀材料,能够很好地防止点蚀。其他措施还包括提高pH、降低流体温度、提高流速、添加阻垢剂和安装阴极保护设备等。

可以通过生产流体的成分及其在地面装置循环过程中的温度变化、作业周期中气体分离的定量数据以及热力学或实验模型(Brown,2011)来预测结垢趋势。评估出的结垢潜力是在工厂运行过程中形成矿物结垢的倾向或可能性。热力学分析也能够为防止结垢提出合理的措施。然而,在一个给定的地点,可靠地预测实际活动的发展过程是非常困难的。这是因为热力学只能指出某个沉淀反应是否可能发生,但无法预测其进程快慢(这属于动力学的范畴)。事实上,如果没有超出临界尺寸的晶核形成,那它可能根本不会发生。在这种情况下,所用材料表面的纹理和粗糙度对成核很重要,因此也会影响到结垢的形成。由于流向和流速的突然变化,沿着流体通道可能会出现某种矿物的局部过饱和区,即使流体在储层或系统中的大多数其他区域对该矿物是不饱和的。

对材料进行实验室测试有助于为特定场地选择最佳的抗腐蚀钢。当然,这还需要了解所生产流体的成分。通过避免在流动方向上的90°急转弯和大量的流体流速在管道中的巨大变化,以及使用大半径的弯管(最大限度地减少湍流区),能够最大限度地减少或防止腐蚀和结垢。因此,选择热水循环系统部件的材料必须要非常谨慎。压力控制、流体过滤和优化运行管理是控制腐蚀和结垢的进一步措施。

在温度低于约120℃时,微生物过程可能会对结垢问题带来额外的复杂性(Magot et al.,1992)。微生物可能在热交换器的低温端形成,并会在注入井钻孔处造成特殊的问题。微生物的新陈代谢也能产生结垢,并可能帮助和加速无机物结垢。流体中的溶解有机碳(DOC)可以在实验室中进行分析。溶解有机碳可以来源于生物质的腐烂或其代谢过程,也可能来自于系统中使用的技术产品,如润滑剂、油脂、油和其他有机技术物质。生物将这些有机物质作为其营养。

　　以上所述的地热厂发生的这些化学问题表明,对流体的组成和相互作用的次生产物进行化学研究是必不可少的。为了制定预防结垢的策略,应该尽早收集数据。在工厂随后的运行过程中,也要建立一个化学监测程序,迅速识别出即将出现的问题和故障。这将使工厂管理部门能够及时制定适当的保护措施。

　　一旦在井筒中形成矿物结垢,化学和机械清除都是合适的的补救措施(Crabtree et al.,1999;McClatchie and Verity,2000)。必须要尽快采用除垢技术,但除垢不应该对管道和井筒造成损害,最好是能够阻止以后再形成结垢。碳酸盐水垢可以用酸来清除;其他可溶性水垢也可以用各种无机和有机化学溶解剂来清除。机械除垢可使用多种修井工具(如套管刮削器)进行。

参考文献

Ármannsson, H. & Ólafsson, M., 2010. Collection of geothermal fluids for chemical analysis. ISOR, Report No. 830566, 17 p., Reykjavik, Iceland.

Arnórsson, S., 1983. Chemical equilibria in Iceland geothermal systems. Implications for chemical geothermometry investigations. Geothermics, 24,603−629.

Arnórsson, S., Bjarnason, J. Ö., Giroud, N., Gunnarsson, I. & Stefánsson, A., 2006. Sampling and analysis of geothermal fluids. Geofluids, 6,203−216.

Bächler, D., 2003. Coupled Thermal−Hydraulic−Chemical Modelling at the Soultz−sous−Forêts EGS Reservoir (France). PhD thesis, ETH−Zurich, Switzerland, 151p.

Ball, J. W. & Nordstrom, D. K., 1991. WATEQ4F, current version 4.002012: First release 1991 as User's manual for WATEQ4F, with revised thermodynamic data base and test cases for calculating speciation of major, trace, and redox elements in natural waters. Open−File Report 91−183; U.S. Geological Survey, 10 pp.

Ball, J. W., Jenne, E. A. & Burchard, J. M., 1976. Sampling and preservation techniques for waters in geyers and hot springs, with a section on gas collection by A. H. Truesdell. In: Workshop on Sampling Geothermal Effluents, 1st, Proceedings, Environmental Protection Agency 600/9−76− 011, pp.218−234.

Banks, D., Odling, N. E., Skarphagen, H. & Rohr−Trop, E., 1996. Permeability and stress in crystalline rocks. TERRA Nova, 8, 223–235.

Brown, K., 2011. Thermodynamics and kinetics of silica scaling. Proceedings International Workshop on Mineral Scaling 2011, Manila, Philippines, 25–27 May 2011.

Bucher,K.&Grapes,R.,2011.Petrogenesis of Metamorphic Rocks,8th edition. Springer Verlag, Berlin Heidelberg. 428pp.

Bucher, K. & Seelig, U., 2018. Bristen granite: a highly differentiated, fluorite–bearing A–type granite from the Aar massif, Central Alps, Switzerland. Swiss Journal of Geosciences, 111, 317–340.

Bucher,K. & Stober,I.,2000.The composition of groundwater in the continental crystalline crust. In: Stober, I. & Bucher, K. (eds.). Hydrogeology in crystalline rocks, 141–176, KLUWER Academic Publishers.

Bucher,K. &Stober,I.,2002. Water–rock reaction experiments with Black Forest gneiss and granite. In:Stober,I. & Bucher,K. (eds.). Water–Rock Interaction.Water Science and Technology Library, 61–96, Kluwer Academic Publishers,Dordrecht.

Bucher, K. & Stober, I., 2010. Fluids in the upper continental crust. Geofluids, 10, 241–253. Bucher,K.,Zhang,L. & Stober,I.,2009b. A hot spring in granite of the Western Tianshan,China. Applied Geochemistry, 24, 402–410.

Bucher,K.,Stober,I. & Seelig,U.,2012. Water deep inside the mountains: Unique water samples from the Gotthard rail base tunnel, Switzerland. Chemical Geology, 334,240–253.

Chatterjee, S., Sinha, U.K., Biswal, B.P., Jaryal, A., Patbhaje, S. & Dash, A., 2019. Multi-component Versus Classical Geothermometry: Applicability of Both Geothermometers in a Medium–Enthalpy Geothermal System in India.– Aquatic Geochemistry, 25, 91–108.

Crabtree,M.,Eslinger,D.,Fletcher,P.,Miller,M.,Johnson,A. & King,G.,1999. Fighting Scale–Removal and Prevention. Oilfield Review, Autumn,30–45.

Cunningham,K. M.,Nordstrom,D. K.,Ball,J. W.,Schoonen,M. A. A.,Xu, Y. & De Monge,J. M.,1998. Water–Chemistry and On–Site Sulfur–Speciation Data for Selected Springs in Yellowstone National Park,Wyoming,1994–1995.U.S.Department of the Interior,Open–File Report 98,40 pp.

Ellis, P. F. & Conover, M. F., 1981. Material Selection Guideline for Geothermal Energy-Systems. NTIS Code DOE/RA/27026–1. Radian Corporation, Austin,TX.

Fan, Y., Pang, Z., Liao, D., Tian, J., Hao, Y., Huang, T. & Li, Y., 2019. Hydrogeochemical Char acteristics and Genesis of Geothermal Water from the Ganzi Geothermal Field, Eastern Tibetan Plateau. Water, 11, 1–28.

Fournier, R. O., 1977. Chemical geothermometers and mixing models for geothermal systems. Geothermics, 5, 41–50.

Fournier, R. O., 1981. Application of water geochemistry to geothermal exploration and reservoir Engineering. In: Rybach, L. & Muffler, L. I. P. (eds.). Geothermal systems: Principles and case histories. Wiley & Sons, New York, 109–143.

Fournier, R. O. & Potter, R. W., 1982. An equation correlating the solubility of quartz in water from 25℃ to 900℃ at pressures up to 10,000 bar. Geochim. Cosmochim. Acta, 46, 1969–1973.

Frape, S. K. & Fritz, P., 1982. The chemistry and isotopic composition of saline waters from the Sudbury Basin, Ontario. Canadian Journal of Earth Sciences, 19, 645–661.

Frape, S. K., Blyth, A., Blomqvist, R., McNutt, R. H. & Gascoyne, M., 2005. Deep Fluids in the Continents: II. Crystalline Rocks. In: Surface and Ground Water, Weathering, and Soils (ed. J. (Drever) Vol. 5 Treatise on Geochemistry (eds. H. D., Holland and K. K. Turekian), 541–580, Elsevier-Pergamon, Oxford.

Frenier, W, W. & Ziauddin, M., 2008. Formation, Removal, and Inhibition of Inorganic Scale in the Oilfield Environment. Society of Petroleum Engineers, 240pp.

Fritz, P. & Frape, S. K., 1987. Saline water and gases in crystalline rocks. GAC Special Paper 33, The Runge Press Limited, Ottawa, 259 pp.

Gemici, Ü. & Tarcan, G., 2002. Hydrogeochemistry of the Simav geothermal field, western Anatolia, Turkey. Journal of Volcanology and Geothermal research, 116, 215–233.

Giggenbach, W. F., 1981. Geothermal mineral equilibria. Geochimica et Cosmochimica Acta, 45, 393–410.

Giggenbach, W. F., 1988. Geothermal solute equilibria. Derivation of Na-K-Mg-Ca geoinidicators. Geochimica Cosmochimica Acta, 52, 2749–2765.

Giggenbach, W. F. & Goguel, R. L., 1989. Collection and analysis of geothermal and volcanic water and steam discharges.-Department of Scientific and Industrial Research, Chemistry Division, Report No. CD 2401, Petone, NewZealand.

Hewitt, A. D., 1989. Leaching of metal pollutants from four well casings used for groundwater monitoring. In: Special Report 89-32, USA Cold Regions Research and Engineering Laboratory.

Holland, T. J. B. & Powell, R., 2011. An improved and extended internally consistent thermodynamic dataset for phases of petrological interest, involving a new equation of state for solids. Journal of metamorphic Geology, 29, 333-383.

Ingebritsen, S. E. & Manning, C. E., 1999. Geological implications of a permeability-depth curve for the continental crust. Geology, 27, 1107-1110.

Ingebritsen, S. E. & Manning, C. E., 2011. Dynamic Variations in Crustal Permeability: Possible Implications for Subsurface CO2 Storage. American Geophysical Union, Fall Meeting 2011, abstract id. H32B-04.

Johnson, J. W., Oelkers, E. H. & Helgeson, H. S., 1992. SUPCRT92: A software package for calculating the standard molal thermodynamic properties of minerals, gases, aqueous species, and reactions from 1 to 5000 bar and 0 to 1000°C. Computers and Geosciences, 18, 899-947.

Kharaka, Y. K. & Hanor, J. S., 2005. Deep Fluids in the Continents: I. Sedimentary Basins. In: Surface and Ground Water, Weathering, and Soils(ed. J. I. Drever)Vol. 5 Treatise on Geochemistry (eds. H. D., Holland and K. K. Turekian), 499-540, Elsevier-Pergamon, Oxford.

Kharaka, Y. K., Gunter, W. D., Aggarwal, P. K., Perkins, E. H. & DeBraal, J. D., 1988. SOLMINEQ.88: A Computer Program for Geochemical Modeling of Water-Rock Interactions. U.S. Geological Survey, Water-Resources Investigations Report 88-4227, 420 pp.

Kozlovsky, Y. A., 1984. The world's deepest well. Scientific American, 251, 106-112.

Li, X., Huang, X., Liao, X. & Zhang, Y., 2020. Hydrogeochemical Characteristics and Conceptual Model of the Geothermal Waters in the Xianshuihe Fault Zone, Southwestern China. Int. J. Environ. Res. Public Health, 17(2), 500.

Lund, J. W., Silva, J. F., Culver, G., Lienau, P. J., Svanevik, L. S. & Anderson, S. D., 1976. Corrosion of Downhole Heat Exchangers, Appendix A. DOE Contract E(10-1)-1548, Oregon, Instituteof Technology, Klamath Falls, OR.

Magot, M., Caumette, P., Desperrier, J. M., Matheron, R., Dauga, C., Grimont, F. & Carreau, L., 1992. Desulfovibrio longus sp. nov., a Sulfate-Reducing Bacterium Isolated from an Oil- Producing Well. International Journal of Systematic Bacteriology, 42, 398-

403.

McClatchie, D. W. &Verity, R., 2000. The Removal of Hard Scales from Geothermal Wells: California Case Histories. Society of Petroleum Engineers. SPE−60723−MS,7pp. doi.org/https:// doi.org/10.2118/60723−MS.

Nicholson, K., 1993. Geothermal Fluids: Chemistry and exploration techniques. Springer Verlag Berlin Heidelberg, Berlin, 263 pp.

Nordstrom, D. K., Andrews, J. N., Carlsson, L., Fontes, J.−C., Fritz, P., Moser, H. & Olsson, T., 1985. Hydrogeological and Hydrogeochemical Investigations in Boreholes. In: Final report of the phase I geochemical investigations of the Stripa groundwaters, 85−106, Technical Report STRIPA Project, Stockholm.

Parker, L. V., Hewitt, A. D. & Jenkins, T. F., 1990. Influence of casing materials on trace-level chemicals in well water. Ground Water Monitoring Review, 10(2), 146−156.

Parkhurst, D. L. & Appelo, C. A. J., 1999. User's guide to PHREEQC (version 2) − a computer program for speciation,batchreaction,one dimensional transport,and inverse geochemical calculations. In: Water−Resources Investigations Report 99−4259, pp. 312, U. S. Geological Survey, Denver,Colorado.

Pauwels,H.,Fouillac,C. & Fouillac,A. M.,1993. Chemistry and isotopes of deep geothermal saline fluids in the Upper Rhine Graben:Origin of compounds and water−rock interactions.Geochimica et Cosmochimica Acta, 57,2737−2749.

Powell, T. & Cumming, W., 2010. Spreadsheets for geothermal water and gas geochemistry. − Proceedings, 35. Workshop on Geothermal Engineering, Stanford University, SGP−TR−188, 10 p., Stanford, USA.

Romano,P. & Liotta,M.,2020. Using and abusing Giggenbach ternary Na−K−M gdiagram. Chemical Geology, 541,1−18.

Santoyo, E. & Díaz−González, L., 2010. Improved Proposal of the Na/K−Geothermometer to Estimate Deep Equilibrium Temperatures and their Uncertainties in Geothermal Systems. Proceedings World Geothermal Congress, pp. 7, Bali, Indonesia.

Stober, I. & Bucher, K., 1999b. Origin of salinity of deep groundwater in Crystalline rocks. Terra Nova, 11(4), 181−185.

Stober, I. & Bucher, K., 1999a. Deep groundwater in the crystalline basement of the Black Forest region. Applied Geochemistry, 14, 237−254.

Stober, I. & Bucher, K., 2005a. The upper continental crust, an aquifer and its fluid: hydraulic and chemical data from 4 km depth in fractured crystalline basement rocks at the KTB test site. Geofluids, 5,8–19.

Stober, I. & Bucher, K., 2005b. Deep–fluids: Neptune meets Pluto. In: Voss, C., (ed.). The Future of Hydrogeology. Hydrogeology Journal, 13, 112–115.

Stober, I. & Bucher, K., 2007a. Hydraulic properties of the crystalline basement. Hydrogeology Journal, 15, 213–224.

Stober, I. & Bucher, K., 2007b. Erratum to: Hydraulic properties of the crystalline basement. Hydrogeology Journal, 15, 1643. (See further correction in Stober & Bucher 2015).

Stober, I., Zhong, J., Zhang, L. & Bucher, K., 2016. Deep hydrothermal fluid–rock interaction:the thermal springs of Da Qaidam, China. Geofluids, 16,711–728.

Stober, I., Teiber, H., Li, X., Jendryszczyk, N. & Bucher, K., 2017. Chemical composition of surface–and groundwater in fast–weathering silicate rocks in the Seiland Igneous Province,North Norway. Norwegian Journal of Geology, 97(1), 63–93. (https://dx.doi.org/https://doi.org/10.17850/njg97– 1–04)

Sutton, A. J., McGee, K. A., Casadevall, T. J. & Stokes, B. J., 1992. Fundamental volcanic–gas– study techniques: an integrated approach to monitoring. In: Ewert, J. W. & Swanson, D. A. (eds.).Monitoring volcanoes: techniques and strategies used by the staff of the Cascades Volcano Observatory, 1980–90, pp. 181–188, U.S. GeologicalSurvey.

Thompson, J.M. & Yadav, S.,1979. Chemical Analysis of Waters from Geysers,Hot Springs,and Pools in Yellowstone National Park, Wyoming, from 1974 to 1978. In: U.S. Geological Survey Open–File Report 79–704, 49pp.

Thompson, J. M., Presser, T. S., Barnes, R. B. & Bird, D. B., 1975. Chemical Analysis of the Water of Yellowstone National Park, Wyoming from 1965 to 1973. In: U.S. Geological Survey Open–File Report 75–25, 59 pp.

Trommsdorff, V., Skippen, G. & Ulmer, P., 1985. Halite and sylvite as solid inclusions in high–grade metamorphic rocks. Contributions to Mineralogy and Petrology,24–29.

Verma, M.P., 2000. Revised Quartz Solubility Temperature Dependence Equationa long the Water–Vapor Saturation Curve. Proceedings World Geothermal Congress, pp. 1927–1932, Kyushu– Tohoku,Japan.

Verma, S. P. & Santoyo, E.,1997. Improved equations for Na/K,Na/Li,and SiO_2 geothermometers by outlier detection and rejection. Journal of Volcanology and Geothermal Research, 79, 9–23.

von Hirtz,P.,2016. Silica scale control in geothermal plants–historical perspective and current technology. In:DiPippio,R.(ed.):Geothermal Power Generation. Developments and Innovation. Woodhead Publishing,443–476.

Walther, J. V. & Helgeson, H. C., 1977. Calculation of the thermodynamic properties of aqueous silica and the solubility of quartz and its polymorphs at high pressures and temperatures. Am. Jour. Sci, 277, 1315–1351.

Weisenberger, T. B., Ingimarsson, H., Hersir, G. P. and Flóvenz, Ó. G., 2020. Cation-Exchange Capacity Distribution with in Hydrothermal Systems and Its Relationto the Alteration Mineralogy and Electrical Resistivity. Energies, 13,1–19.

Zhang,G. R.,Lu,P.,Zhang,Y. L.,Tu,K. & Zhu,C.,2020. SupPHREEQC:A program to generate customized PHREEQC the rmodynamic database based on Supcrtbl. Computer and Geosciences, 143:164560.

Zimmer,K.,Zhang,Y.,Lu,P.,Chen,Y.,Zhang,G.,Dalkilic,M.&Zhu,Ch.,2016.SUPCRTBL:A revised and extended thermodynamic dataset and software package of SUPCRT92. Computers & Geosciences, 90,97–111.